紫外線照射

―水の消毒への適用性―

編 者

平田　強

著 者

岩崎達行　大瀧雅寛　片山浩之　神子直之　木村憲司
土佐光司　松本直秀　本山信行　森田重光

はじめに

　1980年代中頃から，米国や英国からクリプトスポリジウムやジアルジアによる水道を介した水系感染の集団発生が報告されている．これらの原虫類は一般に，感染形であるシストやオーシストが著しい塩素抵抗性をもっており，汚染した水源から原水を取水する水道にあっては，ろ過等による物理的除去機能が不十分な場合，水道を介した集団感染の発生のおそれがあることが指摘されていたが，わが国では何ら特別の対策はとられなかった．ところが1994年，わが国初のクリプトスポリジウムの集団感染が平塚市の雑居ビルで発生した．この時は飲料水供給システムの受水槽に信じがたい構造上の異常があって受水槽が汚水により汚染されたものであったこともあって，クリプトスポリジウム問題に対する衛生部局の動きは緩慢であった．しかし，1996年に埼玉県越生町で，急速砂ろ過システムで浄水処理して供給している水道でクリプトスポリジウム集団感染事件が勃発し，この事件が契機となってようやくわが国でも水道におけるクリプトスポリジウム等の原虫汚染問題への積極的な取組みが開始された．それらには，水道水源の汚染実態調査，畜産排水・下水等の発生源調査，浄水処理の除去性や消毒剤の不活化効果等に関する実験研究や実態調査，クリプトスポリジウム等病原微生物対策暫定指針の策定，など広範な取組みがある．そしておよそ10年，ようやくその実像が明らかになってきた．
　それらの知見から総合的に判断すると，たいていの表流水はクリプトスポリジウム等による汚染の可能性があり，何らかの対策が必要であるものが多いといえよう．クリプトスポリジウムから水道水を守るための浄水処理対策は，各種のろ過による物理的除去と，消毒による不活化に大別される．水系感染の原因原虫は径数μmのクリプトスポリジウムと十数μm程度のジアルジアであることから，それらの径の微粒子をほぼ完全に除去できるろ過技術として，ちょうど技術開発が終了していた膜ろ過技術がまず真っ先にクリプトスポリジウム対策技術としてクローズアップされた．そして，評価実験で，精密ろ過膜でも限外ろ過膜でも，クリプトスポリジウムに関して少なくとも7.0 logの除去が十分に期待できることが明らかにされた．また，より小さい細菌に関してもきわめて高い除去能力があることが数多くの実験で証明された．このことは，病原微生物の除去に関して，膜ろ過はきわめて優れた技術であり，工学的信頼性の高い膜ろ過装置を製作すれば，細菌や原虫類を実質上完全に除去できる技術であることが証明されたといってよい．このように，膜ろ過はその優れた粒子除去能力から，小規模水道を中心に，クリプトスポリジウム対策として数多くの水道で導入された（平成18年度末で，586施設，処理能力75万 m^3/日）．この傾向は今後も長期にわたって続くものと期待される．
　また，ろ過のうち，現在最も多く利用されている急速砂ろ過法については，実験的評価ではクリプトスポリジウムやその代替粒子を4 logを超えるレベルで除去できるとの報告があるものの，濁度管理が徹底されている実稼働浄水場での実態調査では，クリプトスポリジウムで2.5～3.0 log（＝99.3～99.9 %），ジアルジアで3.0 log（＝99.9 %）程度であり，常時3.0 logを超える除去を達成し続けるのはおそらく困難であることなどが明らかにされた．これらの結果は，原水のクリプト

スポリジウム汚染レベルが著しく高い場合は，急速ろ過単独では必ずしも十分な安全性が確保されないおそれがありうることになり，有効な消毒剤を用いた付加的な処理が必要となりうることを示唆している．

一方，消毒方法に関しては，塩素，オゾン，二酸化塩素，紫外線等によるクリプトスポリジウムの感染性に視点を置いた不活化研究が積極的に行われた．その結果，塩素はクリプトスポリジウムの不活化に全く無効というわけではないものの，塩素単独では十分な不活化が期待できず，クリプトスポリジウム対策としては有効でないことが再確認された．オゾンについては，常温ではきわめて有効にクリプトスポリジウムを不活化できることが明らかになったが，低温では十数 mg·min/L もの CT 値（消毒剤濃度と接触時間の積）を必要とするうえ，オゾンを水道で使用する場合は，その後段に活性炭吸着処理が義務付けられているので，設備費や維持管理費の点でクリプトスポリジウム対策として導入することは現実的ではない．二酸化塩素は，塩素に比べて 10 倍程度のクリプトスポリジウム不活化力があり，塩素化有機化合物の生成がないことから注目されたものの，二酸化塩素の還元によって生じる亜塩素酸や亜塩素酸イオンの毒性の観点から，二酸化塩素の注入量が実質上 0.6 mg/L 以下に制限されることから，二酸化塩素消費量がほとんどない水を除いては実用的でない．このように，化学消毒剤はいずれもクリプトスポリジウム等に対する消毒技術としては必ずしも現実的でないことが明らかになった．

一方，紫外線は，かつてクリプトスポリジウムの不活化に 100 mJ/cm^2 を超える照射が必要とされていたが，動物感染性についてはジアルジアもクリプトスポリジウムも 2～5 mJ/cm^2 程度で 99.9％不活化ができることが明らかになり，消毒剤の中では唯一，クリプトスポリジウムやジアルジアの不活化にきわめて有効な消毒剤として大きくクローズアップされてきた．

紫外線による水の消毒方法は，欧米では長年の実績があって技術的にほぼ確立されているので，導入上の技術的問題はほとんどないといえる．また，水道に適用する数十 mJ/cm^2 程度の紫外線照射線量では，実質上，消毒副生成物を生成しないので，オゾンのように後段に活性炭処理を付加する必要もない．そのうえ，10 mJ/cm^2 程度の少量の紫外線照射でクリプトスポリジウムやジアルジアを 99.9％以上不活化できる優れた効果が期待できるほか，膜ろ過やオゾン処理に比べて非常に廉価で導入できるという経済的な利点も兼ね備えている．ちなみに，同じ規模の水道であれば，紫外線消毒装置の導入費用は，ろ過施設の 1/20～1/30 との試算結果もある．

このように紫外線消毒は，クリプトスポリジウムやジアルジアによる汚染の虞があるにもかかわらず，ろ過施設を導入するための費用が捻出できない水道や，膜ろ過のような高度な除去までは必要としない比較的良質の水源をもつ水道にあっては，水道水の微生物的安全性を担保できる優れた現実的な消毒技術であるといえる．

このような化学的知見の集積をもとに，厚生労働省は，これまで対策技術としてろ過しか認めていなかった平成 8 年制定の『クリプトスポリジウム等暫定対策指針』を廃止して，新たに『クリプトスポリジウム等対策指針』を定めた．その中で，紫外線照射を水道における新たなクリプトスポリジウム対策技術として認めている．この指針は，平成 19 年 4 月 1 日から適用されたが，残念ながら，表流水を水源とする水道は原則的に紫外線照射適用の対象外となっていて，紫外線照射の適用は，現時点では非常に限定的である．今後，この分野の研究や実用化をさらに進めて，紫外線照射が水質衛生の確保を通して国民の公衆衛生の向上により一層貢献できる水処理技術へと育っていくことが期待される．

本書の企画当時，日本水環境学会の健康関連微生物研究委員会の委員長を小生が務めさせていただいていたこともあって，研究委員会で原虫問題を取り扱っていた有志を募り，水の紫外線消毒に関する基礎から応用まで，幅広い内容を網羅した専門書を作成することとした．全員が手弁当で約 3 年をかけて取り組み，なんとか出版に漕ぎつけたものである．小生の無理な要請に対して快くお引き受けいただいた執筆者各位に対し，心から深甚なる感謝と敬意を表したい．

また，なかなか原稿が集まらず，出版予定期日から大幅に遅れてしまったにもかかわらず，待ち続けてくれた技報堂出版の小巻慎氏に厚く御礼申し上げる．

　最後に，本書が水の微生物衛生の確保に貢献し，わが国の公衆衛生の向上に寄与することを大いに期待する．

平成 20 年 2 月

編者　平田　強

名　簿 (五十音順．2008 年 3 月現在．太字は担当箇所)

編　者　平田　　強　［麻布大学　環境保健学部　健康環境科学科　教授］

執筆者　岩崎　達行　［岩崎電気株式会社　製造本部　光応用開発部　光プロセス開発課　**1章**］
　　　　大瀧　雅寛　［お茶の水女子大学　大学院　人間文化創成科学研究科　自然・応用科学系　准教授　**5章**］
　　　　片山　浩之　［東京大学　大学院　工学系研究科　都市工学専攻　准教授　**5章**］
　　　　神子　直之　［立命館大学　理工学部　環境都市系　環境システム工学科　教授　**2章**］
　　　　木村　憲司　［前澤工業株式会社　中央研究所研究開発部　**7章**］
　　　　土佐　光司　［金沢工業大学　環境・建築学部　化学系　環境化学科　准教授　**4章**］
　　　　平田　　強　［前掲　**3章**］
　　　　松本　直秀　［株式会社荏原製作所　海外水プロジェクト統括部　エンジニアリング室　**6章**］
　　　　本山　信行　［富士電機水環境システムズ株式会社　技術本部　環境技術部　**1章**］
　　　　森田　重光　［麻布大学　環境保健学部　健康環境科学科　准教授　**3章**］

目　次

1. 紫外線概説　*1*

  1.1　紫外線とは　*1*
    1.1.1　紫外線の波長　*1*
    1.1.2　紫外線の人体への影響　*2*
  1.2　紫外線ランプ　*3*
    1.2.1　紫外線発生のメカニズム　*3*
    1.2.2　ランプの原理，構造，特徴　*4*
  1.3　紫外線照射　*7*
    1.3.1　線量率　*7*
    1.3.2　照射時間　*9*
    1.3.3　照射線量　*10*
  1.4　紫外線の測定方法　*12*
    1.4.1　測定方法の分類　*12*
    1.4.2　物理的測定法（紫外線強度計）　*13*
    1.4.3　化学的測定法（化学線量計）　*14*
    1.4.4　生物的測定法（生物線量計）　*14*
  1.5　照射装置　*15*
    1.5.1　設置方式　*15*
    1.5.2　構　造　*18*
    1.5.3　装置設計　*20*
    1.5.4　監　視　*22*
    1.5.5　メンテナンス　*23*
    1.5.6　規格，基準，勧告等　*24*
  参考文献　*24*

2. 紫外線の微生物に対する影響　*27*

  2.1　紫外線によって生じる化学変化　*27*
    2.1.1　紫外線の持つエネルギー　*27*
    2.1.2　光化学の法則と励起状態　*28*
    2.1.3　分子的光増感　*29*
    2.1.4　光酸化反応　*29*
  2.2　紫外線が生体物質に与える化学変化　*30*
    2.2.1　核酸における反応　*31*
    2.2.2　タンパク質における反応　*33*
    2.2.3　脂質における反応　*34*
    2.2.4　膜における反応　*34*

2.3 紫外線損傷に続く不活化と回復　*34*
      2.3.1 不活化　*35*
      2.3.2 修復および回復　*36*
   2.4 紫外線反応の速度　*39*
      2.4.1 紫外線照射線量の単位と測定方法　*39*
      2.4.2 紫外線照射による不活化のモデル（標的論）　*40*
      2.4.3 紫外線による不活化におけるテーリングの問題　*43*
      2.4.4 酵素的光回復の標的論的解析　*44*
   2.5 紫外線消毒効果に影響する要因　*46*
      2.5.1 装置における影響要因　*46*
      2.5.2 水質における影響要因　*48*
      2.5.3 対象微生物における影響要因　*49*
   2.6 単色光照射装置における紫外線線量率分布および生残率の解析例　*50*
      2.6.1 平行光線を仮定できる回分式の場合　*50*
      2.6.2 線光源を仮定する単一ランプ二重円筒管の場合　*51*
      2.6.3 より複雑な反応槽における問題　*55*
   2.7 まとめ　*56*
   参考文献　*56*

3. 紫外線による原虫の不活化　*59*

   3.1 はじめに　*59*
   3.2 病原性原虫の特性と水系の汚染状況　*60*
      3.2.1 *Cryptosporidium*　*60*
      3.2.2 *Giardia*　*64*
      3.2.3 *Cyclospora*　*66*
      3.2.4 その他の原虫　*67*
   3.3 紫外線の原虫不活化力　*67*
      3.3.1 *Cryptosporidium* 不活化力の評価方法　*67*
      3.3.2 清水系における原虫不活化力　*70*
      3.3.3 不活化効果に影響を及ぼす要因　*76*
   3.4 原虫に対する紫外線消毒法の有効性と限界　*79*
   参考文献　*80*

4. 紫外線による細菌の不活化　*87*

   4.1 水系の細菌汚染状況　*88*
      4.1.1 水中の健康関連細菌の分類　*88*
      4.1.2 水を原因とする細菌感染症の集団発生　*92*
   4.2 紫外線の細菌不活化力　*94*
      4.2.1 細菌不活化力の評価方法　*94*
      4.2.2 純水系における紫外線の細菌不活化力　*97*

                4.2.3　紫外線の細菌不活化効果に影響を及ぼす要因　*101*
        4.3　細菌に対する紫外線消毒法の有効性と限界　*107*
                4.3.1　紫外線消毒の細菌消毒に対する有効性　*107*
                4.3.2　紫外線消毒の限界　*108*
        参考文献　*108*

5. 紫外線によるウイルスの不活化　*111*

    5.1　はじめに　*111*
    5.2　水系のウイルス汚染状況　*111*
    5.3　紫外線のウイルス不活化力　*113*
        5.3.1　ウイルス不活化力の評価法　*113*
        5.3.2　純水系におけるウイルス不活化力　*115*
    5.4　紫外線のウイルス不活化効果に影響を及ぼす要因　*119*
        5.4.1　水質の影響　*119*
        5.4.2　回復現象　*120*
        5.4.3　照射線量依存性　*120*
    5.5　ウイルスに対する紫外線消毒法の有効性と限界　*121*
    参考文献　*121*

6. 紫外線消毒の運用上の留意点　*125*

    6.1　上水処理への運用　*125*
        6.1.1　上水システムでの構成例　*125*
        6.1.2　対象微生物と要求値　*129*
        6.1.3　上水水質と付帯洗浄設備　*131*
        6.1.4　上水処理への適用例　*132*
    6.2　下水処理への適用　*136*
        6.2.1　下水処理システムでの構成例　*136*
        6.2.2　下水処理での対象微生物と要求値　*139*
        6.2.3　下水水質と付帯洗浄設備　*141*
        6.2.4　下水処理への適用　*141*
    6.3　各種産業における適用　*142*
        6.3.1　食品工場　*142*
        6.3.2　水産業・水族館　*144*
        6.3.3　海浜や湖沼の閉鎖水域系の環境浄化　*145*
        6.3.4　医薬品・半導体製造用水および医療分野における殺菌　*146*
        6.3.5　プール水等のアメニティ施設の浄化　*146*
        6.3.6　有機物の分解　*147*
    参考文献　*148*

7. 紫外線消毒のガイドラインと実施例　*153*

　7.1　消毒に関するガイドライン　*153*
　　　7.1.1　上水道　*153*
　　　7.1.2　下水道　*155*
　7.2　紫外線処理の現状　*156*
　7.3　紫外線処理の実施例　*158*
　　　7.3.1　カナダ・アルバータ州エドモントン市スミス浄水場　*158*
　　　7.3.2　フィンランド・ヘルシンキ市ピトキャコスキ浄水場　*159*
　　　7.3.3　八戸圏域水道企業団蟹沢浄水場　*159*
　参考文献　*160*

索　引　*161*
欧文索引　*167*

1. 紫外線概説

紫外線消毒システムは，紫外線が微生物の DNA，RNA に直接作用することで微生物を不活化する作用を利用した，非常に効果的な消毒方法である．塩素剤やオゾン等の薬品等を添加する従来の方法と異なり，処理水中に薬品や副生成物等が残留しないため，人をはじめ生態系に悪影響を及ぼさない自然に優しい消毒方法である．

1.1 紫外線とは

紫外線という表現は，もともと英語の ultraviolet rays に対応する日本語として使用されてきた．しかし，ultraviolet rays という言葉自体は廃語になり，ultraviolet radiation が使用されるようになったため，日本語の専門用語も紫外放射となった．この紫外放射という言葉は，JIS 用語（JIS Z 8113，1988）等でも正式に変更されているものの，消毒分野では紫外線という言葉がすっかり定着しているため，本書においても紫外線という記述を用いることとする．なお，英語の ultraviolet radiation を略号化した UV と記述されることもあり，本書においても UV を適宜使用する．

1.1.1 紫外線の波長

紫外線は，スウェーデンの化学者 Scheele, K. W. が 1777 年に行った塩化銀の感光実験中に初めてその存在を予測し，その後，ドイツの医・化学者 Ritter, J. W. によって 1801 年に太陽からの放射中に紫外線が存在することが確認された（Guillermr，1974；山田，1929）．

紫外線は，電磁放射（電磁波の形でのエネルギー放射）の一種であり，太陽からは広範囲にわたり放射されている．この電磁放射の中で，X 線へ移り変わる領域の波長（$\lambda = 1$ nm）と電波へ移り変わる領域の波長（$\lambda = 1$ mm）との間の波長範囲を光放射といい，この光放射の波長域に，赤外線（780 nm～1 mm），可視光域（400～780 nm）および紫外線（100～400 nm）があり，さらに紫外線に関しては，UV-A（315～400 nm），UV-B（280～315 nm）および UV-C（100～280 nm）に分類される．

このうち UV-C は殺菌作用があるため古くから研究され，食品関係や医療関係等いろいろな分野で利用されてきている．

紫外線の殺菌作用は，1901 年に Strebel により，太陽光線に含まれる紫外線の殺菌作用として最初に確認されたといわれ，1905 年に殺菌ランプが初めて作られた．また，1936 年には GE 社が殺菌ランプを開発し，さらに 1950 年代になると，日本でも厚生省（現・厚生労働省）令で理髪店での紫外線消毒器の設備が義務付けられたのを機に，一般に普及するようになった．しかし，当時の殺菌ランプは出力が弱く，最も高出力なランプでも 60 W 程度しかなかったため紫外線出力も低く，必要な殺菌力を得るためには長時間の照射が必要であった．このため，殺菌目的としての用途は限定

されていた．
　ところが1970年に入るとスイスのブラウン・ボベリ社(B. B. C)が高出力型のランプおよび装置を開発し，1975年には実際にヨーロッパで使用され始めた．
　光の作用と効果について**図-1.1**に示す．

X線	紫外線			可視光線	赤外線			電波
	UV-C	UV-B	UV-A		IR-A	IR-B	IR-C	

波長区分:
- 100 nm / 200 / 280 / 315 / 400 / 500 / 600 / 700 / 780 / 800 / 1.4×10³ / 3×10³ / 10⁵ nm

作用:
- 172, 185 … 表面処理・洗浄
- …オゾン発生・陰イオン生成
- 253.7 …殺菌作用
- …紅斑(ビタミンD生成 洗浄)
- 350, 370 …皮膚日焼け
- …紫外線硬化・光重合・光化学反応
- 420, 450, 458 …ジアゾ感光(被写)・写真製版焼付
- …補光(農作物)
- …抑芽(バレイショ)
- …集魚(イカ・サンマ等)
- 590 …開花抑制(菊・チューリップ等)
- 650 …育芽(バレイショ)・農産物の補光
- …集魚(ウナギ稚魚)
- …育芽・育雛
- …乾燥・加熱殺菌・包装用加熱等
- 210～280 着色(リンゴ)
- 185～253.7 光酸化作用
- 780～10³ 光化学作用
- 800～1.4×10³ 着色(トマト)
- 照明

図-1.1　光の作用と効果(岩崎電気，d)

1.1.2　紫外線の人体への影響

(1) 人体への影響

　紫外線は，光放射の中でも光子エネルギーが大きいため，人体に吸収されると何らかの影響を及ぼす可能性がある．その場合，光放射の人体への影響は，その光の波長によって異なる．

(2) 曝露許容基準値

　紫外線の人体への影響は，CIE(Commission Internationale de l'Eclairage；国際照明委員会)が標準化している紅斑作用(**図-1.2**)(河本，1999)に関するものだけである．また，これらの作用スペクトルを国として標準化したものとしては，ACGIH(American Conference of Governmental Industrial Hygienists；米国産業衛生官会議)が定めたTLV (Threshold Limit Values for Physical Agents in the Work Environment Adopted by ACGIH with Intended Charges for 1985 - 1986)(**表-1.1，1.2**)だけである．ただし，日本も目や皮膚については日本工業規格化(JIS Z 8812, 1987)に規定されている．
　紫外線の人体への作用の閾値の例を**表-1.3**(JIS Z 8812, 1987；日本電球工業会 JEL 601)に示す．

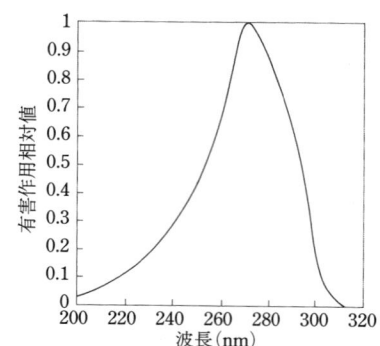

図-1.2　相対分光有害作用曲線(JIS Z 8812)

1.2 紫外線ランプ

表-1.1 TLVと相対分光有害作用(ACGIH)

波長 (nm)	TLV (J/m^2)	相対分光有害作用
200	1 000	0.03
210	400	0.075
220	250	0.12
230	160	0.19
240	100	0.3
250	70	0.43
254	60	0.5
260	46	0.65
270	30	1
280	34	0.88
290	47	0.64
300	100	0.3
305	500	0.06
310	2 000	0.015
315	10 000	0.003

備考:TLVは,ACGIHの勧告値であり,1日(8時間)を1期間として,曝露を受ける場合の許容量である.

表-1.2 皮膚または目に対する紫外線照射の被曝許容照度(志賀,1977)

1日当りの被爆時間	実効照度 E ($\mu W/cm^2$)
8 h	0.1
4	0.2
2	0.3
1	0.8
30 min	1.7
15	3
10	5
5	10
1	50
30 s	100
10	300
1	3 000
0.5	6 000
0.1	30 000

* 被照射殺菌線量:$3\ mJ/cm^2$

表-1.3 紫外線の人体への作用の閾値の例(JIS Z 8812)

作用名	ピーク作用波長 (nm)	閾値 (J/m^2)
紅斑	297	300 ~ 500
色素沈着	340	100 000
結膜炎	260	50
角膜炎	270	30

1.2 紫外線ランプ

1.2.1 紫外線発生のメカニズム

紫外線ランプの放電形式はアーク放電に属し,放電による水銀電子の転移スペクトルのうち,主に253.7 nmおよび184.9 nmの波長が励起線として発光している.

紫外線ランプの点灯回路(図-1.3)は,普通の蛍光灯と同様,電源を接続すると余熱回路に電流が流れて両端の電極が加熱され,その加熱された電極に塗布してある電子放射物質により熱電子が放射されて電極付近の局部放電が起こる.こ

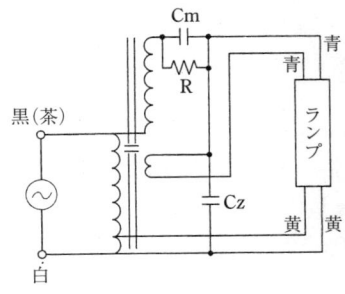
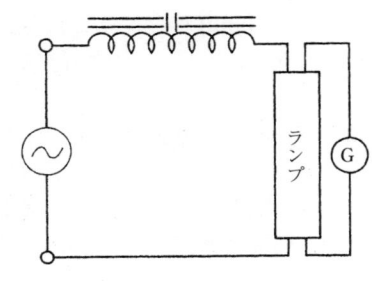

(a) ラピッドスタート型安定器　　(b) チョークコイル型安定器

図-1.3 紫外線ランプの点灯回路(岩崎電気,a)

の時，予熱回路がグロースタータの働きにより自動的に遮断され，ランプ両端の電極間に放電が起こってランプ管内がプラズマ状態となり，電流が流れ始める．電流が流れると，蒸発している水銀電子と電界によって移動する電子が衝突して紫外線が発生する．

1.2.2 ランプの原理，構造，特徴
(1) 低圧水銀ランプ（殺菌ランプ）

低圧水銀ランプとは，点灯中の水銀蒸気分圧が 10 Pa（1×10^{-4} 気圧程度）を超えない水銀蒸気放電ランプのことであり，主として波長 253.7 nm の紫外線（殺菌線とも呼ばれている）を放射する．また，特に波長 253.7 nm の紫外線を効率良く放射するように設計されたランプを殺菌ランプと呼ぶ．

低圧水銀ランプの点灯原理は，一般照明に用いられている蛍光灯とほぼ同じである．紫外線ランプは，紫外線を透過する特殊ガラスで作られており，内部両端にタングステンの二重コイルからなる電極があり，この電極には電子放射物質が塗布されている．紫外線ランプの管内にはアルゴンガスと水銀が封入されている．

低圧水銀ランプの構造を図-1.4 に示す．また，低圧水銀ランプの発光スペクトル分布を図-1.5 に示す．

低圧水銀ランプは，1本当りの出力が数 W～1 kW 程度までのランプがあり，様々な用途に適用されている．特に殺菌ランプの発光管は，石英ガラスを使用することで放射効率を向上させ，さらにオゾンが発生しないよう微量の酸化チタンを含むオゾンレス石英ガラスを使用することで波長 200 nm 以下の紫外線をカットしている．逆に，超純水製造工程に使用される紫外線酸化分解用ランプやオゾンによる表面洗浄・改質に用いられるランプのように波長 184.9 nm の紫外線を利用する場合は，酸化チタンを含まない通常の石英ガラス（天然溶融石英）や合成石英ガラスが用いられる．

なお，低圧水銀ランプのランプ表面温度は，一般的には電極部において 100 ℃ 以下である．

また，封入されている水銀量は，当初は 100 mg 以上であったが，30 mg 程度にまで低減されてきている．なお，一般の蛍光灯においては 10 mg 以下となっている．

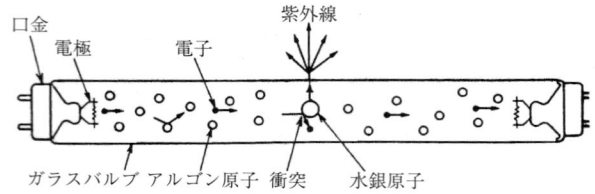

図-1.4 低圧水銀ランプの構造（照明学会，1987 より改変）

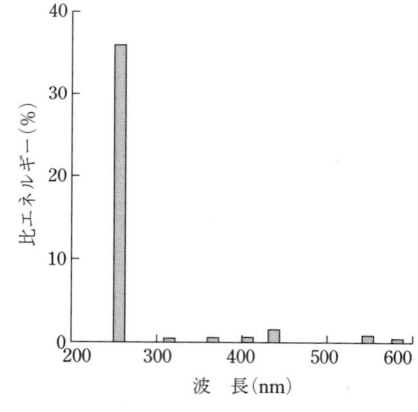

図-1.5 低圧水銀ランプの分光分布

(2) 高圧（中圧）水銀ランプ

高圧水銀ランプ*とは，大部分の発光が直接または間接に，作動中の蒸気分圧 100 kPa（1 気圧程度）以上の水銀からの放射による高輝度放電ランプのことである．

また，超高圧水銀ランプとは，1 MPa（10 気圧程度）以上のガス圧で作動させるランプであり，発

---

* 英語の high pressure lamp は，日本語では超高圧水銀ランプのことであり，英語の midium pressure lamp とは，よく中圧水銀ランプとされているが，正しくは高圧水銀ランプのことである．

1.2 紫外線ランプ

光スペクトルは連続となる．

高圧水銀ランプの構成は，低圧水銀ランプと同じである．高圧水銀ランプの発光スペクトル分布を**図-1.6**に示す．また，超高圧水銀ランプの発光スペクトル分布を**図-1.7**に示す．

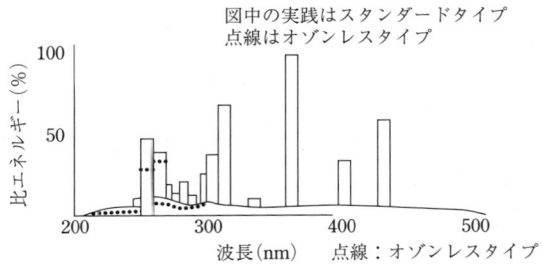

図-1.6 高圧水銀ランプの分光分布

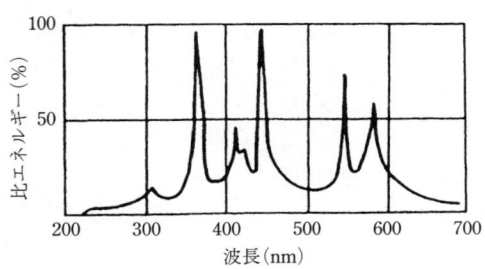

図-1.7 超高圧水銀ランプの分光分布

高圧水銀ランプには，1本当りの出力が数百W～数十kWまでのランプがあり，様々な用途向けに最適設計がなされている．なお，高圧水銀ランプは発光により発熱するため，発光管として使用している石英ガラスの融点である1 100℃以上となると，発光管が軟化してしまう．そのため，通常は900℃程度に冷却して使用される．また，封入されている水銀量は，ランプによりそれぞれ違いがある．

(3) パルスキセノンランプ

パルスキセノンランプは，ランプ構成上はキセノンランプであるが，発光自体は高照度を瞬時に発生させるタイプのランプのことであり，一般的にはフラッシュランプといわれている．そのため発光するスペクトルは，太陽光の人工光源として用いられているキセノンランプと同一であり，紫外域から赤外域まで幅広く放射している．また，発光物質が希ガスであることから動作時の温度が低く，瞬時繰返し発光が可能であるなどの特徴がある．さらに発光時には従来の連続発光ランプと比較して10～100倍の高線量率の光が得られるため，新しい光源として注目されている．

パルスキセノンランプの構成図を**図-1.8**に，発光スペクトル分布を**図-1.9**に示す．

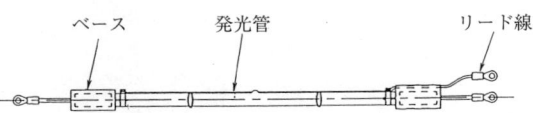

図-1.8 パルスキセノンランプの構成図

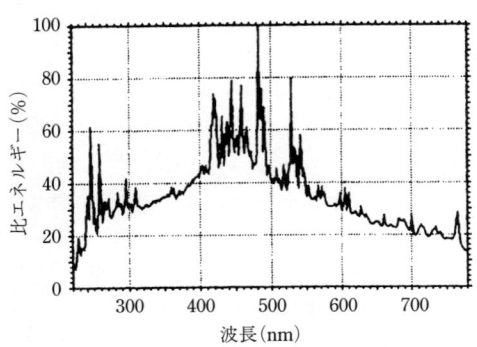

図-1.9 パルスキセノンランプの分光分布

(4) 無電極ランプ

無電極ランプは，電磁誘導による放電と，その放電による発光で点灯するランプである．フェライトコイルに電流を流すことでバルブ内に電界が発生し，この電界の発生によりランプ内に封じられているガスが励起もしくはイオン化されることで発光が起こる．無電極ランプは，その名のとおり電極を持たないため，電極の劣化等による失灯がなく，ランプ寿命が長くなる．

(5) ブラックライト

水銀ランプもしくは蛍光ランプで，紫外線(UV-A)を発光し，可視光はほとんど発光しないように設計されたランプである．ランプの構成は，蛍光ランプと同じである．ブラックライトの発光スペクトルは，**図-1.10** に示すように 365 nm 付近の波長がピーク波長となり，殺菌作用のある UV-C の紫外線は発光されない．

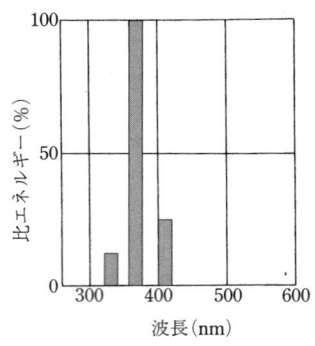

図-1.10 ブラックライトの分光分布

(6) その他の光源

a. エキシマランプ　エキシマランプは，近年誕生した新しいランプである．エキシマとは，励起二量体 Excited dimer を意味する．エキシマランプは，発光管内に封入されたガスが放電プラズマによって励起され，瞬間的にエキシマ状態になり，再度元の状態に戻る時の発光(エキシマ発光)を利用したランプである．封入ガスの種類により選択的に単色性の高い光を得ることができ，特にエキシマランプによる真空紫外線域の短波長光は高いエネルギーを有する．

エキシマランプを用いた照射器を**写真-1.1** に示す．また，キセノンガスを封入したエキシマランプの発光スペクトル分布を**図-1.11** に示す．なお，このランプの主波長は 172 nm である．

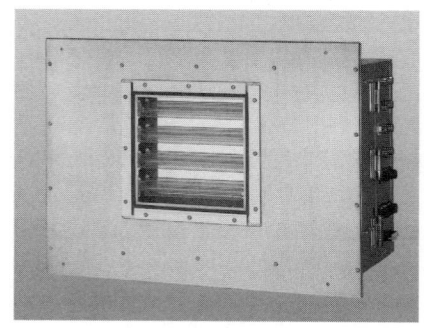

写真-1.1　エキシマランプ照射器

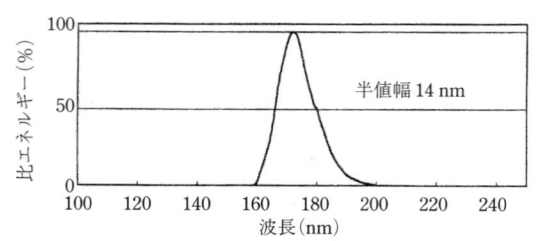

図-1.11　エキシマランプの分光分布

b. i線ランプ　i線ランプは，IC や LSI 製造の露光工程に使用される光源である．IC や LSI は，年々集積度を上げることにより進歩してきたが，そのため一つひとつの素子の大きさや，それぞれを結ぶ線幅を小さくしてきた．その結果，露光に用いられる光源の波長も g 線(425 nm)から i 線(365 nm 付近の 4 本のスペクトル群)へと短波長化してきた．これは，露光波長が短いほど細かな加工が可能となるためである．

i線ランプを用いた半導体露光装置では，0.3 μm 程度の最小加工線幅が達成されている．

i線ランプの構成図を**図-1.12** に示す．

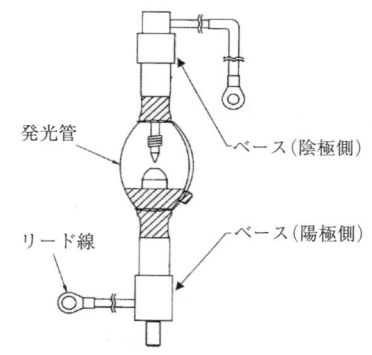

図-1.12　i線ランプの構成図

1.3 紫外線照射

1.3.1 線量率

線量率とは，紫外線が照射される時の紫外線の強さのことであり，照度もしくは強度と表記され，単位は，通常，W/m^2（mW/cm^2 もしくは $\mu W/cm^2$）である．

(1) 紫外線ランプ出力と線量率

ランプは，点灯装置である安定器により点灯される．その際，点灯装置に入力された電力は，ランプに入力される電力と熱に変換される．さらにランプへの入力電力は，電磁波としての光と熱に変換され，光は，それぞれの波長で放射される．

紫外線照射におけるランプ出力とは，ランプ入力から紫外線に変換され，紫外線として出力されたエネルギーのことであり，ランプごとにその数値は異なる．紫外線ランプは，個々のランプに対応した安定器により点灯されるため，ランプ入力に対する紫外線への変換効率もそれぞれのランプで異なる．ランプと紫外線変換効率の一例を**表-1.4**に示す．

ランプの紫外線出力はランプの点灯時間とともに低下し，ランプ寿命末期で点灯初期に比べ 20～40 % 低下する．この紫外線出力低下もやはり個々のランプにより異なる．

低圧水銀ランプにおける紫外線出力同程曲線の一例を**図-1.13**に示す．

表-1.4 ランプと紫外線変換効率

ランプ	入力電力	紫外線変換効率
低圧水銀ランプ	数 W～1 kW	20～40 %
高圧(中圧)水銀ランプ	数百 W～数十 kW	5～8 % 程度

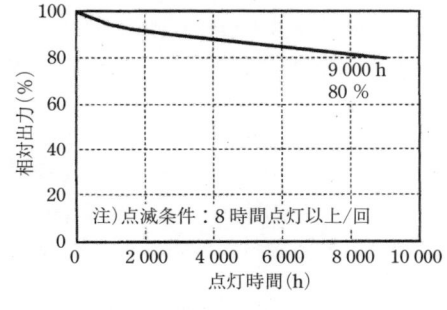

図-1.13 低圧水銀ランプにおける紫外線出力同程曲線の例

(2) 光の減衰と反射

紫外線が電磁波の一種であることは既に述べたが，電磁波である光は，均質な媒質の中では直進する．

光の伝播では，吸収，透過，反射および屈折が起こり，透明な媒質の境界面において光の一部は反射するものの，残りの光は透過する．しかし，次の境界面に到達すると，到達した光の一部が反射され，さらに残りの光は媒質の外へ出射する．吸収とは，光の一部が媒質内部に吸収され，他のエネルギーに変換される現象をいい，透過とは，光の一部が媒質中を通過する現象をいう．

また，光が媒質の境界面に当たって光の伝播方向が変化する現象を反射といい，光が異なる媒質の境界面で光の伝播方向が変化する現象を屈折という．光は，異なる媒質の境界面では反射と屈折を起こす．

ランプより放射される光は，光源であるランプから離れると減衰し，点光源からの照度（線量率）は距離の 2 乗で減少し，減衰後の線量率は次式のとおりである．

$$I = S / 4\pi x^2 \tag{1.1}$$

ここで，I：照度（線量率）（$\mu W/cm^2$），S：光源のエネルギー（μW），x：距離（cm）．

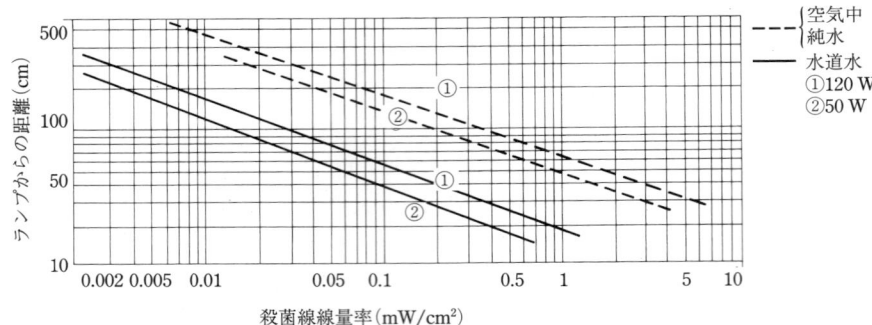

図-1.14 殺菌線の線量率とランプからの距離の関係(岩崎電気, d)

殺菌線の線量率とランプからの距離の関係について一例を**図-1.14**に示す.

一方,光が透過する対象物によりその減衰度合いに違いがあり,その対象物中に紫外線を吸収する物質(例えば,有機物や鉄等)が多く存在すると,光の減衰は大きくなる.このように距離による減衰だけではなく,物質による吸収の作用を考慮した法則がLambert-beerの法則であり,次式で表される.

$$\log(I/I_0) = -\varepsilon C x \tag{1.2}$$

ここで,I:減衰後の線量率(μW/cm²),I_0:入射光の線量率(μW/cm²),ε:モル吸光係数(/m・M),C:モル濃度(M),x:距離(cm).

表-1.5に各種材料の紫外線波長253.7nmの透過率を示した.蒸留水,飲料水等の紫外線を吸収する物質が少ない(モル濃度が小さい)液体は,同じ透過率で比較した場合,透過距離(厚さ)が大きいことがわかる.紫外線ランプの保護管に使用される溶融石英やテフロン(フッ素樹脂)等は紫外線透過率が高い.一方,窓ガラスや塩化ビニール等は紫外線を透過しないため遮蔽板や監視窓等の材料として使用できる.**表-1.6**に各種材料の紫外線反射率を示した.アルミニウムは60%以上と高

表-1.5 各種材料の紫外線(波長253.7 nm)の透過率(岩崎電気, c)

材料名	厚さ(mm)	透過率(%)
蒸留水	3 000	10
飲料水	100〜800	10
海水	50	10
砂糖液(無色)	9	10
砂糖液(褐色)	0.5	10
牛乳	0.07	10
ビール	1.5	10
洋酒	0.8〜3	10
合成酒	20	10
ブイヨン	0.002	8.2
人血	0.002	16.5
溶融石英	2.5	90
窓ガラス	1.0	0
ポリエチレン	0.01	35
セルロイド	0.1	0
セロファン(無色)	0.03	60
塩化ビニル	0.03	0
ポリスチロール	0.05	0

表-1.6 各種材料の紫外線(波長253.7nm)の反射率(岩崎電気, c)

材料名	反射率(%)
アルミニウム(蒸留)	87
アルミニウム(研磨)	60〜75
アルマイト	30〜35
クロム	40
ニッケル	35
ステンレス	20〜30
銀メッキ鉄板	28
銅	7
亜鉛	20
エナメル(白)	10
水性ペイント(白)	10〜35
油性ペイント(白)	6〜9
メラミン塗装(白)	8
紙(明色)	20〜30
ガラス	5〜10

い反射率を示すが，一般的に反応槽の材料として使用されるステンレスの反射率は20～30％程度である．

(3) 平均線量率

平均線量率とは，紫外線が照射された3次元空間における線量率の平均値のことである．

平均線量率を求める方法は，USEPA(1986)のDesign Manualに詳細に記載されている．以下にその一例として点光源合算法PSS(Point Source Summation)による線量率の考え方を示す(図-1.15)．

式(1.1)，(1.2)より点光源からxの距離にある地点の線量率は次式となる．

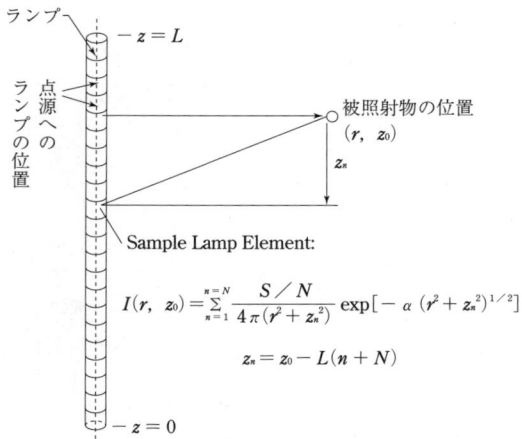

図-1.15 点光源合算法の概念図(USEPA, 1986)

$$I = (S/4\pi x^2) \cdot 10^{(-\varepsilon C x)} \tag{1.3}$$

この式は点光源合算法の基礎となる．装置内を通過する微生物等の被照射物が無限に小さく，また球状であると仮定すると，ランプの任意の各点から発光されるエネルギーは被照射物の表面に直角に当たると想定できる．モデルでは，光の反射，屈折，拡散および回析現象を無視し，流体の吸収特性が光の線量率に影響を受けないと仮定する．被照射物における線量率は，ランプの各点光源からの線量率の合算である．ある被照射物の位置(r, z_0)における線量率は，ランプの任意の点から求めた線量率の合算であり，次式で表される．

$$I(r, z_0) = \sum_{n=1}^{n=N} \frac{S/N}{4\pi(r^2 + z_n^2)} \exp[-\alpha(r^2 + z_n^2)^{1/2}] \tag{1.4}$$

$$z_n = z_0 - L(n/N) \tag{1.5}$$

ここで，S：光源のエネルギー(μW)，N：ランプの点光源の数，L：ランプ長，α：吸光係数．

式(1.4)，(1.5)より1本または複数で配置したランプ周辺の線量率分布を求め，それを元に紫外線照射装置内の平均線量率を求めることになる．ただし，実用上，式(1.4)，(1.5)で計算することは煩雑であり，通常は計算ソフトを用いる．

1.3.2 照射時間

照射時間とは，ある対象物(微生物)に紫外線が照射された時間のことである．紫外線装置の場合は，一般的には消毒槽の容積を対象水の流量で除した値である理論的滞留時間を「平均照射時間」として用いる．これは，水理学的には，押出し流れモデルとなり，消毒槽内に流入した対象水は，すべて同じ時間滞留した後，流出することを意味する．

一方，消毒槽の形状や対象水の流量(変動含む)特性によって，消毒槽内には滞留時間分布が生じる．すなわち，微生物群が受ける照射時間に平均照射時間を基準として，それよりも短い照射時間しか受けない微生物(消毒不十分)と長い時間照射を受ける微生物(消毒十分)が混在し，全体として，消毒が不十分なまま消毒槽を流出してしまうことになる．このような消毒槽は，完全混合モデルや完全混合槽列モデルといった水理モデルにより表され，トレーサ試験や流体シュミレーションといった手法によって滞留時間分布を求め，短絡流を定量的に把握し，消毒効率を高めることが重要である．

1.3.3 照射線量

照射線量(線量もしくは照射量ともいう)とは，照射された紫外線のエネルギー量のことで，次式で示すように線量率と照射時間の積で表される．

$$D = It \tag{1.6}$$

ここで，D：紫外線照射線量(mW·s/cm^2 もしくは mJ/cm^2)，I：線量率(W/m^2，mW/cm^2 もしくは μW/cm^2)，t：照射時間(s)．

(1) 平均照射線量

平均照射線量とは，平均線量率と平均照射時間との積であり，紫外線をある対象物に照射した場合の平均エネルギーのことである．平均線量率は，前記したように計算により求める方法もあるが，後述するような化学線量計や生物線量計といった手法を用いて消毒槽全体の照射線量としてマクロ的に捉えた評価方法を用いることが有効である．

(2) 最小照射線量

最小照射線量とは，対象水が消毒槽内を流れる時に照射される紫外線が最も小さい照射線量と定義する．照射線量が小さくなる主な要因としては，紫外線ランプからの距離と，水理学的な短絡流があげられる．紫外線の微生物に対する消毒・殺菌効果は，照射される線量に対して1次反応的に効いてくるため，装置全体の線量に対する最小照射線量の影響は非常に大きくなる．このため，装置設計においては，この最小照射線量を十分に考慮する必要がある．

以下に，最小照射線量の計算例として，**図-1.16** に示すような矩形の浸漬型紫外線装置における考え方を示す．

紫外線ランプは，水路内に鉛直方向に設置している．水の流れは，下側から上方向である．このような水槽の場合，一般的には水面および壁面において流速が最も大きくなると想定される．また，紫外線ランプからの距離は壁面が最も遠くなる．よって，壁面上部水面における平均照射線量が最小照射線量になるとみなし計算を行った．

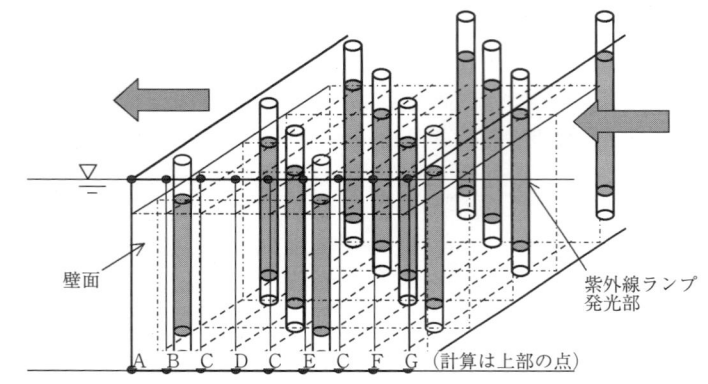

図-1.16 浸漬型紫外線装置におけるランプ配置例(外観図)

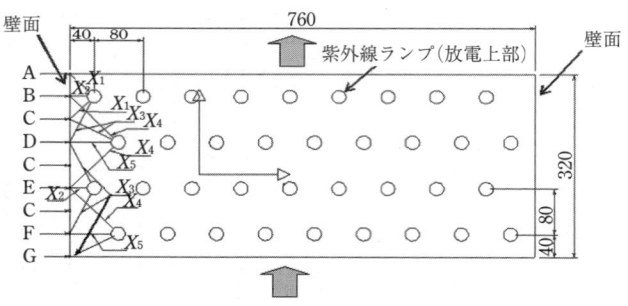

図-1.17 浸漬型紫外線装置におけるランプ配置例(平面図)

計算の便宜上，水路壁面を A～G で区分した．同じ記号は，線量率が等しいことを意味している．下記では，水面近傍の各点における線量率より平均線量率を算出した．紫外線ランプの配置平面図を**図-1.17**に示す．ここで，X_1～X_5 は，ランプ発光部から各点(A～G)までの距離を表す．水面各

点 A~G における線量率を I_A, I_B, I_C, I_D, I_E, I_F, I_G とし，壁面における線量率は，概算として次式で表す．ここで，各点における線量率は，壁面沿いの紫外線ランプからの照射のみを考慮し，また，他の紫外線ランプで影になる場合は照射がないものとして計算した．各点での線量率を合計し，それを平均したものを壁面での平均線量率とした．

$$\text{平均線量率}\ I = (I_A + I_B + 3\,I_C + I_D + I_E + I_F + I_G) \div 9$$

a. 計算条件
- 対象水の水質は一定で，紫外線透過率(254 nm/cm)は 90 % とする．
- 低圧紫外線ランプ 1 本当りの紫外線出力は 26 W(65 W ランプ出力)とする．
- 低圧紫外線ランプの発光長(有効紫外線ランプ長)は 147.3 cm とする．
- ランプジャケット(保護管)は破損防止のためテフロンコートする．
- ランプからジャケットまでの空気層(3 mm)における紫外線の減衰はないものとする．

また，以下の内容は計算外とした．
- 紫外線ランプの出力低下．
- 水温変動による紫外線出力の変動．
- ランプジャケット表面の汚れ．

b. 紫外線ランプジャケット表面の線量率
- ジャケットの表面積：2.3 cm(直径) × 147.3 cm(ランプの発光長) = 1 064 cm²
- ジャケット表面の線量率：26 W ÷ 1 064 cm² × 10³ = 24.4 mW/cm²
- ジャケットの紫外線透過率：90 %
- テフロンコートによる紫外線透過率の低下(定常運転における劣化を含む)：27 %
- ジャケット表面の線量率：24.4 mW/cm² × 0.9 × (1 − 0.27) = 16.0 mW/cm²

c. ランプ発光長上部(センター)と水面との距離
- 70 mm(7 cm)

d. 壁面における各地点の線量率
① ランプ表面からの距離(概算)：図-1.18 にランプ発光部と壁面の位置 A との関係を示した．まず，ランプの中心と壁面の各地点の距離を最小二乗法で算出した後，ランプの中心からランプ表面までの距離(概算)を差し引き，ランプ表面(ジャケット表面)からの距離を算出した．結果は，以下のとおりである．

X_1 の距離 = $[(4\sqrt{2} - 1.15)^2 + 7^2]^{1/2}$ = 8.33 cm
X_2 の距離 = $[(4 - 1.15)^2 + 7^2]^{1/2}$ = 7.56 cm
X_3 の距離 = $[(4\sqrt{3} - 1.15)^2 + 7^2]^{1/2}$ = 9.08 cm
X_4 の距離 = $[(8\sqrt{2} - 1.15)^2 + 7^2]^{1/2}$ = 12.34 cm
X_5 の距離 = $[(8 - 1.15)^2 + 7^2]^{1/2}$ = 9.79 cm

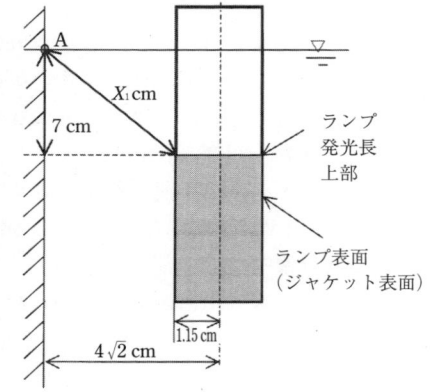

図-1.18 浸漬型紫外線装置におけるランプ発光部と壁面の位置関係

② 各点の線量率低下：壁各点の線量率の低下は，Lambert-beer の法則を用いて以下のように算出される．また，前述したように対象水の紫外線透過率(254 nm/cm)は 90 % である．よって，紫外線ランプ発光部より距離 1 cm の点では，次式が成り立つ．

$$I/I_0 = 10^{(-\varepsilon C \times 1)} = 0.9$$

ここで，I_0：入射光の線量率，ε：モル吸光係数，C：濃度，

したがって，この対象水の特性を示す εC は，
$\varepsilon C = -\log 0.9 = 0.045757$
これより，$X_1 = 8.33$ cm における線量率は，
$I/I_0 = 10^{(-\varepsilon C \times 8.33)} = 10^{(-0.045757 \times 8.33)} = 0.416$
となる．

その他も同様に算出すると，以下のようになる．
距離 X_1 での線量率の低下割合 $= 0.90^{8.33} = 0.416$
距離 X_2 での線量率の低下割合 $= 0.90^{7.56} = 0.451$
距離 X_3 での線量率の低下割合 $= 0.90^{9.08} = 0.384$
距離 X_4 での線量率の低下割合 $= 0.90^{12.34} = 0.272$
距離 X_5 での線量率の低下割合 $= 0.90^{9.79} = 0.356$

③ 各点の線量率：紫外線ランプジャケット表面の線量率は 16 (mW/cm^2) であるから，各地点の線量率は，次のように算出される．

$I_A = I_{X1} = 16.0\,(\mathrm{mW/cm^2}) \times 0.416 = 6.7\,\mathrm{mW/cm^2}$
$I_B = I_{X2} + I_{X4} = 16.0\,(\mathrm{mW/cm^2}) \times 0.451 + 16.0\,(\mathrm{mW/cm^2}) \times 0.272 = 11.6\,\mathrm{mW/cm^2}$
$I_C = I_{X1} + I_{X3} = 16.0\,(\mathrm{mW/cm^2}) \times 0.416 + 16.0\,(\mathrm{mW/cm^2}) \times 0.384 = 12.9\,\mathrm{mW/cm^2}$
$I_D = 2I_{X3} + I_{X5} = 2 \times 16.0\,(\mathrm{mW/cm^2}) \times 0.384 + 16.0\,(\mathrm{mW/cm^2}) \times 0.356 = 16.8\,\mathrm{mW/cm^2}$
$I_E = I_{X2} + 2I_{X4} = 16.0\,(\mathrm{mW/cm^2}) \times 0.451 + 2 \times 16.0\,(\mathrm{mW/cm^2}) \times 0.272 = 16.0\,\mathrm{mW/cm^2}$
$I_F = I_{X3} + I_{X5} = 16.0\,(\mathrm{mW/cm^2}) \times 0.384 + 16.0\,(\mathrm{mW/cm^2}) \times 0.356 = 11.9\,\mathrm{mW/cm^2}$
$I_G = I_{X3} = 16.0\,(\mathrm{mW/cm^2}) \times 0.384 = 6.2\,\mathrm{mW/cm^2}$

④ 壁面における最小照射線量：以上の結果，壁面での平均照射線量率，すなわち最小照射線量率は，以下のようになる．

$I_A + I_B + 3I_C + I_D + I_E + I_F + I_G = (6.7 + 11.6 + 3 \times 12.9 + 16.8 + 16.0 + 11.9 + 6.2) \div 9$
$= 12.0\,\mathrm{mW/cm^2}$

壁面における最小照射線量は，トレーサ試験や流体シミュレーションにより照射時間を求め，上記値との積により算出されることになる．

参考までに，消毒槽の平均照射時間を次の条件で算出すると，1.43 s となる．
・容積：76 cm × 32 cm × 160 cm（水深）= 0.389 m^3
・流量：2 000 m^3/h

これより，最小照射線量率と平均照射時間の積は，以下のような結果となる．
12.0 mW/cm^2 × 1.43 s = 17.2 mW·s/cm^2

消毒槽内の他の部分での照射率は最小照射線量率より大きい値となるので，消毒槽全体での平均照射線量は，以下の関係となる．
平均照射線量（消毒槽全体）> 17.2 mW·s/cm^2

1.4 紫外線の測定方法

1.4.1 測定方法の分類

紫外線消毒装置による消毒効果を定量的に評価し，装置の適切な保守・管理を実施するためには，紫外線ランプの線量率（強度）と照射時間の積で表される紫外線照射線量（mW·s/cm^2）を正確に把握する必要がある．この紫外線ランプの照射線量率を測るセンサが実用化されており，測定原理の違

いにより物理的測定法（紫外線強度計），化学的測定法（化学線量計），生物的測定法（生物線量計）の3つのタイプに分類できる．

これらの測定方式は，**表-1.7**に示すようにそれぞれ長所・短所があるので，目的に合った方式を選定することが重要である．

表-1.7　紫外線センサの種類

測定方法	測定原理	測定レンジ	特長
物理的測定法	シリコンフォトダイオードによる直接計測	240〜280 nm 300〜390 nm 350〜490 nm の3波長域	・殺菌線の数値管理が可能なため，インライン測定に適する ・殺菌効果曲線に合致した分光感度特性で測定精度が高い ・コンパクトで取扱いが容易
化学的測定法	指標化学物質の蛍光強度を用いた間接計測	励起光の波長に依存する	・光照射後の生成物は安定 ・既存の蛍光強度分析装置が利用できるため，実験室レベルでの評価に適する
生物的測定法	指標微生物に対する不活化線量率を用いた間接計測	様々な波長域に対応可能	・波長域の異なる（低圧・中圧・パルス）紫外線ランプを統一的に評価可能 ・反応容器全体の照射エネルギーを測定可能

1.4.2　物理的測定法（紫外線強度計）

本法では，紫外線強度計を用いる測定法が一般的である．検出素子にシリコンフォトダイオード（SPD）を用いて，複数の波長に対応する分光感度特性を持つものが市販されている（金子，1997）．

一般に，水の消毒で用いられる低圧水銀ランプの波長範囲は，殺菌力が高い240〜280 nm領域であり，全放射エネルギーの85％以上が253.7 nm近傍に集中している．このため，通常は，この253.7 nm付近の波長のみを測定することが多い（照明学会，1998）．しかし，ランプ1本当りの照射エネルギーの大きい中圧水銀ランプや，パルス型水銀ランプの場合には，低圧水銀ランプとは異なる照射波長スペクトルを持つため，単一波長のみの測定では評価が低くなる欠点がある．

代表的な紫外線強度計の仕様を**表-1.8**に，分光感度特性を**図-1.19**に示す．

表-1.8　代表的な紫外線強度計の仕様（入江製作所；トプコン）

受光部型式		UD-T25	UD-T36	UD-T40
測定波長範囲		230〜280 nm	300〜390 nm	350〜490 nm
ピーク感度波長		約254 nm	約350 nm	約410 nm
測定範囲	放射線量 （mW/cm^2）	レンジ1:0.01〜30.00 レンジ2:0.1〜300.0 レンジ3:1〜3000	レンジ1:0.02〜60.00 レンジ2:0.2〜600.0 レンジ3:2〜6000	レンジ1:0.01〜30.00 レンジ2:0.1〜300.0 レンジ3:1〜3000
	積算量 （mJ/cm^2）	レンジ1:0.01〜999.99 レンジ2:0.1〜9999.9 レンジ3:1〜99999	レンジ1:0.02〜999.99 レンジ2:0.2〜9999.9 レンジ3:2〜99999	レンジ1:0.01〜999.99 レンジ2:0.1〜9999.9 レンジ3:1〜99999
受光窓		ϕ 5 mm	ϕ 3 mm	ϕ 3 mm
精度		±2％以内（メーカ校正光源における校正基準器の値に対して）		
斜め入射光特性		30°±5％以内，60°±25％以内		
出力		RS-232C（9600 BPS，7 bits，ODD，1 stop-bit），アナログ電圧（2 Vmax.）		
電源		アルカリ単4電池　4本		

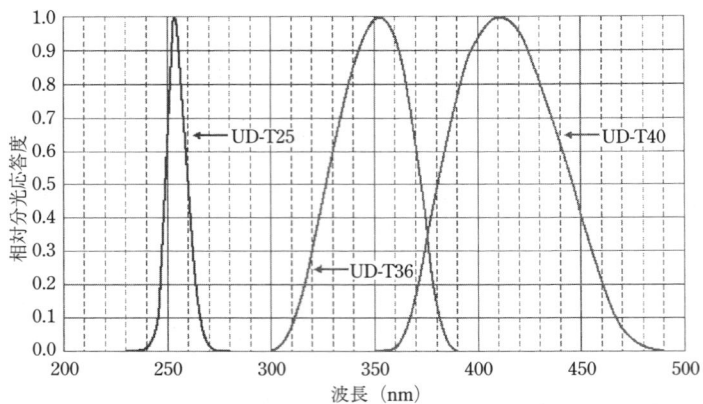

図-1.19 分光感度特性(入江製作所：トプコン)

1.4.3 化学的測定法（化学線量計）

本方法は，紫外線照射により蛍光を発する指標化学物質を用いて水銀ランプの線量率を量るものである．指標化学物質として代表的なものは，シュウ酸鉄イオン(Harris *et al.*, 1987)，過硫酸イオン(Mark, 1990)，ヨウ素／ヨウ素酸イオン(Rahn, 1997)のほか，(E)-5-[2-(methoxy-carbony)ethenyl]cytidine，フォトクロミック(谷本他，2006)を用いた例がある．

Cytidine を用いた例では，330 nm の紫外光で励起された380 nm の蛍光強度を測定している(Chengyue *et al.*, 2003)．

1.4.4 生物的測定法（生物線量計）(大瀧他，2001)

生物線量計とは，水銀ランプの線量率の測定に微生物を用いる手法である．簡単にいえば，「どれだけの紫外線を当てれば死滅するかが判明している指標微生物を用いて，実際の処理水槽において紫外線照射で死滅した割合から照射線量率を逆算する方法」といえる．

紫外線による微生物の不活化効果を評価する方法には，次式で示される「マルチヒットモデル」がある．これは，微生物が光の粒子（光量子）を浴びた時，細胞内の標的にヒットする確率から生残率を推定するものである．

$$N/N_0 = 1 - [1 - \exp(-kIt)]^n$$

ここで，N および N_0：それぞれ紫外線照射後および紫外線照射前の微生物数，k：不活化速度定数，I：紫外線線量率，t：紫外線照射時間，n：致死ヒット率．

本モデルを用いて，$kI = 0.1(1/s)$ とした場合の生残率の時間変化を示すと，**図-1.20** のとおりとなる．

実際に種々の微生物を用いた実験結果を**図-1.21** に示す．微生物によって kI の値が異なるので，直線部分の傾きは異なるが，細菌類の不活化については，n が複数であり，肩のある曲線になるものが多い．

一方，ウイルスの場合には，n が1のものがほとんどであるため，生残率の対数と照射時間をプロットすると，直線関係が得られる．したがって，

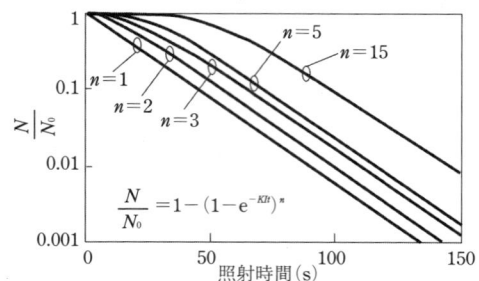

図-1.20 マルチヒットモデルの挙動[$kI = 0.1(1/s)$ として計算した](大瀧他，2001)

k 値が既知のウイルスであれば，紫外線線量率 I を求めることができる．k 値は，低圧水銀ランプすなわち 254 nm の光のみを用いた実験より得られた値を通常用いる．例えば，ウイルスとして大腸菌ファージ Q_β を用いた場合，不活化定数 k は 0.17 $(cm^2/s \cdot mW)$ である．

図-1.22 は，波長スペクトルの異なる低圧水銀ランプと中圧水銀ランプにおいて大腸菌群の不活化実験結果を示したものである．

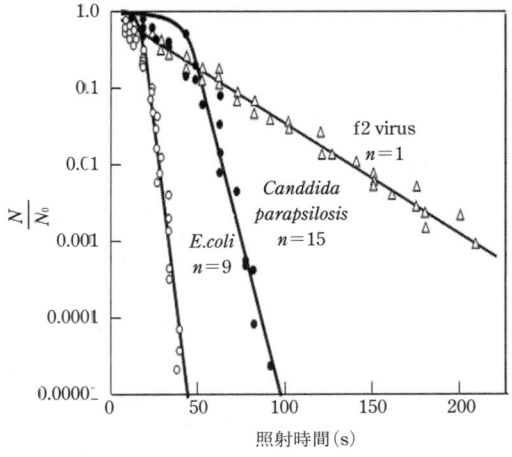

図-1.21　各微生物の不活化曲線（大瀧他，2001）

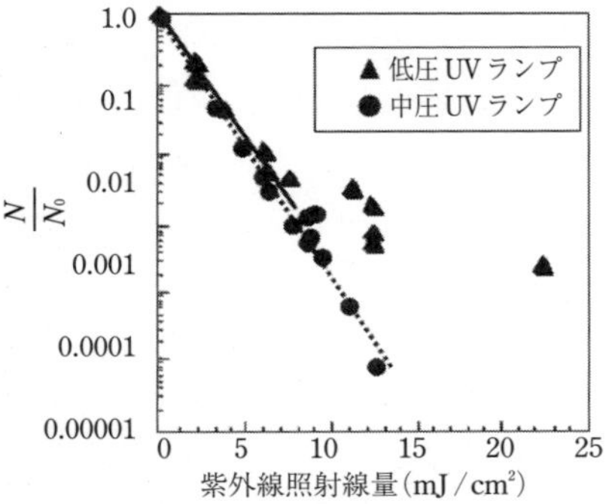

図-1.22　中圧および低圧 UV ランプにおける
大腸菌群の不活化率（大瀧他，2001）

ここで，横軸は，ウイルスを用いて測定した不活化効果線量率を用いて生残率との関係をプロットしているが，大変よく一致している．すなわち，波長域が異なるランプによる細菌等のウイルス以外の不活化評価にウイルスの不活化をもとにした線量率を使用可能であることが示唆されている．

以上をまとめると，生物線量計には次のような特色がある．
①様々な波長域を持つ水銀ランプの消毒効果を不活化効果線量率で統一的に評価できる．
②従来の紫外線線量計ではセンサの位置における線量率の測定しかできないが，生物線量計では，反応容器全体に投入されるエネルギー量を測定できる．
③通常の可視光では変化しないので，測定を暗室で行う必要がない．

1.5　照射装置

1.5.1　設置方式

紫外線消毒装置の設置方式には，様々な方式や名称があるが，照射方式として大別すると，ランプが直接対象水に接触する方式（浸漬型，内照式等）と接触しない方式（非浸漬型，外照式等）になる．また，外気と直接対象水が接触する開放式と接触しない密閉式があり，前者は下水処理水の消毒等に，後者は食品・医薬品・飲料水等の消毒に適用されている．

(1) 浸漬型（開水路，インライン）
浸漬型の紫外線消毒装置は，紫外線ランプが直接対象水（被処理水）に接触するようにランプを処

理槽に浸漬させた構造となっている．

下水放流水や工場排水等の消毒には，水量や水質変化に対応できるような上部が開放された開水路型の消毒設備が必要となる．図-1.23に浸漬型紫外線消毒装置の設置例として下水放流水に適用した場合のフローを示す(岩崎電気，b)．また，水路は，コンクリート製の水路に設置する開水路型RC(Reinforced Concrete)水路とステンレス製の消毒槽を用いたインライン型パッケージ水路等がある(図-1.24，1.25，写真-1.2，1.3)(藤田他，1989；岩崎電気，b，c)．

一方，処理水が直接外気に接触することや粉塵，異物の混入を避けたい場合には，紫外線消毒装置を配管ラインに直接組み込んだ密閉式を用いる(岩崎電気，b；日本下水道事業団，1996)．例えば，図-1.26に示すように洗浄工程に適用する場合には，対象水を紫外線消毒装置の下部から上部

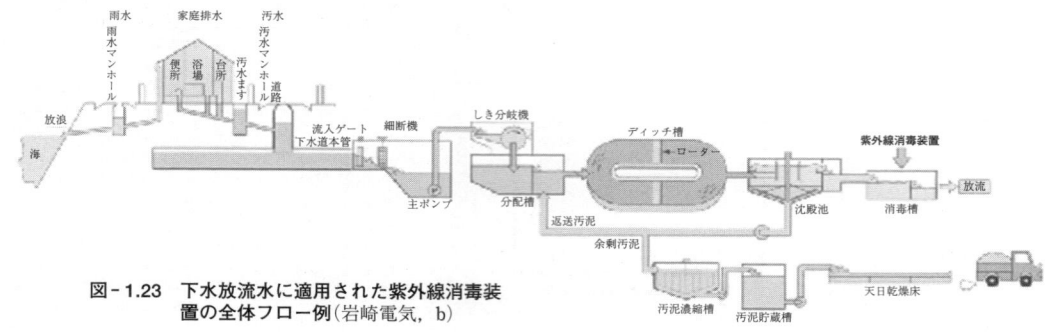

図-1.23 下水放流水に適用された紫外線消毒装置の全体フロー例(岩崎電気，b)

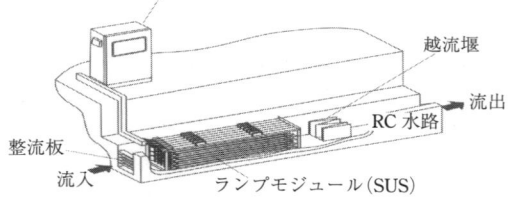

図-1.24 開水路型RC水路概念図(岩崎電気，e)

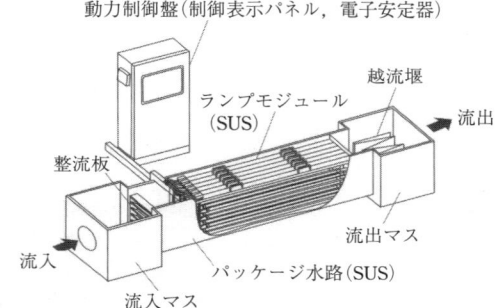

図-1.25 インライン型パッケージ水路概念図(岩崎電気，e)

写真-1.2 開水路型RC水路設置例(岩崎電気，e)

写真-1.3 インライン型パッケージ水路設置例(自動クリーニング装置付き)(岩崎電気，e)

へ流水し，密閉状態で消毒を行う方法が一般的である．また，消毒効果（効率）を高めるために撹拌盤を処理槽内に設ける場合もある．

浸漬型の紫外線消毒装置は，洗浄工程への適用をはじめ，**図-1.27** に示すような用途があげられる．純水，超純水，食品原料水等の水の消毒には，消毒コストの低減と大量処理能力が求められる．紫外線による水の消毒は，熱消毒のように大型設備や大きな熱量を必要とせず，また，薬品消毒のように水質に影響を与えないことから，きわめて効率的かつ合理的な消毒として用いられている．

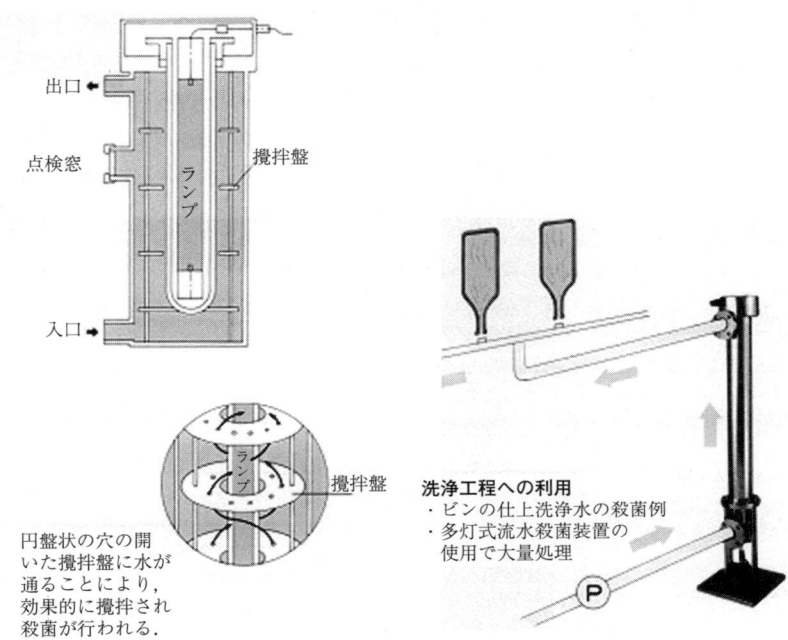

図-1.26　浸漬型反応槽（密閉式）の模式図（岩崎電気，e）

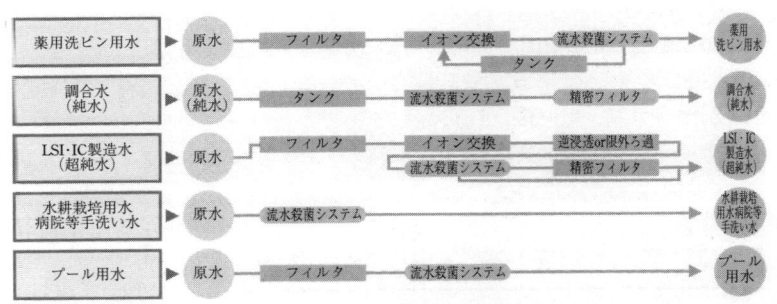

図-1.27　用途に合わせた浸漬型紫外線消毒装置の応用例（岩崎電気，e）

（2）非浸漬型

非浸漬型の紫外線消毒装置は，水面上または配管の外側から紫外線を照射する構造である．この構造は，防水構造を備える必要がないため水面上から紫外線を照射する開放型の場合（**図-1.28** 左）は構造がシンプルになる．一方，配管の外側より照射する場合（**図-1.28** 右）には，被処理水が汚濁している場合等は配管が汚れにくいフッ素樹脂管を使用する．この場合，フッ素樹脂により紫外線

1. 紫外線概説

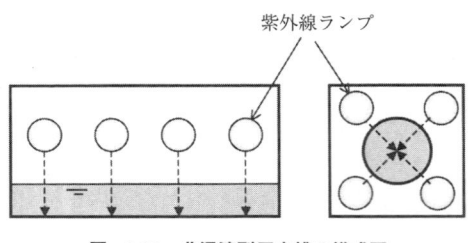

図-1.28 非浸漬型反応槽の模式図

写真-1.4 非浸漬型紫外線消毒装置を用いた殺菌例(海水)

の透過率が低下することを考慮する必要がある．非浸漬型紫外線消毒装置(**写真-1.4**)を示す．

1.5.2 構　造

紫外線消毒装置は，紫外線消毒装置本体と制御装置により構成される．浸漬型紫外線システム構成図を**表-1.9**，**図-1.29**に示す．

紫外線消毒装置は，消毒用の紫外線ランプとそれを制御する機能を持つ多機能電子安定器ならびに維持管理の軽減化を目的とした自動クリーニング装置に特徴があり，さらにこれらの機能を応用した出力制御による消毒法がある．

これらの技術の特徴を記すと，以下のようになる．

(1) ランプユニット

紫外線ランプは，多岐にわたる分野のニーズに合わせ様々なタイプのものが開発され(**写真-1.5**)，対象水の様々な温度範囲で紫外線出力が最高になるようにランプ設計が施されている(**図-1.30**)(日本下水道事業団，1996)．紫外線消毒装置本体に設置

表-1.9　浸漬型紫外線装置の構成(岩崎電気, b)

紫外線消毒装置本体	ランプモジュール，紫外線センサ，処理槽，水位センサ，自動クリーニング装置等
制御装置	電源，制御装置・表示パネル，多機能電子安定器

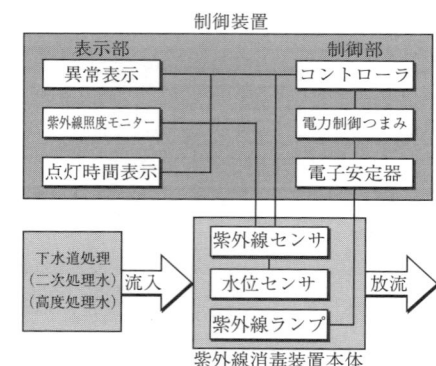

図-1.29　浸漬型紫外線装置のシステム構成図
(岩崎電気, c)

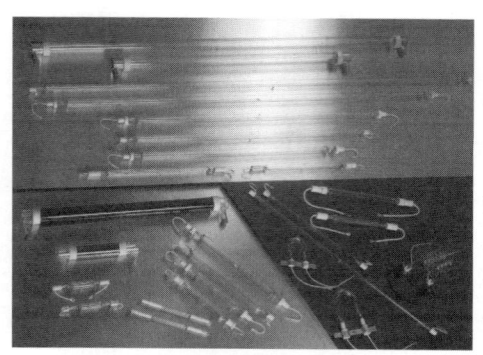

写真-1.5　紫外線ランプ例(岩崎電気, c)

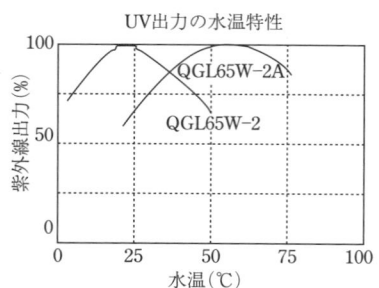

図-1.30　紫外線ランプ出力の温度特性
(岩崎電気, c)

1.5 照射装置

される紫外線ランプ(**表-1.10**)は，対象水の水質，水量に応じて，ランプの出力，本数を組み合わせることにより様々な設計に対応可能となる．

一例を示すと，浸漬型タイプでは2～4本のランプで構成されるランプモジュール単位で設置され，紫外線ランプ4～40本の範囲で処理水量500～5 000 m³/dに対応可能である(岩崎電気，c)．また，非浸漬型タイプでは，紫外線ランプ出力が8W1灯用～65W8灯用の範囲で選択可能であり，処理水量21.6～1 680 m³/dに対応している(岩崎電気，c)．

なお，紫外線ランプは，表面に直接汚れが付着することを防止するため，またランプを保護する目的でランプジャケットに内挿されている．

(2) センサ

紫外線センサは，処理水量や水質の変化あるいは紫外線ランプの劣化に伴う出力の変化を感知することにより，電子安定器にその情報をフィードバックし，ランプの出力を高効率的に保つように機能している(岩崎電気，c；日本下水道事業団，1996)．**写真-1.6**に紫外線ランプモジュールと劣化監視用に取り付けたセンサを示した．

(3) 電子安定器

電圧の変動に対して常に一定のランプ電流を供給する制御(定電流制御)により常に安定した出力と省電力を可能とする．**写真-1.7**に安定器の一例をまた，その特徴を**表-1.11**に示す．ランプ不点灯検出機能やランプ出力停止，漏電防

表-1.10 低圧水銀ランプの仕様例(岩崎電気，b)

効率	処理水温に応じて最適出力可能 紫外線出力効率 20 ～ 40 %
線量率維持率	ランプ寿命末期の出力維持率 80 %以上(不点灯時)
寿命	ランプ連続点灯 10 000 時間以上
水銀量	ランプ1本当り水銀量 20 mg/L

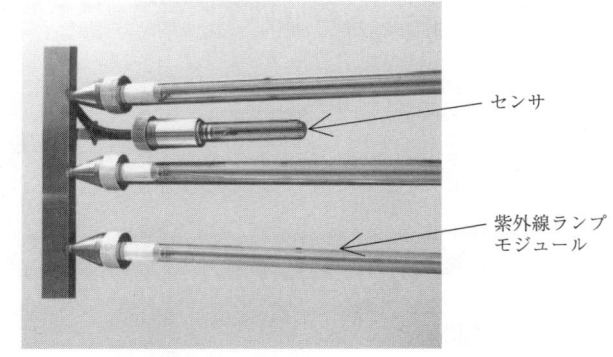

写真-1.6 紫外線センサ例(取付制)(日本下水道事業団，1996)

表-1.11 電子安定器の特徴(岩崎電気，b)

経済設計	回路効率は 82 %以上(電磁安定器 72 %) 定電流制御による安定出力
安全設計	ランプ不点灯検出機能 不点灯ランプへの出力停止機能 漏電防止機能 高調波規制対策(クラスCをクリア)
出力制御機能	ランプ出力を5段階可変 出力制御幅 52 ～ 78 W
低出力	設置初期，水質が良い時，流量が少ない時
高出力	急激な水質の悪化，流量の急激な増加時，水温の低下時

写真-1.7 電子安定器例(日本下水道事業団，1996)

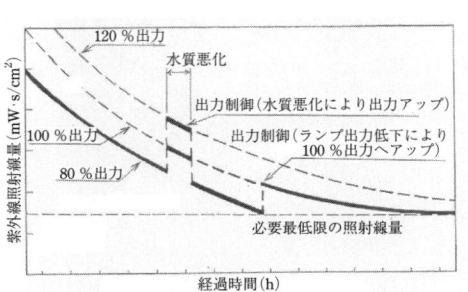

図-1.31 ランプ出力制御例(日本下水道事業団，1996)

止，高調波抑制対策等の機能がある（岩崎電気，c）．

図-1.31 にランプ出力の制御例を示した．設置初期，水質が安定している時，または流量が少ない時は，紫外線照射線量が過剰となり，不経済的な運転となる．このような場合，ランプ出力を制御（低出力化）して経済運転を行うことで経済的かつ効率的な運転が可能となる．一方で，急激な水質の悪化，流量の急激な増加，あるいは水質の低下に対しては，ランプ出力を制御（高出力化）して殺菌率を確保することが可能となる（日本下水道事業団，1996）．

（4）クリーニング装置

写真-1.8 に自動クリーニング装置付きのランプモジュールの外観を示した．自動クリーニング装置を用いることで定期的なランプジャケット（ランプスリーブ：保護管）の清掃作業が不必要となり，清掃に要した手間と時間と費用が軽減され，連続無人運転が可能となる．また，ランプジャケットの表面の汚れを最小限にできるため，常に紫外線出力を高レベルで保持でき，安定した消毒レベルを発揮することができる．

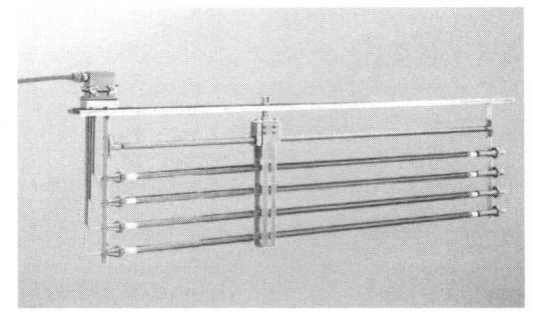

写真-1.8　自動クリーニング装置付きランプモジュール例
（日本下水道事業団，1996）

さらに，紫外線ランプの汚れは，紫外線センサで確認可能である（岩崎電気，c）．

1.5.3　装置設計

紫外線照射による消毒効果は，微生物によって吸収された紫外線照射エネルギー量に直接的に依存しているため，紫外線照射エネルギーを消費する物質の存在に左右される（安藤他，1994b）．よって，紫外線消毒装置は，（1）～（5）を考慮し，目標とする消毒効果が得られるよう設計を行うことが重要である．

（1）紫外線ランプ

紫外線ランプの出力影響因子として，紫外線変換効率，ランプ寿命，水温特性がある．

a．紫外線変換効率　紫外線変換効率とは，ランプの出力のうち消毒に有効な紫外線波長 253.7 nm（安藤他，1994a）の割合で示される．表-1.10 に示した紫外線ランプの例では，紫外線変換効率は 20～40％であり，変換効率はランプおよび安定器それぞれの性能に加え，これらの組合せの最適化が重要となる．

b．ランプ寿命　ランプ寿命を短くする要因としては，ランプの発光管内に存在する微量の不純ガスの影響，ランプ電極部のフィラメント上に塗布されているエミッターと呼ばれる放射性物質の劣化，発光管の黒化等があげられる（日本下水道事業団，1996）．また，点灯不点灯を頻繁に行うと，寿命を縮める原因となるために連続点灯した方が寿命は長くなる．

c．水温特性　一般に，紫外線ランプの出力は，周囲温度の影響を受ける（日本下水道事業団，1996）．よって，効率的な紫外線消毒を行うためには対象水の水温を考慮した設

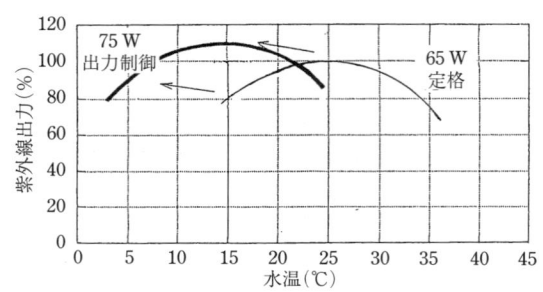

図-1.32　紫外線出力の温度特性（日本下水道事業団，1996）

計が必要である．**図-1.32**に定格 65 W の低圧紫外線ランプを点灯した場合の例を示した．紫外線出力は，25 ℃をピークとし，15 ℃では 80 %へ低下する．これに対して，水温の変動に合わせてランプ出力を高出力化，例えば 75 W に高出力化することで，紫外線出力を一定に保つことができる．

(2) 水　　質

紫外線による消毒において，紫外線を吸収または遮蔽する物質による紫外線透過率の低下が生じる．例えば，鉄，マンガン，有機物，SS（浮遊物質：Suspended Solid）等の濁質成分がある．対象水中に SS が存在する場合，SS 内に含まれる菌，SS の陰になった部位にいる菌には十分な紫外線が照射されず，消毒されていない菌や部位が生じる可能性がある．このため，SS が多い場合は，紫外線照射線量を多くして消毒効果を維持する必要がある．

水の紫外線透過率は，水中の SS や溶解物質により異なる．水の紫外線透過率は，装置内の紫外線線量率を左右する要因となるため，事前に水の紫外線透過率を調査する必要がある．

(3) ランプジャケット（保護管）表面の汚れ

ランプジャケットの表面に汚れが付着すると，紫外線の一部がカットされるために消毒効果が低下する．ランプジャケットの汚れが激しい場合，酸等の薬品による化学的洗浄か，クリーニング装置等の物理的な洗浄が必要となる．ランプジャケットの汚れは，紫外線センサで確認できるので，定期的な洗浄を行い，絶えず汚れが付着しないように管理する必要がある．対象水にカルシウム，マグネシウム等のスケールの付着が生じる可能性がある場合には，洗浄する労力を省くため，自動クリーニング装置を使用することが望ましい．

(4) 光 回 復

一度不活化させた菌が近紫外線あるいは可視光線を受けることで，細胞内の光回復酵素の働きにより活性を取り戻す現象があり，「光回復現象」と呼ばれている（藤田他，1989；日本下水道事業団，1996）．紫外線消毒には消毒効果の持続性がないので，装置設計にあたっては，光回復効果の影響も考慮に入れて，光回復後でも目標とする消毒効果を下回らないように紫外線照射線量を決定する必要がある．

(5) 照射線量

a. 紫外線照射線量　　紫外線照射線量は，前述したように紫外線線量率と照射時間の積で求められる．

実際の装置内での紫外線照射線量は，紫外線ランプの劣化やランプジャケットの汚れ等により経時的に減少する．このため，装置設計（初期の照射線量設定）にあたっては，経時的な減少率を考慮し，ランプ寿命末期においても必要最低限の紫外線照射線量を確保するようにすることが重要である．

　　　　寿命末期の照射線量＝初期の照射線量×減少率＞必要最低限の紫外線照射線量

寿命末期の照射線量を推測するうえで考慮すべき因子とその影響は，以下のとおりである．
- L：ランプの紫外線出力低下率（寿命末期）（係数例：0.8）
- T_p：ランプの水温変動による紫外線出力変動率（係数例：0.8～0.9）
- J_t：ランプジャケットの紫外線透過率（係数例：0.7～0.9）
- J_w：ランプジャケットの汚れによる紫外線低下率（係数例：0.6～0.9，自動クリーニング装置

付きの係数例：0.9）

これより減少率を試算すると，

大きめの減少率＝ $L \times T_p \times J_t \times J_w = 0.8 \times 0.8 \times 0.7 \times 0.6 = 0.27$

小さめの減少率＝ $L \times T_p \times J_t \times J_w = 0.8 \times 0.9 \times 0.9 \times 0.9 = 0.58$

となり，寿命末期の照射線量は初期の照射線量の約1/2〜1/4程度になることも想定される．

さらには，目標とする細菌（大腸菌等）の殺菌率と，その光回復作用を実験により事前に求めておく必要がある．

b. シミュレーションによる検討例　紫外線消毒装置は，構造（矩形，円筒，開水路，密閉路等）により流れが異なり，紫外線装置に流入した微生物は，装置（処理槽）固有の水の流れに沿って紫外線照射を受けながら槽外へ流出していく．この時，処理槽内の流れは理想的な押出し流れとならず，完全混合または完全混合槽列モデルで表され，通常，短絡流（ショートパス）が生じる．対象微生物が短絡流に乗って処理槽内を移動した場合に，ランプ近傍を通過し十分な線量率を得られればよいが，ランプから最も遠い位置を通過する場合は不活化されずに槽外に流出することになる．

ここでは，対象微生物が紫外線消毒装置に流入してから流出するまでの紫外線照射線量分布について，消毒装置内流体の流速シミュレーションと紫外線線量率シミュレーションの両者を組み合わせ，消毒装置内のある点における流体（菌体）がそれまでに通過した点，流速，滞留時間を求め，これらの値と各点の紫外線照射線量率から紫外線照射線量を求めた例を参考に示す．

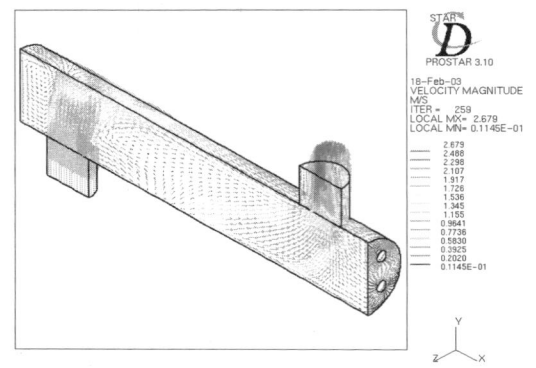

図-1.33　流体流速分布のシミュレーション図

図-1.33に浸漬型紫外線装置（ランプ4本装填）における流体の流速シミュレーション分布を，図-1.34に紫外線線量率のシミュレーション分布を示す．これらの結果から，装置の紫外線照射線量の分布は，図-1.35に示すように計算される．

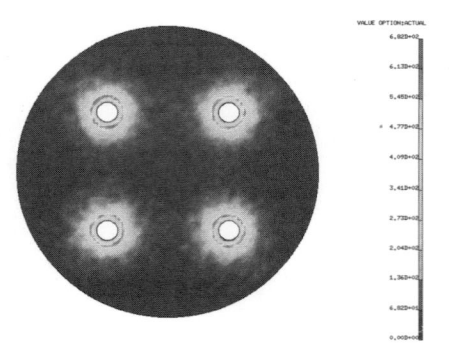

図-1.34　紫外線線量率分布のシミュレーション図

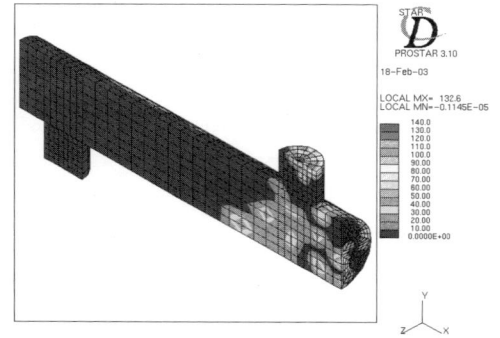

図-1.35　紫外線照射量分布のシミュレーション図

1.5.4　監　　視

運転中の紫外線消毒システムの性能を監視して，目標の消毒が達成されていることを監視する必要がある．しかしながら，紫外線処理水中の病原菌の濃度を継続的に測定したり，照射線量の分布

1.5 照射装置

をリアルタイムで直接測定することは現実的に困難であるため，照射線量の到達を監視するための様々な方策が考案されてきた．例えば，**表-1.12**(USEPA, 2003)に示すような紫外線反応槽内にセンサを設置して監視する方法や反応槽側面に監視窓を設けて外部より測定する方法がある．

表-1.12 紫外線消毒システムの性能監視(USEPA, 2003)

監視項目	構成	詳細
紫外線照射線量	ランプ／センサ1	紫外線ランプ近傍に紫外線センサ1を配置し，紫外線照射線量を監視する
紫外線照射線量＋紫外線透過率	ランプ／センサ1／センサ2	紫外線ランプ近傍に紫外線センサ1を配置し，紫外線照射線量を監視する．また，別の場所にセンサ2を配置し，各センサの測定値から紫外線透過率を算出する
紫外線照射線量＋紫外線透過率＋処理水量	ランプ／センサ1／センサ2／流量センサ2	紫外線ランプ近傍に紫外線センサ1を配置し，紫外線照射線量を監視する．また，別の場所にセンサ2を配置し，各センサの測定値から紫外線透過率を算出する．同時に流量センサを配置し，処理水量を監視する

紫外線消毒装置は，日常点検，定期点検を行う必要がある．**表-1.13**に日常点検項目，**表-1.14**に定期点検項目の一例を示す．

紫外線反応槽内のランプジャケットや紫外線センサの監視窓は，常時水に接しており，水質によってスケール生成が付着する可能性がある．スケール生成に影響する代表的な水質項目として，鉄，マンガンやカルシウム，マグネシウム等硬度，アルカリ度等の無機成分，フミン酸，COD，BOD等の有機成分がある．したがって，紫外線装置の性能を維持するためには，定期的な監視と点検が不可欠である．

表-1.13 日常点検例(岩崎電気, b)

点検部	点検項目	点検頻度
制御装置	過電流警告灯のチェック 水位警告灯のチェック 紫外線照射線量率表示パネルのチェック 紫外線ランプ不点灯検出のLEDのチェック	巡回毎日
ランプモジュール	ランプモジュール内の異物の有無 コネクタ，ケーブルの破損の有無 紫外線センサジャケットの清掃	巡回毎日
紫外線透過率	紫外線透過率の測定	毎日

表-1.14 定期点検例(岩崎電気, b)

点検部	点検操作	点検頻度
クリーニング用ブラシの洗浄	ブラシなどで汚れを掻き取る	6箇月に1度
ランプモジュール	ランプモジュール内の異物の有無 コネクタ，ケーブルの破損の有無 紫外線センサジャケットの清掃	巡回毎日
紫外線透過率	紫外線透過率の測定	毎日

1.5.5 メンテナンス

装置本体は，紫外線が外部に漏れないように紫外線が透過しない材料(**表-1.5**参照)を用いた遮蔽板を備えており，作業者に対する安全性は確保されている．しかし，何らかの必要性により空気中で紫外線ランプを点灯する場合は，周囲に紫外線が漏れないように対策を施す必要がある．また，作業者にはサングラス，防護マスク，厚地の作業服，手袋の着用を実施させ，直接肉眼や皮膚に誤

照射しないように留意する．また，紫外線ランプは，ガラス製品であるので取扱いに注意し，作業を行う必要がある．

　紫外線ランプ交換時にランプモジュールごとに消灯できるように制御装置内にはモジュール単位のスイッチを設けている．さらに，紫外線ランプが何らかの原因により不点灯となった場合には，電子安定器が自動的に紫外線ランプの出力を停止する．また，制御装置内に漏電ブレーカを設け，感電事故の防止にも対応している．

　耐久性については，紫外線消毒装置本体が SUS304 および同等耐蝕材質で構成されていれば，例えば，下水二次処理水程度の水質では腐食はない．定期的に交換を必要とする部品は，紫外線ランプ，洗浄用ブラシ，O リング等である．制御装置については，冷却ファンを5年に1度程度交換する．

1.5.6　規格，基準，勧告等

　水処理分野における紫外線消毒に関する基準は，現在，USEPA (United States Environmental Protection Agency) Office of Water より Ultraviolet Disinfection Guidance Manual for the Final Long Term 2 Enhanced Surface Water Treatment Rule が制定されている (USEPA, 2006)．本ガイドラインは，飲料水の紫外線消毒における技術的な情報を提供することを目的にしている．この中で，紫外線の特性，装置設計の考え方，操作方法等が記述されている．日本では，2007年4月より厚生労働省の通知により『水道におけるクリプトスポリジウム等対策指針』の中で紫外線処理の適用が認められた．

参考文献

- American Conference of Governmental Industrial Hygienists (ACGIH)：Threshold Limit Values for Physical Agents in the Work Environment Adopted by ACGIH with Intended Charges for 1985-1986.
- 安藤茂他 (1994a)：紫外線による下水，排水の消毒．用水と廃水，vol.36，No.6.
- 安藤茂他 (1994b)：紫外線による下水，排水の消毒．用水と廃水，vol.36，No.7.
- Chengyue, Shen, Shiyue, Frag, Donald, E. (2003)：UV Intensity Field in UV Disinfection Systems by Chemical Actinometry - Stage Ⅰ, IUVA 1st regional coference.
- 株式会社荏原製作所 (a)：エバラ紫外線消毒装置 9985 ⑤ JA - E (AA) Da.
- 株式会社荏原製作所 (b)：エバラ紫外線消毒装置 [下水道用] 9618 ② IH - (AE) S - 55.
- 富士電機システムズ株式会社 (2001)：下水処理用紫外線消毒装置カタログ CNO:3228a.
- 藤田賢二他 (1989)：紫外線照射による水の消毒．造水技術，vol.15，No.1.
- Guillermr, J. (1974)：L'Ultraviolet．Que Sais - Je, No.662, Press Universitaires de France.
- Harris, G.D. (1987)：Potassium Ferrioxalates as Chemical Actionmeter in Ultraviolet Reactors. J. of Env. Engr., 113, No.3.
- 金子光美 (1997)：水の消毒．日本環境整備教育センター．
- 河本康太郎 (1999)：紫外放射による人体への影響の評価方法．照明学会誌，83，4，260.
- 株式会社入江製作所：http://www.irie.co.jp/pages/seihin_f.html
- 岩崎電気株式会社 (a)：照明技術資料，No.TD - 14.
- 岩崎電気株式会社 (b)：紫外線水浄化システム．
- 岩崎電気株式会社 (c)：紫外線消毒システムカタログ UV16.06.06.
- 岩崎電気株式会社 (d)：紫外線殺菌技術資料．
- 岩崎電気株式会社 (2006) (e)：紫外線消毒装置「アイドレンピュア」EDP.06.06.
- JIS Z 8113 (1988)：照明用語．

参考文献

- JIS Z 8812(1987):有害紫外放射の測定方法. 表1, 図1.
- Mark, G., Schuchmann, M.N. (1990):A Chemical Actiometer for Use in Connection wuth UV Treatment in Drinking Water Processing. Water SRT-Aqua, 39, No.5.
- 日本電球工業会:光源製品の安全性確認試験通則(JEL601). 付属書2.
- 日本下水道事業団(1996):民間開発技術審査証明報告書, 第803号.
- 大瀧雅寛, 大垣眞一郎(2001):生物線量計による紫外線殺菌装置の評価手法に関する検討. 土木学会第56回年次学術講演会講演概要集, Ⅶ-215.
- Rahn, R.O. (1997):Potassium Iodide as a Chemical Actinometer for 254nm Radiation-Use of Iodate as an Electron Scavenger. Photochemistry and Photobiology, 66, No.4.
- 志賀四郎(1977):光源研究委員会資料 AR-77-1.
- 照明学会(1987):ライティングハンドブック. オーム社.
- 照明学会(1998):紫外線と生物産業. 養賢堂.
- 谷本惇他(2006):フォトクロミック化合物による紫外線照射線量の測定. 第57回全国水道研究発表会講演集.
- 株式会社トプコン:工業用紫外線チェッカー UVR-T1.
- 浦上逸男他(1999):紫外線消毒装置の数値流体解析. 第36回下水道研究発表会講演集.
- USEPA(1986): Design Manual, Municipal Wastewater Disinfection. EPA/625/1-86/021.
- USEPA(2003): Ultraviolet Disinfection Guidance Manual EPA 815 D-03 007. June.
- USEPA(2006): Ultraviolet Disinfection Guidance Manual for the Finl Long Term 2 Enhanced Surface Water Treatment Rule, EPA 815-R-06-007, Novenber
- 山田幸五郎(1929):紫外線. 岩波書店.

2. 紫外線の微生物に対する影響

　物質に対する紫外線の反応は多岐にわたり，対象物質ごとに様々な機序で反応が起こる．また，水に対して紫外線消毒を行う際には，紫外線と物質の反応以外の様々な要因が消毒効果に影響する．

　紫外線の微生物に対する殺菌作用は古くより知られており，その機構がどのようなものであるのか生物学的興味から研究が進められた．紫外線による殺菌の標的物質が遺伝子であることが知られるようになって以来，まず放射線による遺伝子の損傷を含めての遺伝損傷の修復機能，そして突然変異の生起のメカニズムへと生物学的関心は移っていった．さらに，オゾンホールの拡大のような地球環境問題から，太陽紫外線の健康影響がどのようなものか様々な検討が進められている．

　さて，本書で扱う紫外線による水の消毒で行われてきている様々な検討は，工学的な技術であるため必ずしも生化学的な知識を必要とせず，すべてがそのような知識に基づいたものではなかった．しかし，衛生状態において大きな意味を持つ *Cryptosporidium* が紫外線によって容易に感染力を失うことが知られるようになるなど，改めて生物学的な機構に関する情報を振り返って調べることは有益である．

　そこで，本章の前半では，参考文献（近藤，1972；松本他，1989）を改めて繙き，様々な生物学的知見をとりまとめて提示することを目的とした．さらに，後半では，工学的な側面から見過ごされがちだった事項に関してまとめた．紫外線消毒というプロセスが紫外線と物質とのどのような反応で成り立っているのか，さらにそれが生体反応としてどのような結果を生じるのかを知ることで新たな適用方法等が考えられる．さらに，消毒過程がどのような速度式で記述されるのか，消毒効果にどのような要因が影響するのか，などの基本的な情報により今後の装置の改良等の手掛かりになる．

2.1 紫外線によって生じる化学変化

2.1.1 紫外線の持つエネルギー

　紫外線とは，電磁放射線の一種であり，その波長が100～380 nmのものを指す（近藤，1972）．紫外線は，真空紫外線（100～200 nm），遠紫外線（200～300 nm），近紫外線（300～380 nm）の3種に分けられる（近藤，1972）．また，UV-A（315～400 nm），UV-B（280～315 nm），UV-C（100～280 nm）とする分類もある（松本他，1989）．UV-A，UV-B，UV-Cの分類は，1932年の国際照明学会の前身による国際会議で初めて登場したものと同じである（市橋，2000）が，近年は，光生物学，光医学研究者はUV-Aを320～400 nm，UV-Bを290～320 nm，UV-Cを100～290 nmとする場合

があり（市橋，2000），注意が必要である．
　紫外線を含む電磁放射線は，真空における速度が一定（2.997925×10^5 km/s）であり，物質と反応する場合には光子のように振る舞い，そのエネルギーは振動数に比例，すなわち波長に反比例する（近藤，1972）．すなわち，

$$E = h\nu = \frac{hc}{\lambda} \tag{2.1}$$

ここで，E：電磁放射線の持つエネルギー，h：プランク定数（6.6256×10^{-27} erg/s），c：光子の速度，λ：波長（近藤，1972）．
　電磁放射線のエネルギーを表すのに eV（エレクトロン・ボルト）が用いられるが，これは，電子が電位差 1 V の間で加速されて獲得するエネルギーの大きさである（近藤，1972）．エネルギー E を eV で，波長 λ を nm で表した時，次の式が成り立つ（近藤，1972）．

$$E = \frac{1240}{\lambda} \tag{2.2}$$

紫外線のエネルギーの値は，その波長から 3.3〜12.4 eV と見積もられ［紫外線を 400 nm より短いとすると，3.1〜12.4 eV になる（筆者注）］，化学結合エネルギーと同程度である．化学結合エネルギーの例を**表-2.1**（近藤，1972；杉森，1991）に示す．254 nm の紫外線のエネルギーは，4.9 eV（近藤，1972），あるいは 471 kJ（杉森，1991）と計算される．

表-2.1　代表的な化学結合の結合エネルギー

化学結合	結合エネルギー（eV/分子）	結合エネルギー（kJ/mol）
C-N	2.13	
C-C	2.55	350
C-H	3.80	
C=C	4.35	
H-H	4.40	
C=O	6.30	
Cl-Cl		240

　また，紫外線のエネルギーの値は，分子をイオン化するレベルより一般に低く，したがって紫外線には分子を電離する能力はない（近藤，1972）．すなわち，紫外線の生物効果は，次に述べる励起作用のみによって起こる（近藤，1972）と考えられる．

2.1.2　光化学の法則と励起状態

光化学反応に関して，次の法則が一般に知られている．
① 光化学第一法則（Grotthuss-Draper の法則）：光反応が起こるためには，光が分子に吸収されなければならない（近藤，1972）．また，この際に，吸収された光のエネルギーにより低いエネルギーの軌道を回っていた電子が外側の高いエネルギーの軌道に叩き上げられる（杉森，1991）．
② 光化学第二法則（Stark-Einstein の法則）：吸収された光は，必ずしも光化学反応を導かない．しかし，もし反応が生じるのなら，各分子の変化は，ただ 1 個の光子の吸収によって引き起こされる（近藤，1972）．これは，光を吸収すると，必ず生成する励起分子が反応以外の過程でエネルギーを失うことと関係している（杉森，1991）．
　イオン化エネルギーを超えるエネルギーを受けた分子は，必ずしもイオン化せず，分子の解離等のイオン化以外の過程に消費される可能性がある（松本他，1989）．イオン化エネルギーのほぼ 2 倍が吸収された場合にイオン化確率はほぼ 100 % となる（松本他，1989）．一方で，イオン化エネルギ

一以上のエネルギーを吸収した原子は，ほとんど100％がイオン化する(松本他，1989)．

光エネルギーが吸収されることによって生じる光学的な活性種，すなわち電気的励起状態(杉森，1991)は，高い軌道に移動した電子が抜けた軌道と，新たに電子を得た軌道により多種類のものとなる(杉森，1991)．さらに，2つの軌道に1つずつの不対電子を持つ励起状態において，2つの電子のスピンの方向が逆の状態を一重項状態，2つの電子のスピンの方向が同じ状態を三重項状態と呼ぶ(杉森，1991)．一般の有機分子では安定な基底状態が一重項であるから，エネルギーの吸収により励起一重項状態になる(杉森，1991)．通常は，一重項から三重項，またその逆の遷移は起こらない(杉森，1991)が，カルボニル化合物やヘテロ芳香族化合物ではその一重項から三重項への遷移（項間交差）が可能であり，三重項状態ができやすいと考えられる(杉森，1991)．

励起一重項状態は，寿命が10^{-8}s以下と短く(杉森，1991)，励起三重項状態の寿命は10^{-6}sから秒のオーダーまでと長い(杉森，1991)．寿命の長い励起状態の分子は，化学反応を起こしやすい(近藤，1972)ことから，励起三重項状態の分子が紫外線による反応では重要である．

光により活性化された励起分子は，
① 大きなエネルギーを持っているため，かなり強い結合も切断され，反応性に富んだ遊離基等が生成する，
② 基底状態では起こらない反応が励起状態では起こる，
③ 酸化力，還元力がともに大きい，
という性質を持つ(杉森，1991)．

後で述べる核酸塩基であるピリミジンの二量体化は，液相水溶液中では三重項状態を経由するが，凍結したチミンやDNAの相隣り合うチミンを照射した時は，三重項状態を経由せずに一重項状態分子の反応で二量体が生じる(近藤，1972)．

2.1.3 分子的光増感

光のエネルギーが他の分子(増感体)に一度吸収され，そのエネルギーが標的分子の化学変化に用いられる場合がある(近藤，1972)．酸素が関与しない場合を分子的光増感と呼ぶ(近藤，1972)．例としては，アセトフェノンまたはその誘導体をDNAの水溶液に添加したうえで，313 nm程度の紫外線を照射すると，チミン二量体のみが生じる反応，キノンやトリプトファンの誘導体と二量体を一緒にして300〜450 nmの光を当てると，二量体が開裂する反応があげられる(近藤，1972)．

2.1.4 光酸化反応

光酸化作用とは，紫外線により発生した活性酸素が介在して物質を酸化する作用である(市橋，2000)．光動力作用(近藤，1972)，フォトダイナミック効果(松本他，1989)，フォトダイナミックアクション(松本他，1989)と同義である．

酸素の存在を必要とし，酸素と光エネルギーを吸収する色素が生体内に同時に存在する時，可視光照射で生じる生体内分子の酸化作用を光酸化作用と呼ぶ(近藤，1972)．光酸化作用を持つ色素は，環状共役二重結合のクラスターからなる分子である(近藤，1972)．このような色素は，光を吸収することで励起一重項状態になり，さらに励起三重項状態へ変化する．励起三重項状態となった色素は，酸素分子を励起一重項状態へ変化させ，その一重項の酸素が標的分子を酸化することとなる(近藤，1972)．このように，酸素分子を必要とする光増感作用(光増感酸素酸化を伴う)を光酸化作用と呼ぶ(松本他，1989)．

光酸化作用を示す光増感剤は，400種以上が知られている(松本他，1989)．大まかな分類を**表-2.2**(松本他，1989)に示す．細胞内には，ニコチンアミドアデニンジヌクレオチド(NADH)やフラ

2. 紫外線の微生物に対する影響

表-2.2　光増感剤の例

分類	分子種
主な光増感剤の分子種の例	アクリジン色素(アクリジンオレンジ，プロフラビン)，アントラキノン色素，アジン色素(サフラニン)，チアジン色素(メチレンブルー，トルイジンブルー)，チオピロニン，キサンテン色素(エオシン Y，ローズベンガル)等，窒素，硫黄，酸素を含む三複素環式化合物
生体内に存在する光増感剤の例	フロクマリン類(ソラーレン)，フラビン色素(リボフラビン，ルミクローム)，ポルフィリン色素(クロロフィル，プロトポルフィリン)，金属イオン(Fe^{3+}，Cu^{2+})

ビンアデニンジヌクレオチド(FAD)のような長波長の紫外線を吸収する色素団が存在する(市橋，2000)．

　増感剤は，光吸収によって基底状態から励起一重項状態に励起される．励起一重項状態は短寿命であるので，直接反応を起こす確率は一般に小さい．また，励起一重項状態は，項間交差によって比較的長寿命の励起三重項状態に遷移することがある．この光増感剤の励起三重項状態が2種の反応形式へと続くことになる(松本他，1989)．すなわち，①酸素ラジカル($O_2 \cdot$)の生成(タイプⅠ)と，②(基底状態である)三重項酸素の励起による一重項酸素の生成(タイプⅡ)である(松本他，1989)．酸素分子は，他の多くの分子と異なり，三重項状態が基底状態であり，一重項状態が励起状態である(松本他，1989)．

　タイプⅠ機構は，増感剤の励起三重項状態が反応物と電子の授受をすることで両者をラジカル化し，反応物ラジカルは，基底状態の酸素分子と反応して酸化物となる(松本他，1989)．増感剤ラジカルは，三重項酸素と反応してスーパーオキシドアニオン($O_2 \cdot^-$)を生じる(松本他，1989)．

　タイプⅡ機構は，増感剤の励起三重項状態が三重項酸素を励起状態である一重項酸素へ励起する．一重項酸素は，反応物を直接酸化する(松本他，1989)．

　タイプⅠ機構とタイプⅡ機構は同時に起こるが，その相対的な度合いは，増感剤，反応物，実験条件による(松本他，1989)．また，一重項酸素，スーパーオキシドアニオンに加え，ヒドロキシルラジカルの生成も確実とされている(松本他，1989)．そのためか，光酸化作用の説明において，タイプⅠとⅡの区別は特にはなされていない(市橋，2000)．

　以上の紫外線による化学反応の経路をまとめると，**表-2.3**のようになる．

表-2.3　紫外線による化学反応経路のまとめ

反応機構		生じる反応
反応物の励起		(光エネルギーによる)励起一重項状態への励起→励起三重項状態への遷移→様々な反応
分子的光増感		増感体に吸収されたエネルギーによる反応
光酸化	タイプⅠ	(光エネルギーによる)増感剤の励起一重項状態への励起→励起三重項状態への遷移→酸素ラジカルの生成→酸化反応
	タイプⅡ	(光エネルギーによる)増感剤の励起一重項状態への励起→励起三重項状態への遷移→酸素の一重項酸素への励起→酸化反応

2.2 紫外線が生体物質に与える化学変化

　紫外線が微生物に照射されると，2.1で説明した様々な反応が生体内物質に変化をもたらすことになる．ここでは，具体的にどのような化学変化が生じるのか，生体内高分子種ごとにまとめて示

す．

2.2.1 核酸における反応

核酸は，生物の遺伝情報を司る生体物質であり，紫外線の照射を受けることで遺伝情報が異常をきたす可能性がある．DNA の吸収スペクトルを図-2.1 に示す(松本他，1989)．紫外線の微生物に対する反応の中で，遺伝子 DNA におけるチミン二量体の形成と，それに続く不活化については従来からよく知られている．さらに，研究の進展により，核酸における紫外線による反応および紫外線照射によって生じる損傷には様々なものがあることが明らかになってきた．

ピリミジン塩基が紫外線光子を吸収すると，分子のエネルギー状態が基底状態から励起一重項状態に転移する(松本他，1989)．これは，
① そのまま基底状態に戻る，
② 水分子と反応して水和生成物となる，
③ 励起三重項状態に移動する，
の3反応に至る(松本他，1989)．

一方で，光酸化作用による核酸の主要な損傷が何であるのかは不明である(近藤，1972)．

核酸を構成する各塩基の吸収スペクトルを図-2.2 に示す(近藤，1972)．

(1) シクロブタン型ピリミジン二量体

核酸塩基のピリミジン(DNA のチミンとシトシン，RNA はチミンの代わりにウラシル)が相隣り合う場合に，不飽和二重結合が開裂して結合し，二量体あるいはダイマーと呼ばれる物質を生成する．後で述べるように，このような二量体には数種のものがあるが，これらのうち隣り合ったピリミジンの5位の炭素および6位の炭素同士が結合して四員環構造となったもの(図-2.3)をシクロブタン型ピリミジン二量体と呼ぶ(市橋，2000)．この生成物は，チミンの水溶液を凍結させて紫外線照射を行うと生成し，さらに短波長側の紫外線(波長239 nm)を照射すると，チミンに戻ることが知られていた(武部，1983)が，それが紫外線の殺菌効果と一致することから，紫外線の殺菌作用の主因が DNA 中のチミンダイマーであることが明らかになった(武部，1983)．

チミン-チミン二量体の生成が最も多く，チミン-

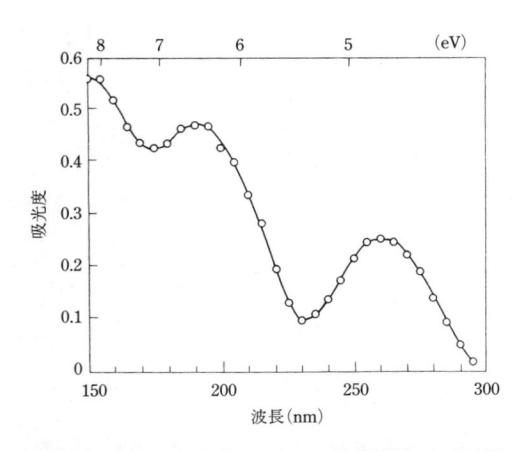

図-2.1 DNA の吸収スペクトルの長波長域における詳細 (Ito et al., 1986；松本他，1989)．DNA の薄膜の透過率を軌道放射光を光源として測定

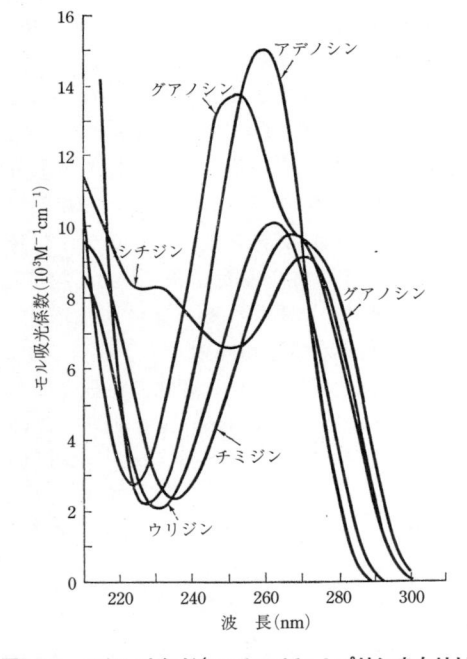

図-2.2 ヌクレオシド(nucleoside：プリンまたはピリミジンがリボースまたはデオキシリボースに結合したもの)の吸収スペクトル (Beaven et al., 1955；近藤，1972)．図中のヌクレオシドでは，チミジンのみがデオキシリボースを持ち，他はすべてリボースを持つ

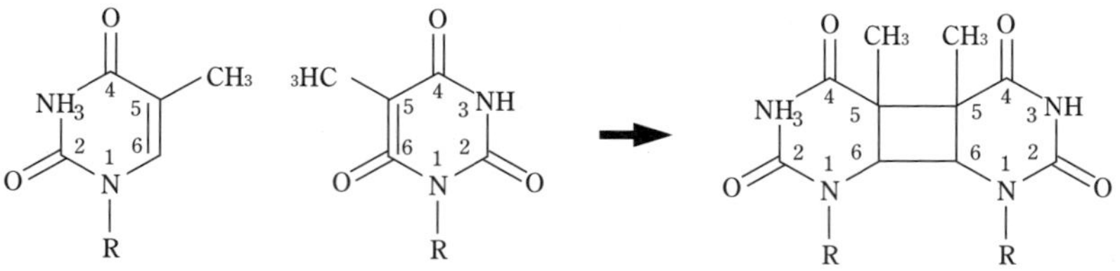

2. 紫外線の微生物に対する影響

図-2.3 シクロブタン型ピリミジン二量体の生成(市橋, 2000)

シトシンがそれに次ぎ，シトシン-シトシンは最も少ない(松本他, 1989)．また，同じチミン-チミン二量体においても，両側の塩基種により生成量が変わる(松本他, 1989)．

(2) 付加体

相隣り合うDNAのピリミジンに紫外線を照射すると，上記シクロブタン型でない二量体も生成する．これを付加体と呼び，シクロブタン型二量体と区別する(近藤, 1972)．

胞子生成物と呼ばれる5-チミニル-5,6-ジヒドロチミンは，枯草菌 *Bacillus megaterium* および *Bacillus subtilis* の胞子に紫外線を照射した時に生成される(**図-2.4**)(近藤, 1972)．シクロブタン型二量体がほとんど生じないことから，胞子の不活化の主因である(近藤, 1972)．これは，胞子内のDNAが脱水した状態で存在していることと関係しており(松本他, 1989)，水のない状態で紫外線照射することで得られる(松本他, 1989)．

また，シクロブタン型ピリミジン二量体が生成する際に，その10分の1程度の割合で(6-4)光産物(市橋, 2000)(あるいは，6-4付加体)と呼ばれる二量体が生成する(**図-2.5**)(松本他, 1989)．大量の紫外線照射だとシクロブタン型よりも多い(チミン-シトシンの)(6-4)光産物が生成する(近藤, 1972)．この付加体の吸収ピークは315 nmであり，この光によって光分解する(松本他, 1989)．チミン-シトシン付加体が一番多く生成され，シトシン-シトシン付加体がそれに次ぎ，シトシン-チミン付加体は生成せず，高線量の時にチミン-チミン付加体が検出される(松本他, 1989)．

RNAウイルスの紫外線照射においてはウラシル-ウラシルの付加体が生じる(近藤, 1972)．

(3) 水和生成物

紫外線により励起されたピリミジンは，水分子と反応し，二重結合に水分子が付加した水和生成物[あるいは水化体(近藤, 1972)，水和体(松本他, 1989)]を生じる(松本他, 1989)(**図-2.6**)．その中で，ピリミジンへの水分子の付加，チミンの過酸

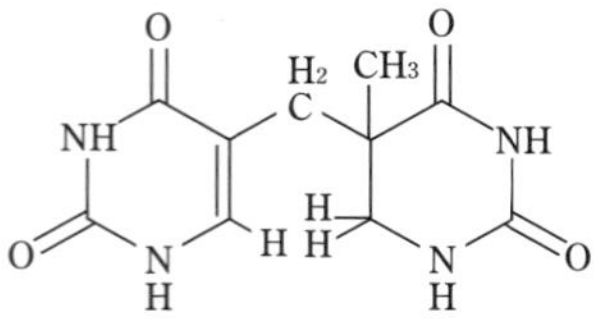

図-2.4 TDHT(5-thyminyl-5,6-dihydrothymine)付加体．TDHTは胞子生成物と称せられていたものである(近藤, 1972)

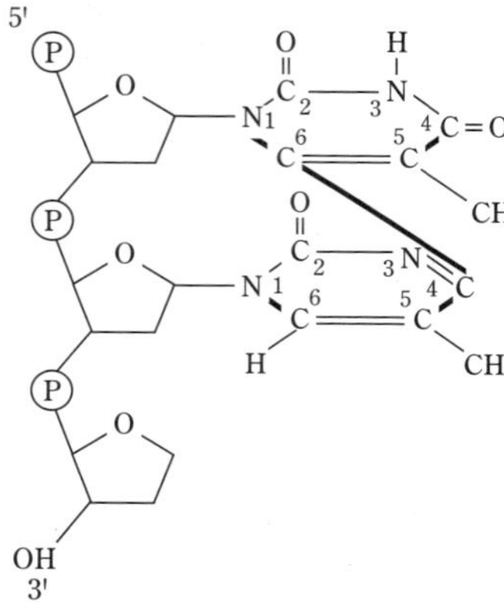

図-2.5 DNA中に生じた6-4付加体の模式図(松本他, 1989)．チミン-チミン付加体の例

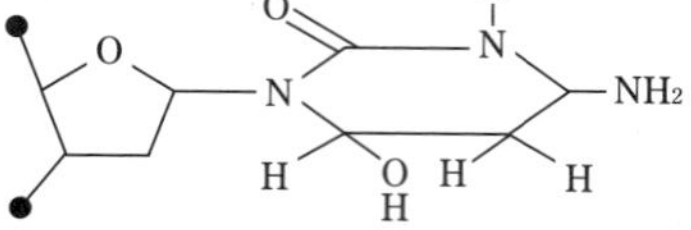

図-2.6 光子照射による代表的なDNA損傷(松本他, 1989)．ピリミジン水和体の6-hydroxy-5,6-dihydrothymine

化によるチミングリコールの生成は，光酸化のラジカルが関与している(市橋，2000)．

シトシン水和体は不安定で，室温でもシトシンに戻るが，RNAにおけるウラシル水和体は，室温で安定である(松本他，1989)．また，二本鎖状態の時よりも一本鎖状態の時の方が生成しやすい(松本他，1989)．

(4) ヌクレオチド鎖切断

UV-Cは，DNAの糖-リン酸部位では吸収されないと考えられるが，DNAの切断が報告されている(松本他，1989)．ただし，シクロブタン型ピリミジン二量体と比べると，その生成率は著しく低い(近藤，1972)．一方，乾燥一本鎖DNAの切断効率は，波長254 nmの紫外線より波長80 nmの軟X線により6桁向上した(松本他，1989)．

また，ヒドロキシルラジカルが介する光酸化によっても鎖切断が生じる(松本他，1989；市橋，2000)．

(5) DNA-タンパク質間架橋形成

紫外線照射を受けた細胞内では，DNAとタンパク質が相互に結合し，架橋(クロスリンク)が形成される(松本他，1989)．特に反応性が高いのがシステインである(松本他，1989)．

(6) 光酸化によるその他の損傷

種々の色素が関連する光酸化による核酸への損傷は，グアニン塩基の選択的な破壊である(松本他，1989)．ただし，フラビン色素のリボフラビンではアデニンが破壊される(松本他，1989)．その他，二重鎖らせん構造の不安定化，鎖切断，アルカリ不安定部位の形成等も引き起こされる(松本他，1989)．

2.2.2 タンパク質における反応

タンパク質とは，アミノ酸がペプチド結合により重合したものであるが，その中で特に複素環式アミノ酸(トリプトファン，フェニルアラニン，チロシン，ヒスチジン)(近藤，1972)，さらにヒスチジン，システイン，シスチン，およびペプチド(松本他，1989)が紫外線により不活性化する．それらのアミノ酸の吸収スペクトルの例を図-2.7(近藤，1972)に示す．図中のシスチンとは，システインが2個結合したものであり，ポリペプチドにしばしば見られる(近藤，1972)．

芳香族アミノ酸は，光イオン化からラジカル形成に至る(松本他，1989)．チロシンは，UV-Cの照射により励起一重項状態，あるいは励起三重項状態を経て光イオン化する(松本他，1989)．また，酸素存在下では励起三重項状態のチロシンが酸素分子と反応してラジカル化する(松本他，1989)．トリプトファンにおいてもラジカル生成が報告され(松本他，1989)，放出された電子がペプチド鎖の脱アミノ反応を起こすことが確認された(松本他，1989)．フェニルアラニンは，脱炭酸ラジカルが形成される(松本他，1989)．また，芳香族アミノ酸の脱炭酸お

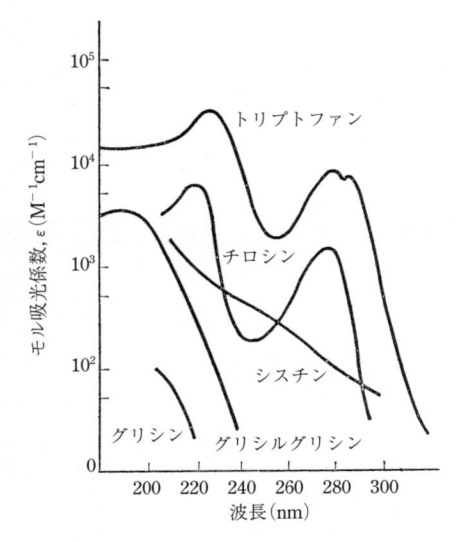

図-2.7 アミノ酸の吸収スペクトルの例
(Setlow et al., 1962；近藤, 1972)

よび脱アミノ反応は，ラジカル生成であるとともにペプチド鎖切断を引き起こす(松本他，1989).
　光酸化によってもアミノ酸は分解される(松本他，1989).
　タンパク質を構成するアミノ酸が不活性化したことでタンパク質が失活すると考えられる(近藤，1972). また，タンパク分子のシスチンや水素結合による立体構造が変化することで不活性化が生じる(近藤，1972)ことも同時に考えられている.
　また，光酸化によってタンパク質の物理化学的性質，あるいは生物学的機能が影響を受ける(松本他，1989).
　酵素の失活については，リゾチームおよびトリプシンの両者とも，トリプトファンの光イオン化によってトリプトファンラジカルが生成され，それが不活性化に通じると考えられる(松本他，1989). すなわち，UV-C照射による標的になりやすいアミノ酸はトリプトファンであり，ラジカル形成を経由する(松本他，1989).
　しかし，タンパク質自体は，同じ分子の数が多く，しかも必要な場合には遺伝情報を用いて生産されることから，微生物等の不活化の主因とは考えられない(近藤，1972).

2.2.3　脂質における反応

　UV照射により，水素の解離から過酸化ラジカルを経て，次々と過酸化脂質が生成する(松本他，1989). また，UV-AあるいはUV-Bにより生成する一重項酸素によっても脂質の過酸化が引き起こされる(松本他，1989). また，不飽和脂肪酸の二重結合が光酸化作用を受けやすい(松本他，1989).

2.2.4　膜における反応

　光酸化によって細胞が失活する現象は，用いる色素が疎水性であれば細胞表層の膜に特異的に作用し細胞質には移行しないので，障害は膜に限定されると考えられる(松本他，1989). このような色素には，トルイジンブルー，アクリジン，メチレンブルーや種々のポルフィリン誘導体がある(松本他，1989). これらの光酸化作用においては，種々の細胞で細胞質の変化がないにもかかわらず，膜の損傷によって細胞の生残率が低下することがわかっている(松本他，1989). しかし一方で，どのような膜の変化が失活の原因であるか特定する研究は少ない(松本他，1989). 例えば，脂質過酸化により膜結合酵素を失活させるとの主張もある(松本他，1989). 現時点では，光酸化作用の効果の一つの標的として膜があることと，膜損傷の修復が細胞の障害回復の重要な過程であることが明らかにされつつある(松本他，1989).

2.3　紫外線損傷に続く不活化と回復

　紫外線による損傷は，必ず微生物の不活化に至るわけではない.
　前節までに述べた様々な反応は，生体に紫外線を照射した場合に生じ得るものである. しかし，特殊な変異株以外では，単一の損傷で不活化に至ることは稀である. なぜなら，生じ得る様々な損傷が増殖能力の有無に関係するものであるとは限らないし，もしも増殖能力に関する損傷だったとしても，生命が持つ様々な損傷修復機能が損傷を修復する可能性があるからである.
　細菌等の原核生物では，RNAやタンパク質は細胞内に複数存在し，必要があればDNAを鋳型にして生成することができるのに対し，一倍体生物では，通常，細胞当り1個しかDNA情報を持たない. そのため，DNA上の損傷に対する修復機能が，生存あるいは増殖に必要な遺伝情報のDNA

2.3 紫外線損傷に続く不活化と回復

からRNAへの転写やDNAの複製を阻むと,細胞は不活化することになる(松本他, 1989).

2.3.1 不活化

1962年, Setlowは, 紫外線により大腸菌が不活化するのは, DNAにピリミジンダイマーが作られるためであると証明した(武部, 1983).実際, シクロブタン型ピリミジン二量体および(6-4)光産物は, 大腸菌のDNAポリメラーゼによるDNA合成を直前で停止させる(松本他, 1989).また, 大腸菌における致死作用スペクトルとDNA吸収スペクトルの相対値は一致する(近藤, 1972).

さらに, 作用スペクトルを長波長側に伸ばすと, 空気曝気と窒素曝気の場合で異なることを示す[図-2.8(松本他, 1989)]から, 光酸化による不活化が顕著であることがわかる.

T1ファージの不活化の作用スペクトルを図-2.9に示す(松本他, 1989).作用スペクトルのうち, 210 nm以上の領域はファージDNAの吸収スペクトルの形に近く, DNA損傷が主な失活の原因であろう(松本他, 1989).190 nm以下では, タンパク質による吸収がDNAより大きく, タンパク質損傷の役割が大きいと考えられる(松本他, 1989).

ϕX174ウイルスと抽出単離したDNAの不活化実験の結果(松本他, 1989)より, 230 nm以下の領域ではコートタンパクによる光吸収の寄与が明らかであり, それ以上ではピリミジンの吸収の寄与が大きいことがわかる(松本他, 1989).

動物ウイルスのうち, センダイウイルスの失活について詳しく調べてある例を述べる(松本他, 1989).センダイウイルスは, 150~600 nmの直径を持つ大型のエンベロープを持つウイルスで, 核酸として一本鎖のRNA, エンベロープ上に生物活性のある2種の突起を持ち, ウイルス粒子内部にRNAのほか数種のタンパク質を持つパラミクソウイルスの一種である(松本他,

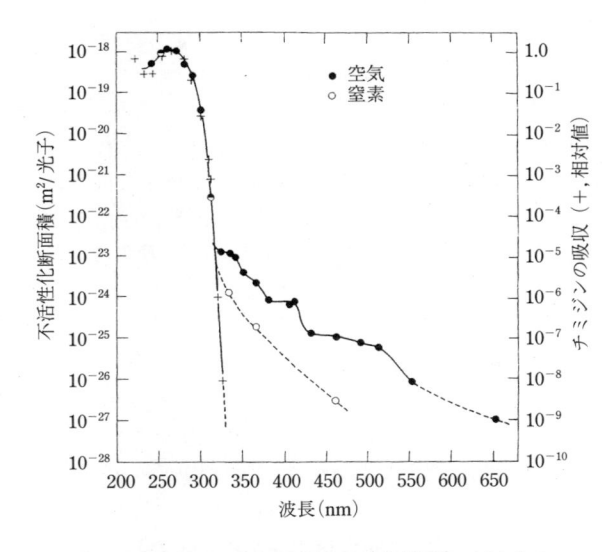

図-2.8 大腸菌(B/r Hcr)不活性化の近紫外作用スペクトル (Webb, 1978;松本他, 1989)

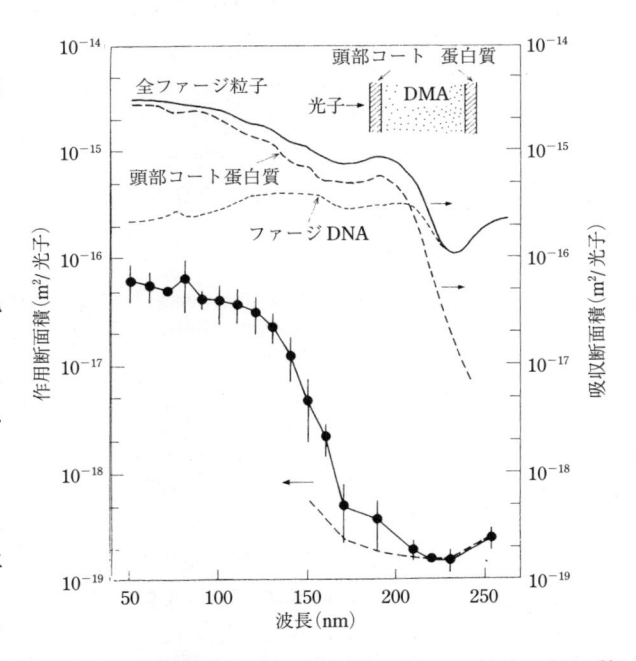

図-2.9 乾燥T1ファージの失活作用スペクトル(宿主はBs-1株大腸菌)(松本他, 1989).吸収断面積は, 図中の頭部構造モデルでファージDNAおよびファージタンパク質が吸収する確率を計算した

1989)．254 nm の照射では，宿主への感染能が急激に低下するものの突起の生物活性には変化がない(松本他，1989)．163 nm 照射では，感染能と同時に突起の生物活性も，粒子内部のタンパク質の量も低下した(松本他，1989)．

2.3.2 修復および回復

DNA上の損傷が不活化の主因であるとしても，例えば，大腸菌は細胞当り1 000個のオーダーの二量体形成による不活化する(近藤，1972)ため，損傷の修復機構が有効であることがわかる．紫外線によって生じる様々な損傷に対する修復機能と，それに続く増殖能力の回復についても述べる．

修復機構のうち，紫外線損傷を可視光の照射を前提に修復する機構は光回復，可視光照射を必要としないものは暗回復と呼ばれていた．現在はそれぞれに複数の機構があることが明らかになっており，それぞれについて説明する．

(1) 酵素的光回復

紫外線照射で不活化したストレプトマイセス菌が可視光を受けて生き返るという現象がKelnerによって発見され発表されたのは1949年である(近藤，1972)．Rupertらは，1957年にこの光回復が光回復酵素[あるいはDNAフォトリアーゼ(松本他，1989)]の触媒によりDNA損傷が光化学的に消失させるものであることを証明した(近藤，1972)．

光回復酵素は，光回復性損傷(シクロブタン型ピリミジン二量体)と結合して酵素基質複合体を作り，これが可視光(通常は310～480 nm)を吸収すると，損傷が2個の単量体ピリミジンとなり酵素が離れる(松本他，1989)．この機構のモデル図を図-2.10に示す(近藤，1972)．

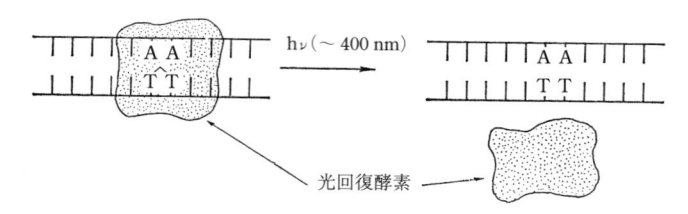

図-2.10 酵素的光回復の模型(近藤，1972)．TTのほかCTもCCも同様に開裂修復するが，その効率比は，1：0.5：0.1と推定されている

光回復酵素は，大腸菌体当り定常期で10～20分子程度しか存在せず(近藤，1972)，パン酵母(Saccharomyces cerevisiae)では1細胞当り200個と少なく(松本他，1989)，9個以上のオリゴヌクレオチドの上に生じた場合にしか光回復酵素と複合体を作らない(近藤，1972)．DNA上の二量体は二本鎖DNAの場合はよく開裂するが，一本鎖状態では開裂速度が半減し，約3分の1は開裂しないで残る(近藤，1972)．ファージ-宿主系の検討結果により，紫外線照射を受けたファージが宿主へ感染後，宿主の光回復酵素によって酵素的光回復を起こすことが知られており，その結果，RNAの二量体も酵素的光回復で修復可能なことも示唆されている(近藤，1972)．その後，紫外線で失活したタバコモザイクウイルスがタバコの細胞抽出液で光回復することから，RNA損傷にも光回復があることがわかった(松本他，1989)．

酵素的光回復の作用スペクトルを図-2.11に示す(近藤，1972；武部，1983)．光回復酵素の性質を表-2.4(松本他，1989)に示す．大腸菌における光回復酵素は，370 nmに最大の作用スペクトルを持つが，藍藻類や放線菌の光回復酵素は，より長波長の430 nm付近が最も有効である(松本

2.3 紫外線損傷に続く不活化と回復

他，1989）．また，二量体と光回復酵素の複合体は形成してから200 s以下の寿命であること（近藤，1972），光回復酵素の二量体への結合がアレニウス型の温度影響を受けること（近藤，1972）が明らかになっている．

なお，光回復は，紫外線照射後第1回目のDNA複製期を過ぎると効かなくなる（近藤，1972）が，除去（修復）不能株では数回分裂後まで光回復性が残る（近藤，1972）．紫外線照射後に大腸菌株を培地中で保持し可視光照射までの時間をおくと光回復性が少なくなるという結果は，Kelner（1949）により既に報告されている．光回復酵素を持つ生物群と持たない生物群を表-2.5に示す（近藤，1972）．

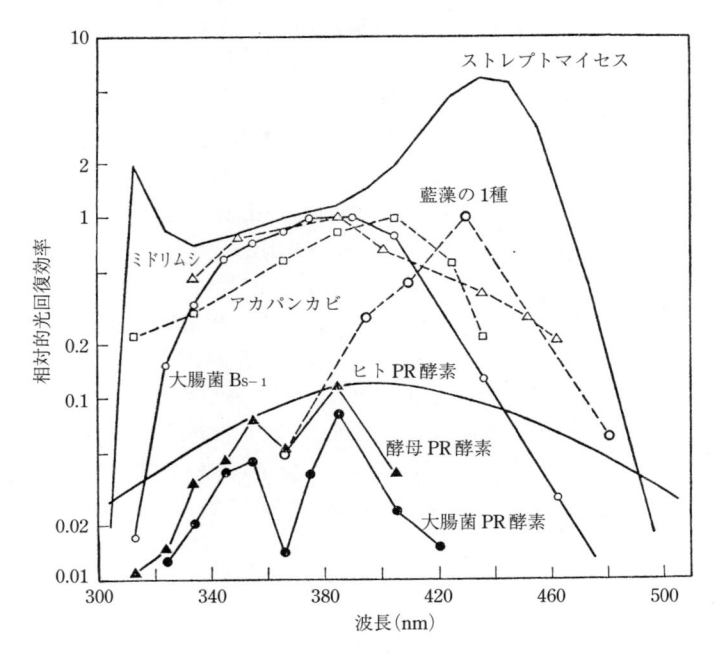

図-2.11 光回復の作用スペクトル（武部，1983）．紫外線（254 nm）で不活性化した後に光回復させるのに有効な波長の効率を相対的に示す．それぞれの生物について相対的に示してあるので，生物相互の効率の比較ではない．PR酵素は光回復酵素

表-2.4 3種の生物から得られる光回復酵素の性質

	大腸菌（E. coli）	パン酵母菌（S. cerevisiae）	Streptomyces griseus
分子量	53 994	66 189	49 000
サブユニット構造	単量体	単量体	単量体
吸収極大波長（> 300 nm）	384	377	445
蛍光			
励起極大波長（nm）	395	390	445
発行極大波長（nm）	475	475	470
発色団	$FADH_2$　プテリン	$FADH_2$　プテリン	$FADH_2$　5-デアザフラビン

表-2.5 光回復酵素を持つ生物種，持たない生物種

光回復酵素を持つ生物種	光回復酵素を持たない生物種
大腸菌，サルモネラ，酵母，アカパンカビ，ストレプトマイセス・グリセウス，ゾウリムシ，テトラヒメナ，ミドリムシ，藍藻，ウニ，ショウジョウバエ，ガ，カイコ，カニ，サカナ，ガマ，カエル，トリ，タバコの葉，マメ，トウモロコシ，オポッサム，カンガルー	ウイルス，枯草菌，ヘモフィルス，ディプロコッカス，ミクロコッカス，ストレプトマイセス・セリカラー，有胎盤哺乳類（ハムスター，マウス，ラット，ウサギ，ウシ，ヒト）

(2) 非酵素的光回復

大腸菌の光回復酵素欠損株において，近紫外光［340 nm（松本他，1989）］を照射すると光回復反応を示す（近藤，1972）．これは，作用スペクトルが光防護［近紫外光をあらかじめ照射しておくと紫外線による致死効果が減る現象（近藤，1972）］と重なり，光防護の作用スペクトルが細胞の分裂遅れの作用スペクトルと一致することから，細胞分裂や増殖に遅れが生じて暗回復による修復が進

(3) ヌクレオチド除去修復

紫外線照射によって形成された二量体をDNAから除去して，そのあとを正常な塩基で埋める機構が存在する(近藤，1972)．二本鎖DNAファージは，宿主においてこの修復機構が働くが，一本鎖DNAファージでは働かない(近藤，1972)ことからも，遺伝情報が二本鎖に重複して存在するために修復可能な機構である(近藤，1972)．

この修復機構には，UV特異エンドヌクレアーゼ(二量体の近くのDNAに切込みを入れる)，DNAポリメラーゼⅠ(二量体を除去しつつ相補的なDNA鎖を作成する)，DNAリガーゼ(DNAの切込みをつなぐ)の3者が関連している(近藤，1972)．

その後さらに詳細に，UvrA，UvrB，UvrCの3種のタンパクがピリミジン二量体を含む14〜15塩基対前後に切込みを入れ，UvrDタンパクがUvrCを外し，DNAポリメラーゼⅠが二量体等を遊離させて間隙を埋め，DNAリガーゼが結合させる機構が明らかになった(松本他，1989)．この機構のモデル図(松本他，1989)を**図-2.12**に示す．さらに，UvrABCの複合体は，DNAのピリミジン二量体の他，(6-4)光産物，その他の付加体にも作用することが示された(松本他，1989)．

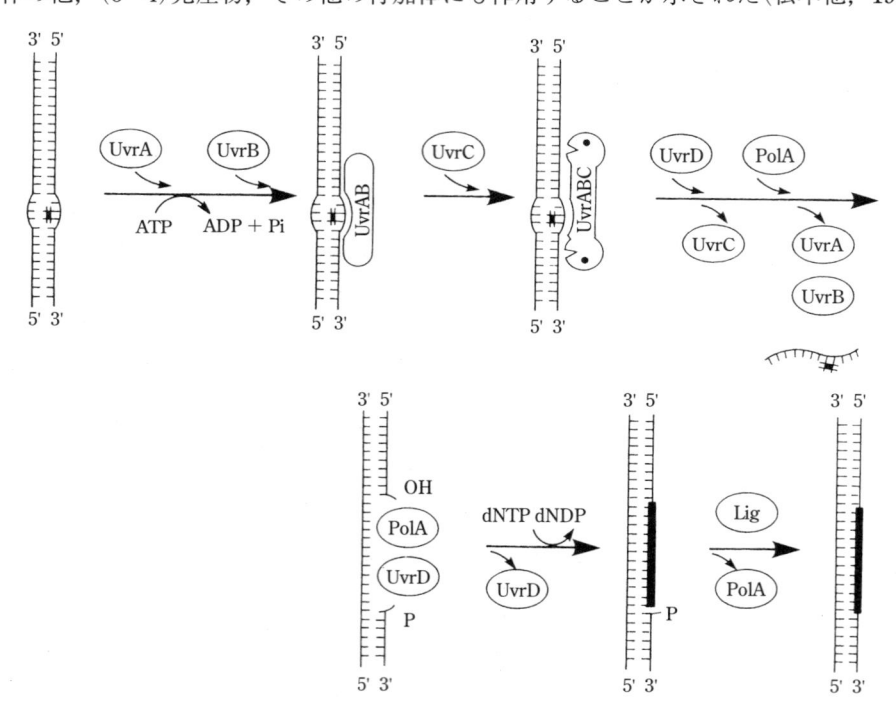

図-2.12 ヌクレオチド除去修復の模式図(松本他，1989)

二量体に対する除去修復の機構は，T4ファージ，ミコプラズマ，バクテリア，テトラヒメナ，タバコの葉，ヒトの細胞等，調べられたほとんどの生物種で見出された(近藤，1972)．ただし，T4ファージを除くウイルス，げっ歯類には欠けていた(近藤，1972)．

また，除去修復は，二量体による損傷の他に，4NQO損傷(プリンと4NQOの付加体)，マイトマイシン損傷(グアニンとグアニンの鎖間架橋)，ソラーレン損傷(ピリミジンとピリミジンの鎖間架橋)等の修復能力もある(近藤，1972)．

枯草菌芽胞に見られる付加体(胞子生成物)も，胞子発芽の時期に発現する酵素系によ除去修復が行われる(近藤，1972)．また，胞子特異的な修復系により，損傷が除去でなく光回復のように消去される機構も存在する(松本他，1989)．

(4) 組換え修復
除去修復欠損株でも修復機構を持つことがある(近藤，1972)．すなわち，損傷の除去能がないため，二量体等の損傷を相補鎖の娘DNAを鋳型にして修復する機構である(近藤，1972)．

(5) SOS応答
大腸菌において行われた検討において，DNA上の損傷により抑制されていた遺伝子群の発現が見られるようになり，除去修復や光回復に関するタンパクが合成されるようになる(松本他，1989)．その中で，シクロブタン型ピリミジン二量体や(6-4)光産物を越えてDNA複製を可能にするタンパクも存在し，誤った塩基を複製DNA内に挿入して突然変異を生起することがある(松本他，1989)．

2.4 紫外線反応の速度

大腸菌等の微生物に一定の強さの紫外線を照射し，生残率の経時変化を調べると，照射時間が大きくなるにつれて生残率は小さくなる．このような生残率の変化をどのようなモデルで表すことができるかを述べる．

2.4.1 紫外線照射線量の単位と測定方法

本来，紫外線等による反応は，吸収されたエネルギーにより生じるため，吸収されたエネルギー量を測定することが必要となる．しかし，水の紫外線による消毒の場合，照射対象となる微生物は紫外線照射を受ける様々な水において含まれる量がきわめて少ないため，実質的に吸収された量よりもむしろ照射を受ける系に入射するエネルギー量を用いるのが一般的である．

紫外線照射線量(UV fluence あるいは UV dose)とは，紫外線エネルギーが(エネルギーの方向に垂直な)単位面積・単位時間当りに通過する量である紫外線線量率(UV fluence rate あるいは UV dose rate)と，照射時間(irradiation time)の積で求められる．一般的に用いられる単位は，紫外線照射線量では J/m^2 で，紫外線線量率では W/m^2 である．よく用いられる単位の換算と表-2.6に示す．

紫外線線量率測定方法には様々なものがあるが，基本的には検出器で電気的なエネルギーを生じさせてその大きさを測り表示するもの(強度計等)，紫外線によって化学変化を起こす物質の水溶液等を照射して，照射前後での反応物あるいは生成物の濃度から紫外線照射線量を求めるもの(化学線量計)，紫外線感受性が明らかな微生物を用いその生残率で紫外線照射線量を測定するもの(生物線量計)の3種に分類されよう．

表-2.6 紫外線関連でよく用いられる表記とそれらの換算

	よく用いられる表記
紫外線照射線量	J/m^2, mJ/cm^2, $\mu Ws/cm^2$ ($1 J/m^2 = 0.1 mJ/cm^2 = 100 \mu Ws/cm^2 = 10 erg/mm^2$)
紫外線線量率	W/m^2, mW/cm^2, $\mu W/cm^2$, $erg/mm^2 \cdot s$ ($1 W/m^2 = 1000 mW/cm^2 = 10 erg/mm^2 \cdot s$)
照射時間	s

(1) 紫外線強度計等

検出器によるものは，熱電対（白金黒を塗った面の光吸収による温度上昇を測る），光電管（真空中で照射された金属表面が光電子を放出する光電効果を利用），光電子増倍管（光電面から発生した電子を電界で加速して別の電極にぶつけて複数の電子を放出させ，それを繰り返して電流計で測定可能な電流を得る），フォトダイオード（ダイオードの接合面に光を照射すると流れる光電流を測定する）等の種類がある（松本他，1989）．

国内メーカー数社が製品として販売している．このタイプを用いる時には，検出器の検出波長域を考慮する必要がある．すなわち，中心波長 254 nm の検出器を用いて低圧紫外線ランプからの紫外線線量率を測定する場合には問題とならないが，例えば，中圧ランプのような複波長のランプの紫外線線量率を測定する場合，光回復における種々のランプからの紫外線照射線量を求める場合等，検出器の中心波長と異なる波長については，線量率が過小評価されていることになる．

また，検出器の検出面に垂直に入射しない光線については，その線量率を過小評価することになる．微生物はもともと球形に近い形態であるので，何らかの方法でもし固定されていたとしても，不活化において紫外線等の照射方向の影響を受けないと考えられること，さらに，液体に浮遊している系において，微生物は紫外線照射の方向と独立な任意の向きで存在し，それが始終変化していると考えられることによる．

(2) 化学線量計

シュウ酸鉄カリウム化学線量計が最もポピュラーなものであろう．これは，Hatchard and Parker によって報告された方法であり（近藤，1972；近藤，1968；Jagger，1967），シュウ酸カリウムと塩化第二鉄を反応させて生じる結晶が硫酸中で紫外線を受けると，第一鉄イオンを生じ，その濃度を測定することで紫外線照射線量を測定する．

化学線量計は，液体表面においてほとんどの紫外線エネルギーが吸収されるため，液体の界面に入射するエネルギーの総量を測定することになる．そのため，流水式の装置においても，ランプからの照射面における紫外線線量率を測定できるとは思われるが，実際の紫外線消毒の際の照射槽内の紫外線線量率分布を求めることはできない．

(3) 生物線量計

紫外線強度計，化学線量計がそれぞれの理由により連続的な紫外線照射装置の内部の紫外線線量率の測定に直接用いられないことから，照射装置の全体的な紫外線照射線量を紫外線耐性が既知の微生物を用いて測定することがなされている．これを生物線量計と呼ぶ．多く用いられている微生物には，枯草菌芽胞，大腸菌ファージがあげられる．

2.4.2 紫外線照射による不活化のモデル（標的論）

紫外線による微生物の不活化速度を記述する考え方として，標的論（近藤，1972）あるいは標的理論（武部，1983）が広く採用されている．これは，不活化の対象となる微生物それぞれの中に，紫外線が当たることによって増殖能力を司る「的」あるいは「標的」を持つことを仮定している．この理論は，微生物の生体構成物質の紫外線感受性の情報や，損傷と修復に関するミクロな情報を必要とせず，生残率等でマクロ的な紫外線の影響を評価する場合に実験結果を十分に記述することができる．

標的（微生物中の増殖能力を司る「的」）はすべて同じ大きさを持ち，ある特定の標的に銃弾（紫外線）が当たるかどうかはランダムな現象であると考える．標的の数が有限であれば銃弾が当たる確率は二項分布に従うと考えられるが，それに近似できるポアソン分布に従うことを仮定する．ポア

2.4 紫外線反応の速度

ソン分布は，次式で表される．

$$P(x) = e^{-\lambda} \frac{\lambda^x}{x!} \tag{2.3}$$

ここで，$P(x)$：x回銃弾が当たった標的の割合（存在確率），λ：標的に平均何個（何回）銃弾が当たっているか．これを，理解しやすいように，標的の数をN，銃弾の数をFとすると，λは次式で表される．

$$\lambda = \frac{F}{N} \tag{2.4}$$

この式を式(2.3)に代入すると，

$$P(x) = \frac{(\frac{F}{N})^x}{x!} \exp(-\frac{F}{N}) \tag{2.5}$$

が得られる．これは，標的がN個，銃弾がF個の場合に，x回銃弾が当たった標的の存在確率である．例として，これがどのように分布するかの計算例を**表-2.7**に示す．

表-2.7 様々な標的当り銃弾数（λ）の時にx回当たった標的の存在確率$P(x)$

λ (=F/N)	1	2	3	4	5	10
$P(0)$	0.368	0.135	0.0498	0.0183	0.00674	4.54×10^{-5}
$P(1)$	0.368	0.271	0.149	0.0733	0.0337	0.000454
$P(2)$	0.184	0.271	0.224	0.147	0.0842	0.00227
$P(3)$	0.0613	0.180	0.224	0.195	0.140	0.00757
$P(4)$	0.0153	0.0902	0.168	0.195	0.175	0.0189
$P(5)$	0.00307	0.0361	0.101	0.156	0.175	0.0378
$P(10)$	1.01×10^{-7}	3.82×10^{-5}	0.000810	0.00529	0.0181	0.125
$P(20)$	1.51×10^{-19}	5.83×10^{-14}	7.14×10^{-11}	8.28×10^{-9}	2.64×10^{-7}	0.00187

この表からもわかるように，標的当りの銃弾数が1の場合，銃弾が1回も当たっていない標的の存在確率が0.368，1回だけ当たった標的の存在確率が0.368，2回当たった標的の存在確率が0.184，というように求めることができる．

標的当りの銃弾数が多くなればなるほど，1回も当たっていない標的の存在確率は小さくなり，ある程度の回数当たった標的の存在確率の方が大きくなる．

さて，紫外線消毒のプロセスを考える場合には，「標的1つ当りの銃弾の数（λ）」を「照射された紫外線照射線量が，単一の標的を何回不活化できるエネルギーと等しいか」と読み換えて考える．すなわち，次式のように表す．

$$\lambda = \frac{F}{N} = \frac{I t}{F_0} \tag{2.6}$$

ここで，F_0：微生物種ごとに定まる定数で，微生物の持つ標的に1回当たる，すなわち標的部位を1回不活化するのに必要な紫外線照射線量，I：紫外線線量率，t：照射時間．これをx個の損傷を持つ割合を表す式に代入すると次のようになる．

$$P(x) = \frac{(\frac{I t}{F_0})^x}{x!} \exp(-\frac{I t}{F_0}) \tag{2.7}$$

すなわち，不活化するエネルギーがF_0である的に対して，紫外線線量率I，照射時間t，つまり紫外線照射線量$I t$となるように紫外線を照射した時にx回のヒットを受けた的の割合は，$P(x)$で表される．

(1) 1ヒット性1標的あるいは一次反応

微生物内の標的に銃弾が当たった場合に，その個体が必ず不活化すると考えると，生残率はまだ1度も銃弾が当たっていない標的の存在確率に等しくなるため次式で表すことができる．

$$\frac{S}{S_0} = P(0) = \frac{(\frac{It}{F_0})^0}{0!} \exp(-\frac{It}{F_0}) = \exp(-\frac{It}{F_0}) \tag{2.8}$$

ここで，S：照射後の生残数（例えば，CFU・mL），S_0：照射前の生残数．

これは，生残率(S/S_0)が初期濃度によらない，いわゆる一次反応で表せることを示している．両辺の対数をとると次式になる．

$$\ln \frac{S}{S_0} = -\frac{It}{F_0} \tag{2.9}$$

これは，照射した紫外線線量Itに対して生残率を対数でとった（片対数の）グラフが原点を通り傾きが$-1/F_0$である直線になることを示している．したがって，微生物ごとに定まる定数F_0の値が大きければ大きいほど，同じ紫外線照射線量を照射しても生残率は高くなる．微生物の紫外線耐性の比較によく用いられる90％不活化紫外線照射線量は，$2.3F_0$となる．

(2) 1ヒット性多重標的あるいは「肩」を持つ反応

微生物に感受性の等しい複数の標的があり，そのすべてに銃弾が当たった場合にその個体が不活化すると考える．不活化するのに必要な標的の数をn個とすると，その個体が持つすべての標的に1つ以上銃弾が当たっている確率が$\{1-P(0)\}^n$と表されるので，生残率は次式で表される．

$$\frac{S}{S_0} = 1 - \{1 - P(0)\}^n = 1 - \{1 - \exp(\frac{It}{F_0})\}^n \tag{2.10}$$

この式は，ItがF_0と比べて十分大きい場合には，

$$\frac{S}{S_0} \approx 1 - \{1 - n \times \exp(-\frac{It}{F_0})\} = n \times \exp(-\frac{It}{F_0}) \tag{2.11}$$

と表される．この式の両辺の対数をとると，

$$\ln \frac{S}{S_0} = -\frac{It}{F_0} + \ln(n) \tag{2.12}$$

となる．この式は，tに対して生残率の対数をプロットすると，tが大きい場合に直線となり，その直線を$t=0$の時に外挿すると$\ln(n)$をy切片に持つことになる．

1ヒット性多重標的による理論生残曲線を図-2.13（近藤，1972）に示す．

なお，大腸菌の生残曲線は，遺伝型によっては肩を持つため，肩の存在は組換え修復か除去修復が存在する証拠と考えられている（近藤，1972）．また，生物線量計に用いられることの多い枯草菌芽胞も肩を持つ生残曲線を示す．

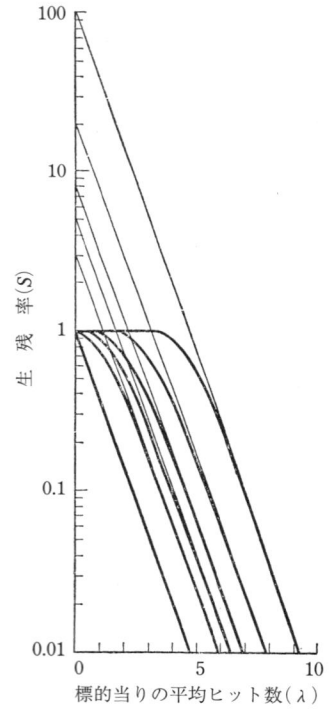

図-2.13 1ヒット多重(m)標的模型の理論生残曲線$[S=1-(1-e^{-\lambda})m]$（Atwood et al., 1949；近藤，1972）．図の曲線は左から右へ$m=1, 3, 5, 8, 20, 100$

(3) 多ヒット性1標的および多ヒット性多重標的

多ヒット性1標的のモデルとは，各微生物が単一の標的を持ち，

その標的に複数回銃弾が当たった場合に初めて不活化すると考えるモデルである．不活化に要する銃弾の数を n とすると，生残率は次式で表される．

$$\frac{S}{S_0} = \sum_{x=0}^{n-1} P(x) = \sum_{x=0}^{n-1} \left\{ \frac{\left(\frac{It}{F_0}\right)^x}{x!} \exp\left(-\frac{It}{F_0}\right) \right\} \tag{2.13}$$

結果の曲線は1ヒット性多重標的に似る．数学的解析が上記2つのものよりも困難であり，マクロ的な挙動を表現する標的論においてはあまり用いられない．

多ヒット性の標的を微生物個体が複数個持つモデルを多ヒット性多重標的と呼び，モデル計算を行うことは可能であるが，多ヒット性1標的を複雑にしたものでもあり，あまり用いられない．

(4) 微生物の不活化曲線の例

Severin(1983)による3種の微生物に対する回分実験の解析例を図-2.14に示す．これによると，f2ウイルスは肩がなく，*Candida parapsilosis* は1871，*E. coli* は201の多標的を持つ曲線になっている．近藤(1972)の結果では，*E.coli* で6.3の多標的との結果になっており，厳密な株ごとに異なる可能性がある．

図-2.14 不活化曲線例．多標的を持つ(Severin *et al.*, 1983)

2.4.3 紫外線による不活化におけるテーリングの問題

不活化実験を行うと，ある程度までは紫外線照射線量に応じて生残率が減少するが，生残率の減少速度が小さくなる現象に出会うことがある．これに関する系統的な研究はなされていないが，様々な原因が考えられる．

第一に，紫外線耐性の異なる微生物が混入している場合である．これは，同じ検出方法で検出される微生物群の中に紫外線耐性が異なるものが存在している状態のことである．このような場合の生残曲線の例を図-2.15(Smith and Hanawalt, 1969)に示す．

第二には，紫外線耐性がすべて同じ微生物であることが明らかな場合でも，テーリングの可能性

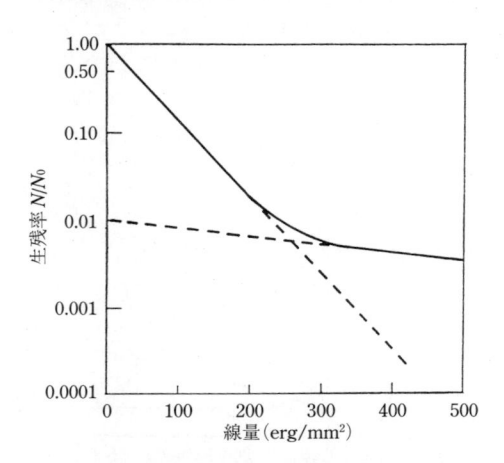

図-2.15 二相あるいは多成分不活性化カイネテックスの例(Smith *et al.*, 1969)．集団内の低感受性部分は，高線量領域の曲線を縦軸へ外挿して決定される．この外挿値を低線量域のカイネティクスから差し引くと，集団内の高感受性部分の正しい生残曲線が得られる．本例では集団のわずか1%が低感受性の型であるから，この補正はきわめてわずかである

はある．すなわち，微生物の凝集である．微生物すべてがばらばらになっていない場合，すなわち試料中の一部の個体が凝集している場合は，単独で存在している微生物よりも見かけの紫外線耐性が大きい部分が生じることになる．

第三は，試料に微生物以外の浮遊粒子が存在する場合である．水中の浮遊粒子に微生物が吸着して紫外線を一部遮る場合，あるいは浮遊粒子を構成する物質に囲まれていて紫外線をかなりの割合で遮断する場合，それらの部分の見かけの紫外線耐性が大きくなることが考えられる．

第四は，同種の微生物でも，生理状態によって紫外線耐性が異なることが考えられる．対数増殖期の細菌の紫外線耐性が小さく，休眠期の紫外線耐性が大きい現象が見られ，それは遺伝子損傷が増殖時期に当たると回復しにくくなると説明されていることともつながる．

第五に，紫外線照射装置における紫外線線量率分布と攪拌等によるものである．例えば，平行光線を仮定できる紫外線照射装置を用いた場合に，試料の吸光度が大きく試料の水深が大きい時には試料上部における紫外線線量率と試料の底における紫外線線量率が大きく異なる場合がある．そのような条件で混合がなされない場合には，試料上部と試料下部における紫外線線量率が大きく異なることとなり，生残率を対数軸で取って経時変化を図化した場合に下に凸の曲線になる場合がある．混合が十分になされている場合には，生残率の変化（の一部）が直線で表されるような結果が得られる．

2.4.4　酵素的光回復の標的論的解析

大腸菌の純粋株は肩を持つ生残曲線になることが多いが，上下水質の指標細菌である大腸菌群，糞便性大腸菌群は必ずしも肩を持たず，1 ヒット性 1 標的のモデルに従う生残曲線になる．

酵素的光回復による回復過程については，近藤（1972），Jagger（1958）に *E. coli* B/r の解析例（図-2.16）が，Dulbecco（1955）に T2 ファージの解析例（図-2.17）が示されてきた．それによれば，

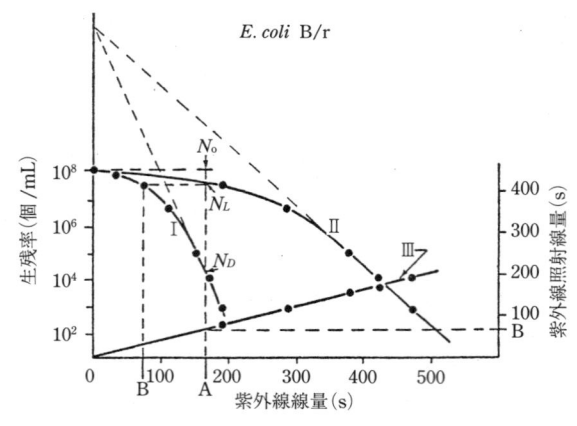

図-2.16　生残曲線．Ⅰ：暗所，Ⅱ：最大光回復後．曲線Ⅲは，暗所において，ある生残曲線が得られる紫外線照射線量（右縦軸）と光回復後に同じ生残数となる紫外線照射線量（横軸）の関係を示している．一定の線量減少率となることが曲線Ⅲが直線となることから示されている．N_0：初期生菌数，N_L：光回復後の生残数，N_D：暗所での生残数（Jagger, 1958）

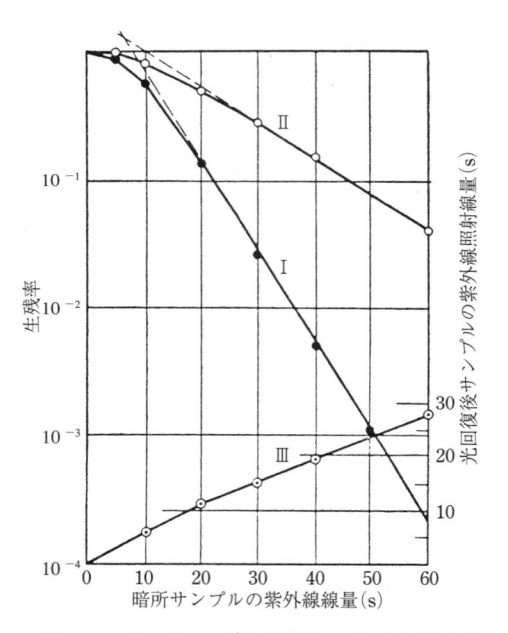

図-2.17　T2 ファージの暗所サンプルと最大光回復サンプルの生残曲線．曲線Ⅰ：暗所サンプル，曲線Ⅱ：最大光回復，曲線Ⅲ：最大光回復に相当する暗所サンプルの紫外線線量に対して同じ生残数となる暗所サンプルの紫外線線量．曲線ⅠとⅡは，log 生残率（左縦軸）を照射時間で示した紫外線線量（横軸）に対してプロットし，曲線Ⅲは，同じ生残率となる最大光回復サンプルの紫外線線量（右縦軸）を暗所サンプルの紫外線線量（横軸）に対してプロットした（Dulbecco, 1950）．

① DNA損傷は光回復性のものと光回復しないものに分けられ，その割合は微生物種により一定である，
② 可視光の照射強度が大きいほど回復速度は大きい，
③ 光回復の速度は光回復性損傷を持っている微生物に対して1ヒット性1標的の速度論に従う，

と考えられていた．光回復における実験値とその仮定による生残曲線のフィッティングの例 (Dulbecco, 1955) を図-2.18に示す．

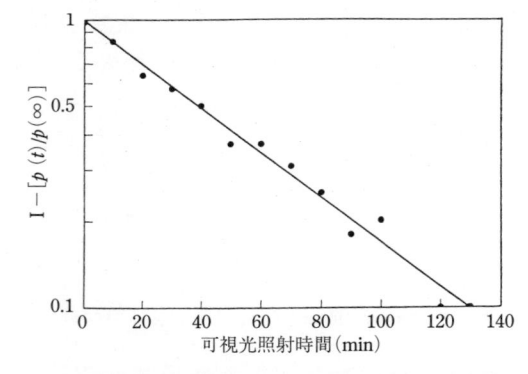

図-2.18 可視光照射時間に対し，未回復の光回復性粒子の割合 $1-[p(t)/p(\infty)]$ を対数軸でプロットしたもの．T2ファージを20s紫外線に照射し，緩衝液中で宿主菌に吸着させ，37℃で可視光を照射した

この考え方は，実験値との整合性は悪くなかったが，紫外線照射後の生残率が小さいほど回復速度が小さくなるという実験結果を説明できない．さらに，紫外線による不活化が標的論で説明されるのであれば，それが1ヒット性1標的モデルであっても，不活化した微生物体には複数の損傷が蓄積されるはずであるのに，それが1ヒット性1標的で回復するという不合理が生じていた．

そのため，筆者は，上記①と②の仮定に加え，
・紫外線照射による損傷は，紫外線量に応じて複数生じると考えられるため，微生物個体内には複数の損傷が蓄積する，
・蓄積した損傷のすべてが回復した場合に増殖可能になると考えられ，それは多ヒット性1標的のモデルに従う，

と仮定した．ただし，可視光を受ける前の紫外線による不活化は1ヒット性1標的のモデルで表されるとした．この仮定を数式化すると，まず紫外線照射後の損傷数の分布を求める必要がある．すなわち，上記の標的論の式より x 個の損傷を持つ割合 $P(x)$ は式(2.7)で表される．

次に，非回復性の損傷の発生率を i とすると，x 個の損傷のすべてが回復可能な割合は，

$$(1-i)^x P(x) = (1-i)^x \frac{\left(\frac{It}{F_0}\right)^x}{x!} \exp\left(-\frac{It}{F_0}\right) \tag{2.14}$$

となる．x 個の損傷を持っている個体に x 個以上の銃弾 (可視光) が当たれば増殖可能になると考える．その際，可視光の強さを V，可視光照射時間を t_v，損傷が修復されるエネルギー (定数) が Vt_v と同じユニットの Vt_0 とすると，x 個以上の銃弾が当たる割合は，多ヒット性1標的の式(2.13)より，

$$1 - \sum_{y=0}^{x-1} P(y) = 1 - \sum_{y=0}^{x-1} \left\{ \frac{\left(\frac{Vt_v}{Vt_0}\right)^y}{y!} \exp\left(-\frac{Vt_v}{Vt_0}\right) \right\} = 1 - \exp\left(-\frac{Vt_v}{Vt_0}\right) \sum_{y=0}^{x-1} \frac{\left(\frac{Vt_v}{Vt_0}\right)^y}{y!} \tag{2.15}$$

となる．したがって，光回復後の生残率は，紫外線照射後の生残率に，x 個の損傷で x 回以上可視光エネルギーを受けた個体の総和であるから，

$$\frac{S}{S_0} = \exp\left(-\frac{It}{F_0}\right) + \sum_{x=1}^{\infty} \left[(1-i)^x \frac{\left(\frac{It}{F_0}\right)^x}{x!} \exp\left(-\frac{It}{F_0}\right) \left\{1 - \exp\left(-\frac{Vt_v}{Vt_0}\right) \sum_{y=0}^{x-1} \frac{\left(\frac{Vt_v}{Vt_0}\right)^y}{y!} \right\} \right] \tag{2.16}$$

のように表される．この式はかなり複雑なので，不活化における紫外線エネルギーを不活化の定数

で除して得られる無次元数 E_{UV}(単一の標的を何回不活化できるか)，回復における可視光のエネルギーを修復されるエネルギーで除した無次元数 E_{VL}(単一の損傷を何回回復できるか)，すなわち，

$$E_{UV} = \frac{I\,t}{F_0} \tag{2.17}$$

$$E_{VL} = \frac{V\,t_v}{V\,t_0} \tag{2.18}$$

を用いて書き直すと，

$$\frac{S}{S_0} = \exp(-E_{UV}) + \exp(-E_{UV})\sum_{x=1}^{\infty}\left[(1-i)^x \frac{E_{UV}^x}{x!}\left\{1-\exp(-E_{VL})\sum_{y=0}^{x-1}\frac{E_{VL}^y}{y!}\right\}\right] \tag{2.19}$$

となる．このモデルに従うと仮定して計算した結果と実験結果を図-2.19 に示す．不活化後の生残率が 0.1% よりも大きい場合には，両者が一致しており，モデルの妥当性を示していると考えられる．

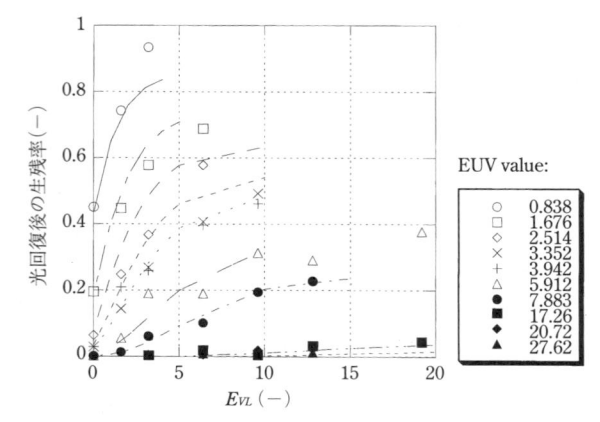

図-2.19 光回復のモデル計算の結果

2.5 紫外線消毒効果に影響する要因

2.5.1 装置における影響要因

(1) 光源の種類

別項に詳細なものがあるので，よく用いられているものについてのみ述べる．

a. 低圧水銀ランプ 水銀蒸気を封入した放電管で，発光は水銀の輝線スペクトルが主となり，発光エネルギーの約 90% が 253.7 nm の光として（松本他，1989)，あるいは入力電力 15 W のランプでは 20% にあたる 3.0 W の 253.7 nm 線が放射される（村山，1985)．輝線スペクトルは図-2.20（松本他，1989）に示す

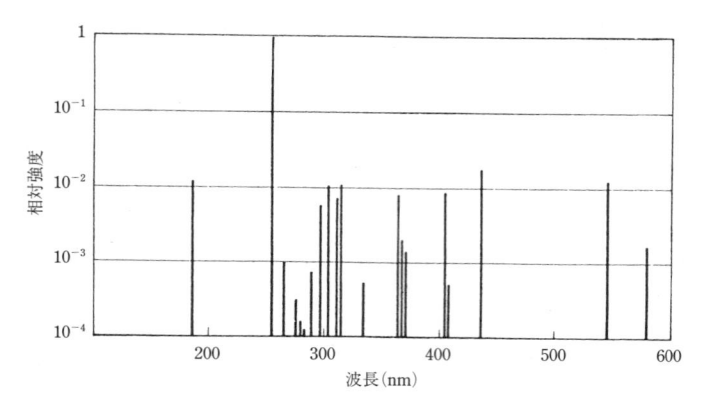

図-2.20 低圧水銀灯［ウシオ電機㈱製 UL2-DQ］の輝線スペクトル（松本他，1989）．253.7 nm の輝線に放出されるエネルギーを 1 としてある

2.5 紫外線消毒効果に影響する要因

とおりである．

出力の大部分が単一波長であるため，試料あるいは照射槽内の紫外線線量率分布，紫外線照射線量の算定，消毒に有効なエネルギーの算定等が他のランプに比べて容易である．

b. 高圧水銀ランプ　水銀の蒸気圧が2～3気圧で動作するようにした放電管を高圧水銀灯と呼ぶ(村山，1985)．水銀の圧力によって波長特性が**図-2.21**(杉森，1991)のように変化する．

これは，通常「中圧ランプ」と呼ばれるものと考えられ，単一のランプで多くのエネルギーが発せられ，大量の水を処理するのに適していると考えられる．

しかし，波長特性からもわかるように，複数の波長が発せられるため，実験に用いた場合の解析や，実際の消毒装置に用いた場合の解析は，比較的難しいものとなる．なぜなら，

① 紫外線線量率を測定する場合に，各波長の出力を正確に測定する必要があること，
② 試料あるいは消毒の対象となる水が一般には様々な溶存物質が含まれていて，その吸光特性が波長依存性を持つこと，
③ 消毒の対象となる微生物への不活化作用が，波長依存性を持つこと，
④ 波長ごとに微生物に働く作用が異なり，それを個別に算定することが困難であること，

があげられる．

c. 超高圧水銀ランプ　封入した水銀蒸気が放電中の高温により水銀蒸気圧が10気圧以上に達する放電管をいう(松本他，1989)．発光スペクトルは，**図-2.22**(松本他，1989)のようになる．

d. 蛍光灯(ブラックライト，健康ランプを含む)　低圧水銀ランプの真空管内壁に塗った蛍光体(蛍光物質)が紫外線を吸収して可視光を放出するものを蛍光灯と呼ぶ(松本他，1989)．蛍光体には様々な種類があるが，主要な発光スペクトルを**図-2.23**(村山，1985)に示す．300～400nmの近紫外線の放出強度を高くしたもの(松本他，1989)，あるいは波長350nmにピークを持つ蛍光体を用い，同時に特殊着色ガラスを用いて可視光を遮断したもの(村山，1985)がブラックライトと呼ばれるものである．健康ランプとは，紅斑作用およびビタミンD合成作用のピーク波長である300nm付近に発光ピークのある蛍光体を用い，この波長域を透過する特殊ガラスを用いた蛍光ランプである(村山，1985)．

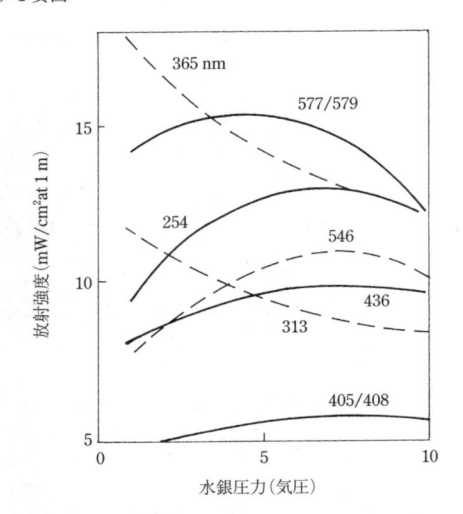

図-2.21　高圧水銀ランプにおける電気入力一定時の高圧水銀ランプにおける水銀の各波長の放射強度と圧力の関係(杉森，1991)．電気入力：160W/cm，アーク長：50cm，放電管内径：2.2cm，放射強度：放電管中央より1mの所での値

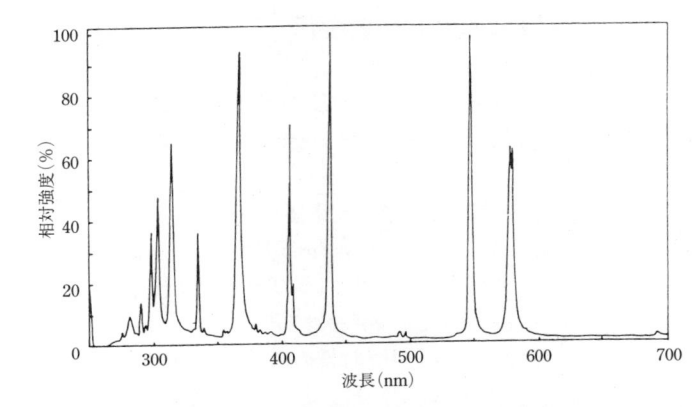

図-2.22　超高圧水銀灯[ウシオ電機㈱製 USH-500D]の発光スペクトル(松本他，1989)

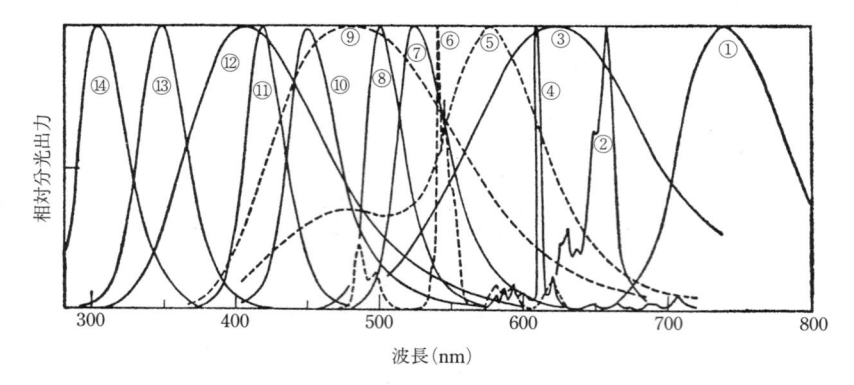

図 2-23 主要な蛍光ランプ蛍光体の発光スペクトル．[ ] 内は発光ピーク(nm)．① $LiAlO_2$：Fe[745]，② $3.5MgO \cdot 0.5MgF_2 \cdot GeO_2$：$Mn^{4+}$[657]，③ $(Sr, Mg, Ba)_3(PO_4)_3$：Sn[625]，④ Y_2O_3：Eu[611]，⑤ $3Ca_3(PO_4)_2 \cdot Ca(F,Cl)_2$：Sb, Mn[480 + 580]，⑥ Y_2SiO_5：Ce, Tb[544]，⑦ Zn_2SiO_4：Mn[525]，⑧ $MgGa_2O_4$：Mn[503]，⑨ $MgWO_4$[483]，⑩ $3Sr_3(PO_4) \cdot CaCl_2$：Eu^{2+}[452]，⑪ $Sr_2P_2O_7$：Eu^{2+}[420]，⑫ $CaWO_4$[410]，⑬ $BaSi_2O_5$：Pb[351]，⑭ $(Ca, Zn)_3(PO_4)_2$：Tl[304]

(2) 装置内流動

微生物の紫外線耐性を求める用途以外では，紫外線消毒は流水式の装置で行われる．流れている水のすべてに同じ紫外線照射線量を照射することは液層の厚さを小さくすることで可能だとは考えられるが，照射される紫外線を有効に消毒に用いることを考慮した場合には，ある程度の液層の厚さは不可避である．液層の厚さがある程度以上である場合には，紫外線線量率に分布が生じる．同時に，反応装置内における水塊ごとの滞留時間をすべて一定にするのは困難であり，水塊ごとの滞留時間の大小により紫外線照射線量の大小が生じることになる．水塊ごとの紫外線照射線量が重要であることは，例えば流量の 10 % が短絡流等により 90 % しか不活化されなかったとすると，他の 90 % の水にどれだけ多くの紫外線照射線量を照射しても全体で 99 % 以上の不活化率を得ることはできないことからも伺えよう．

装置設計において理想的な装置内の流動は，すべてが同じ滞留時間で同じ紫外線照射線量を照射されることであるが，これを達成するたにどのようにすればよいのかという検討は十分でない現状である．

2.5.2　水質における影響要因

(1) 吸 光 度

単一波長の紫外線照射において，吸光度の影響は比較的算定しやすい．分光光度計を用いて特定の波長について測定した吸光度 $a(cm^{-1})$ と距離を用いて，ある地点での紫外線線量率を算定することができる．

平行光線で，照射水の水深(光路長)が比較的小さい場合，紫外線が垂直に入射する試料表面での単一波長の紫外線線量率を $I_0(W/m^2)$ とすると，水深 x(cm) における紫外線線量率 I は，同じ波長による試料の吸光度 a を用いて，次の式で表される．

$$I = I_0 \times 10^{-ax} = I_0 \exp(-2.3\,a\,x) \tag{2.20}$$

よって，水深が d(cm) の照射槽の平均紫外線線量率は，線量率を深さ方向(x)に積分して平均を求めることで算定できる．

2.5 紫外線消毒効果に影響する要因

$$I_{avg} = \frac{\int_0^d I \, dx}{d} = \frac{I_0 \{1-\exp(-2.3\,a\,d)\}}{2.3\,a\,d} \tag{2.21}$$

ただし，吸光度 a が 0 の時は，

$$I_{avg} = I_0 \tag{2.22}$$

なお，良質な上水における 254 nm の吸光度は 0.02〜0.11，下水の二次処理水は 0.17〜0.2 である(Masschelein, 2000)．

(2) 濁　　度

濁度の影響を算定するのは難しい．濁度は，浮遊粒子が可視光を反射して測定することによる指標である．紫外線も同様に浮遊粒子の反射，すなわち散乱を装置内に生じることになる．カオリン等の粘土鉱物の中には有意に紫外線を反射するものもあり，その影響を算定することは特殊な場合では必要であろう．しかし，水道への適用においては，粘土粒子等の存在は非常に小さく，また散乱による影響は紫外線線量率の増大であり，吸光度のみで算定した場合が安全側になるため，考慮する必要性は高くないと思われる．しかし，濁度物質に対象とする微生物が吸着し，見かけの紫外線耐性が増大すると，消毒効率が小さくなる可能性がある．

2.5.3 対象微生物における影響要因
(1) 対象微生物種

多種の微生物に関する紫外線耐性の詳細は別項にあるが，ここでは，様々な微生物の紫外線耐性の比較例を**表-2.8**に示す(Masschelein, 2000；金子, 1997)．照射条件等が必ずしも統一されていないため，詳細な比較は困難であるが，同種の微生物だからといって紫外線耐性が同様であるとはいいにくい．

表-2.8 微生物の紫外線耐性の比較[90％不活化に要する紫外線線量(mJ/cm²)]

生物種	紫外線線量
細菌類	1 〜 54.5
レジオネラ	1
大腸菌	2.5 〜 5
サルモネラ菌	2.5 〜 8.0
枯草菌芽胞	12
炭疽菌芽胞	54.5
ウイルス類	3.2 〜 30
ポリオウイルス	3.2 〜 5.8
インフルエンザウイルス	3.6
A型肝炎ウイルス	5.8 〜 8
ロタウイルス	9 〜 11.3
アデノウイルス	30
藍藻類	300
緑藻類	360 〜 600

(2) 対象微生物の状態

一般に，細胞の成長が速い時には死に至る確率が高いし，成長がほとんど見られない定常期の細胞では，より長い間回復作業が行われているためか，生残率が高い(松本他, 1989)．

(3) 微生物数評価方法

細菌等を測定する場合に，寒天培地を用いて集落を形成させて計数を行う方法を用いるのが一般的であるが，寒天培地に選択培地(他種の細菌の増殖阻害剤が添加してある培地)を用いるか，非選択培地(増殖阻害剤が含まれない)を用いるかで計数値が異なることがあると示されている．このように，本来，阻害剤があっても増殖できるはずの菌種で，選択培地上で増殖できない菌を損傷菌と呼ぶ．

また，別項にあるように，*Cryptosporidium* のオーシストの紫外線耐性は，脱嚢法と感染性試験によって大きく異なることが知られている．この機構については不明である．今後の検討が望まれる．

2.6 単色光照射装置における紫外線線量率分布および生残率の解析例

低圧紫外線ランプから発せられる波長 254 nm の紫外線を用いて様々な微生物の紫外線耐性を求めたり，流水式の紫外線消毒装置を設計したりする場合に，紫外線線量率分布がどのような式で表されるのかあらかじめ知っておくことが必要である．ここでは，それらの系における紫外線線量率分布，槽内の平均紫外線線量率，消毒過程における紫外照射線量分布を求める際の仮定について述べる．

2.6.1 平行光線を仮定できる回分式の場合

微生物の紫外線耐性を調べる場合等によく用いられる実験系である．平行光を得る方法については，Masschelein(2000)にあるようにコリメータと呼ばれるデバイス(図-2.24)が用いられる．類似の方法の紹介がBolton(2003)およびKuo(2003)にもある．

この系の紫外線線量率分布は，濁質の存在がない場合，前節の吸光度の影響のみを考慮すればよく，紫外線線量率分布，すなわち水深 x (cm) における紫外線線量率 I は，試料表面の紫外線線量率 I_0 (W/m²)，試料の吸光度 a (cm^{-1}) を用いて，次の式で表される．

$$I = I_0 \exp(-2.3\,a\,x) \qquad (2.20)$$

試料中の平均紫外線線量率は，次の式で表される．

$$I_{avg} = \frac{\int_0^d I\,dx}{d} = \frac{I_0\{1-\exp(-2.3\,a\,d)\}}{2.3\,a\,d} \qquad (2.21)$$

ただし，吸光度 a が 0 の時は，式(2.22)になる．

試料の吸光度が様々な値の時の水深 x における紫外線線量率の相対値(表面における紫外線線量率の値を 1 とする)と，水深 1 cm までの平均紫外線線量率の値を図-2.25に示す．

ここで，試料の混合が十分で，照射時間 t の間に，どの水塊においても同じ紫外線照射線量が照射されているとすると，反応速度定数 F_0 の1ヒット性1標的のモデルで不活化する微生物の生残率は，次式で表される．

$$\frac{S}{S_0} = \exp\left(-\frac{I_{avg}\,t}{F_0}\right) \qquad (2.23)$$

逆に，全く混合がない場合は，水深 x の場所における生残率を求め，それを深さ方向に積分

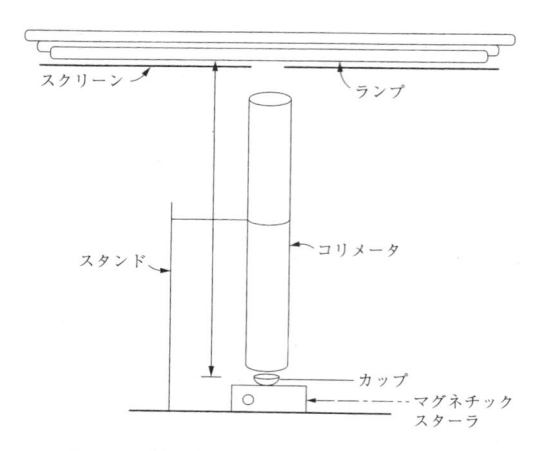

図-2.24 紫外線耐性試験装置(Masschelein, 2000)

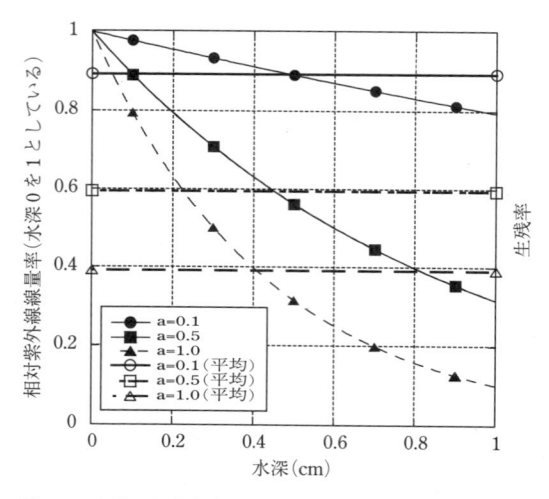

図-2.25 様々な吸光度における水深と相対紫外線線量率の関係

2.6 単色光照射装置における紫外線量率分布および生残率の解析例

して平均することが必要となり，次式で表される．

$$\frac{S}{S_0} = \frac{1}{d}\int_0^d \exp\left(-\frac{I_0 \exp(-2.3\,a\,x)t}{F_0}\right)dx \quad (2.24)$$

この式(2.24)は，変数の置換により指数積分関数と呼ばれるものとなり，初等関数で原始関数を表すことができない．そのため，数値積分によって値を求めることが必要となる．例として，様々な吸光度における水深 1 cm の反応装置における生残率の変化を図-2.26 に示す．ただし，$I_0 = F_0 = 1$ を仮定している．また，水深方向を 10 分割してそれぞれの値を求め，合算する方法で計算を行った．100 分割した場合と比較しても誤差は 3 % 未満であり，十分な精度を持って計算してあると考えられる．試料の吸光度が大きいほど生残率の低下は遅くなるが，混合のない静置の場合にはそれが特に顕著になることがわかる．

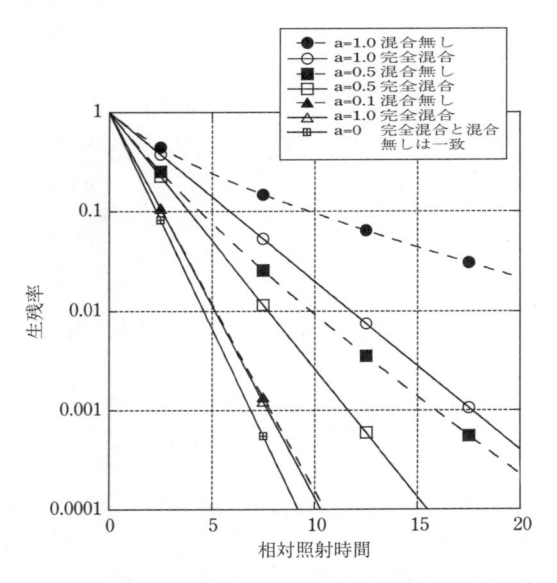

図-2.26 様々な吸光度における相対照射時間と生残率の関係

2.6.2 線光源を仮定する単一ランプ二重円筒管の場合

紫外線消毒を実際に行う場合，円筒型の光源を用いることとなり，平行光となるように試料からの距離を大きくとることはエネルギー効率的に不利である．また，水路上部から照射する場合もあるが，ランプ出力を有効に水に照射することが難しく，単一ランプの場合には二重円筒管を用い内部に紫外線ランプを挿入して照射することが普通である．複数のランプを用いる場合には，ランプを複数内部に挿入した装置を用いることになる．いずれにせよ，実際の紫外線照射装置の消毒効果の予測は，紫外線線量率分布，滞留時間の分布，さらには水塊が通る経路とランプ距離がどのような分布を持つかなど，それらを総合した紫外照射線量分布を知ることが必要となる．そのすべてを解析的に行うことは困難であるが，ある種の理想状態については数式化が可能であるため，解析例として示す．

ここで用いる線光源においては，
① 光源は微小な点光源が無限に直線的につながったものである，
② 場所ごとの線量率の大きさは光源からの距離の −1 乗に比例する，
③ 線量率は光源からの距離だけによって決まる，
ことを仮定している．

実際の紫外線ランプは長さが有限であり，円筒管内で管壁近傍あるいは内部全体から紫外線が発せられるためランプ中心から紫外線が発せられる線光源の仮定は，実際の紫外線照射を記述するには限界がある．しかし，実際の装置の解析を厳密に行おうとすると数値的に行う必要が生じるため，いくつかの仮定を用いてモデルを簡略に記述できれば，その有用性はある．

(1) 完全混合回分槽

二重円筒管を回分槽で用いることはあまり一般的でないが，反応が遅い光化学反応等では用いられる場合もある．

ランプが挿入される内管の外径を r_0，線光源からの距離が r_0 であるところの紫外線線量率を I_0，

試料の吸光度を a とすると，線光源からの距離 r の場所での紫外線線量率 I_r は，次式で表される．

$$I_r = \frac{I_0}{r} r_0 \exp\{-2.3\,a(r-r_0)\} \tag{2.25}$$

さらに，試料が満たされる外管の内径を r_1 とし，二重円筒管内の平均紫外線線量率 I_{avg} を求めると，次式になる．

$$I_{avg} = \frac{\int_{r_0}^{r_1} 2\pi I_r r\,dr}{\pi(r_1^2 - r_0^2)} = \frac{2 I_0 r_0 [1-\exp\{-2.3\,a(r_1-r_0)\}]}{2.3\,a(r_1^2 - r_0^2)} \tag{2.26}$$

ただし，$a = 0$ の場合は，$Ir = \dfrac{I_0 r_0}{r}$ となり，平均紫外線線量率 I_{avg} は次式となる

$$I_{avg} = \frac{2 I_0 r_0}{r_1 + r_0} \tag{2.27}$$

以上の計算例を図-2.27に示す．ランプからの距離が遠くなればなるほど距離の効果で紫外線線量率が減少すること，吸光度があるとさらに紫外線線量率の値が減少し，平均値も大きく影響を受けることがわかる．

また，内管外径が1である場合に，外管内径が平均紫外線線量率にどう影響するかを計算したものが図-2.28である．

混合が十分で完全混合が仮定できる場合の生残率は，I_{avg} を用いて式(2.23)となる．

(2) 混合のない回分槽

混合がない場合には，線光源からの距離ごとに生残率を求め，それを内管外径から外管内径まで積分して平均を求めればよいため，次式になる．

$$\frac{S}{S_0} = \frac{\int_{r_0}^{r_1} 2\pi r \exp(-\frac{I_r t}{F_0})dr}{\pi(r_1^2 - r_0^2)} \tag{2.28}$$

回分式で混合が十分な場合と混合がない場合でどの程度生残率に差が出るのか，内管外径が1で，外管内径が2，3，6の場合の計算を行った．結果を図-2.29～2.31に示す．吸光度が0の場合でも，照射時間が長くなると混合状態の影響が出る．また，吸光度が大きければ大きいほど，完全混合の場合と混合がない場合の差が大きくなることがわかる．

また，吸光度が0.1の場合に，内管外径1の場合の外管内径の影響がどのようになるか，計算を行い図-2.32に結果を示した．

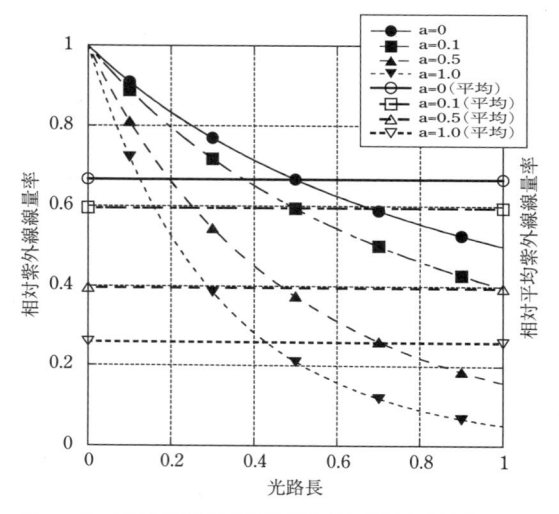

図-2.27 二重円筒管における光路長と相対紫外線線量率の関係

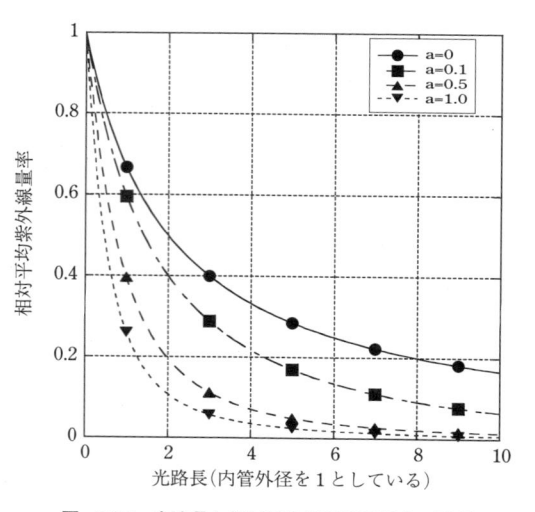

図-2.28 光路長と相対平均紫外線線量率の関係

2.6 単色光照射装置における紫外線線量率分布および生残率の解析例

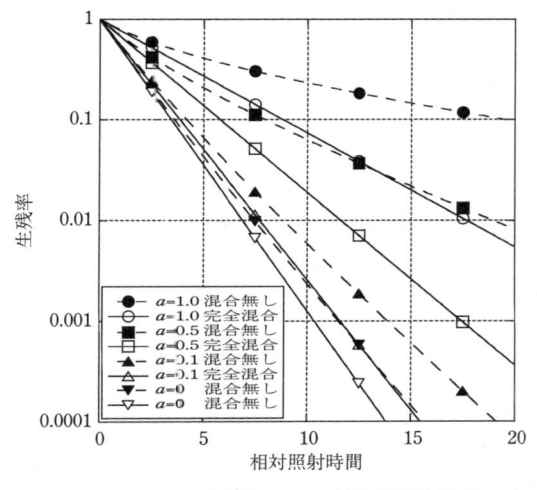

図-2.29 回分式二重円筒管における消毒効果(光路長=1)

図-2.30 回分式二重円筒管における消毒効果(光路長=2)

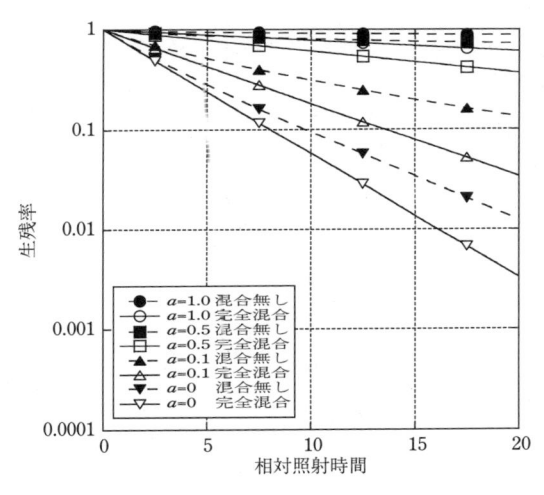

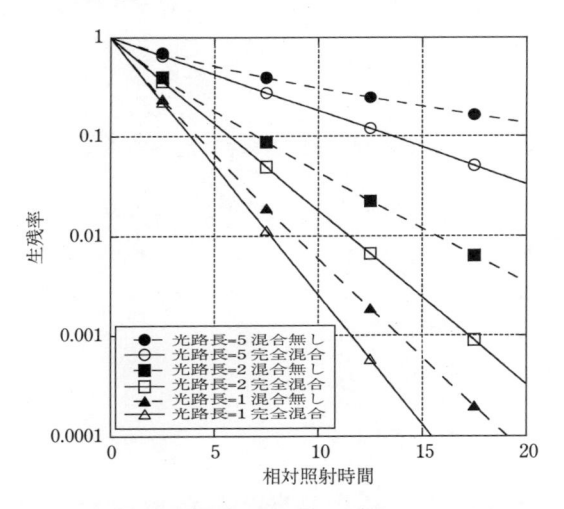

図-2.31 回分式二重円筒管における消毒効果(光路長=5)

図-2.32 回分式二重円筒管の様々な光路長における消毒効果

(3) 流れに垂直な方向が完全混合である押出し流れ

流水式の場合には,照射槽内の流動条件が生残率に大きく影響する.最も理想的な条件として,流れの向きが線光源に平行で,流れの向きに垂直な方向で十分攪拌がなされている(流れに垂直な方向が完全混合と仮定できる)場合は,式(2.26)あるいは式(2.27)を用いて平均紫外線線量率 I_{avg} を求め,装置容積(あるいは有効紫外線照射容積) V と流量 Q から求まる照射時間 $\tau(=V/Q)$ を式(2.23)の t の代わりに用いればよい.すなわち,

$$\frac{S}{S_0} = \exp\left(-\frac{I_{avg}\,\tau}{F_0}\right) \tag{2.29}$$

となる.

(4) 流速分布のない層流の押出し流れ

実際の流れを考えた場合,流れと垂直の方向に完全混合となる押出し流れは,攪拌装置を設置し

ない場合には不自然な仮定であるし，攪拌装置を設置した場合には動力と紫外線線量率への影響が無視できない．そこで，二重円筒の断面における流速分布がないことを仮定する．生残率は次式で表される．

$$\frac{S}{S_0} = \frac{\int_{r_0}^{r_1} 2\pi r \exp(-\frac{I_r \tau}{F_0}) dr}{\pi (r_1^2 - r_0^2)} \tag{2.30}$$

この式による計算結果は，**図-2.29～2.32** の照射時間を滞留時間で読み替えれば，混合がない場合と一致する．しかし，実際は，管壁付近での摩擦により，流速分布は必ず生じることを付記する．

(5) 完全混合槽

通常は紫外線照射装置の流入口と流出口は離れて配置するが，装置容積に対して流量が小さく，照射装置内の混合が十分になされていると仮定できる場合には，完全混合槽と考えることができる．完全混合の場合，塩水等のトレーサで装置内を満たし流れを純水に切り替えると，時刻 t における塩水濃度 C は装置容積 V と流量 Q を用いると微分式 $-V(dC/dt) = QC$ を満たすので，初期塩水濃度を C_0 とすると，次式で表される．

$$\frac{C}{C_0} = \exp(-\frac{Q}{V}t) \tag{2.31}$$

C と Q の積，すなわち時刻 t におけるトレーサの流出速度を $t=0$ から ∞ まで積分すると，

$$\int_0^\infty CQ\,dt = \int_0^\infty C_0 \exp(-\frac{Q}{V}t) Q\,dt = C_0 V \tag{2.32}$$

となり，この値は $t=0$ において装置内に存在したトレーサ量と一致する．時刻 t において流出するトレーサの割合 α は，時刻 0 から ∞ の間に流出する総量を 1 と考えれば不合理でないため，式 (2.31) より，

$$\int_0^\infty \frac{CQ}{C_0 V} dt = 1 \tag{2.33}$$

となることにより，α は，

$$\alpha = \frac{CQ}{C_0 V} = \frac{Q}{V}\exp(-\frac{Q}{V}t) \tag{2.34}$$

と表されることになる．

完全混合槽の場合に，滞留時間の大小によって水塊の経路の光源からの距離は異なることが考えられるが，簡略化のためにどの水塊も平均紫外線線量率の経路を通り滞留時間だけが異なると考えると，生残率は次式で表される．

$$\begin{aligned}\frac{S}{S_0} &= \int_0^\infty \alpha \exp(-\frac{I_{avg} t}{F_0}) dt \\ &= \int_0^\infty \frac{Q}{V} \exp(-\frac{Q}{V}t) \exp(-\frac{I_{avg} t}{F_0}) dt \\ &= \frac{Q F_0}{Q F_0 + I_{avg} V}\end{aligned} \tag{2.35}$$

ここで，水理学的平均滞留時間 $\tau (= V/Q)$ を

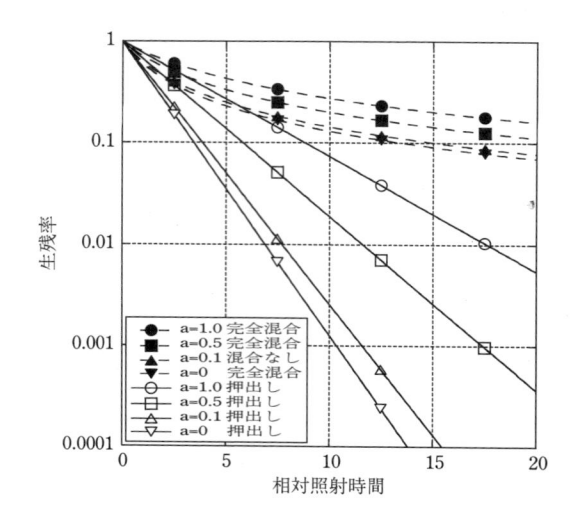

図-2.33 流水式二重円筒管における消毒効果（光路長＝1）

用いると，

$$\frac{S}{S_0} = \frac{F_0}{F_0 + \dfrac{I_{avg} V}{Q}} = \frac{F_0}{F_0 + I_{avg} \tau} \tag{2.36}$$

となる．計算例を完全混合押出し流れの場合とともに**図-2.33**に示す．この結果は，金子（1997）に示されているものと同じである．

(6) 実際の反応装置

上記の計算例は，あくまでも様々な仮定による理想的な消毒装置におけるもので，実際の反応装置ではそのようにならないことが多い．まず，二重円筒管の壁面が存在するため，流速は一定にならないし，一方で完全混合の状態ともいえない．一般的な化学反応の反応槽は，押出し流れと完全混合を2つの理想的状態とし，実装置はその中間の性質を示すことが多い．紫外線照射装置の場合にも同様のことが考えられるが，それに加えて紫外線線量率の分布を知ることが必要となるため，解析は非常に複雑なものとなる．

実装置を設計する場合に不可欠な情報は，ある装置における，与えられた流量で運転した場合の，水塊ごとの紫外線照射線量分布である．よって，それを実験的に求める方法や，それを運転前に予測する手法の開発が必要となっている．数値流体力学の知見に基づき，装置における微小水塊の運動を計算で求め，それを総合化することで紫外線照射線量分布を求める試みがなされている．しかし，その手法の有効性がどの程度あるのかまでは情報が蓄積しているとはいえず，また，その検討が高価な数値計算ソフトの導入を必要とするため一部の企業や研究者に限られていることから，今後はさらに多くの検討がなされることが望まれている．

一方で，二重円筒管紫外線消毒装置の処理水において，試料の採取量を小さくして多数採取することで消毒効果が大きく変動する場合があることが報告されている（安井他，2004）．その結果によれば，処理水における生残率は対数正規分布に従い，33％以上の試料が平均生残率を下回ることがあった．このような検討からも伺えるように，流水式装置の設計の際に果たして平均生残率を設定するだけで十分といえるのか，変動をどの程度考慮することが必要なのか，さらなる検討が必要と考えられる．

2.6.3 より複雑な反応槽における問題

上記の検討例は線光源を仮定していた．しかし，二重円筒管の装置においても実際にはランプ壁面に近いところから紫外線が発せられているわけで，紫外線線量率が円筒の中心からの距離の－1乗に比例していると仮定して妥当なのか，また，ランプは実際には線光源の仮定に必要な無限の長さを持つわけではないため，ランプ長さを考慮する必要がある．そのような場合には，微小な点光源が線的あるいは面的広がりを持って分布し，照射槽内の紫外線線量率を各点光源からのエネルギーの和で示すことが必要となる．

また，一つの反応槽に複数のランプを挿入する装置も可能であり，そのような場合にはさらに紫外線線量率の分布は複雑になり，装置内の流れも複雑なものとなる．複雑さが増すことで解析的アプローチの有効性が疑問となるが，一方でそれに代わる計算手法（数値シュミレーション等）が説得力において解析的手法を上回るまで成熟していない現況にある．

さらなる情報の蓄積と，それのもととなる手法開発や情報交換が望まれる．

2.7 まとめ

　本章では，紫外線消毒の基本原理や，装置として用いる際の基礎的な情報を記述するように努めた．これらの情報は，紫外線消毒をプロセスとして完成させるためには，必ず考慮する必要のある事項であると考える．それに加え，そのような機序で働く紫外線を，どの程度水に対して照射すれば良いのか，どのようなランプを用いてどのような配置でどのように流動させればプロセスとして最も確度の高いものになるのか，については，水利用が伴う社会的な事情や，今後の情報の蓄積が待たれるところである．今後の紫外線消毒のプロセスとしての発展を切に願い，本節のまとめとする．

参考文献

- Atwood,K.C. and Norman, A.（1949）：*Proc.Nat.Acad.Sci.*, Vol.35, p.696, U.S..
- Beaven,G.H., Holiday,E.R. and Johnson,E.A.（1955）：The Nucleic Acids（ed. By Chargaff,E. and Davidson,J.N.）, p.493, Academic Press, N.Y..
- Bolton,J.R. and Linden,K.G.（2003）：Standardization of Methods For Fluence（UV Dose）Determination In Bench‐Scale UV Experiments, *Journal Of Environmental Engineering*, ASCE, pp.209‐215, March.
- Dulbecco,R.（1955）：Photoreactivation, *Radiation Biology*, vol.2, pp455‐486.
- Hatchard,C.G. and Parker,C.A.（1956）：A New Sensitive Chemical Actinometer II. Potassium Ferrioxalate as A Standard Chemical Actinometer, Proceeding of Royal Society, London, A 235, pp.518‐536.
- 市橋正光，佐々木政子編（2000）：生物の光障害とその防御機構, pp.5,6,21,22,119,127, 共立出版．
- Ito,A. and Ito,T.（1986）：*Photochem, Photobiol.*, 44, pp.355.
- Jagger,J.（1958）：Photoreactivation, *Bacteriological Review*, Vol.22, pp.99‐142.
- Jagger,J.（1967）：Introduction To Research In Ultraviolet Photobiology, Prentice Hall［武部啓訳（1969）：紫外線光生物学，共立出版］.
- 金子光美（1997）：水の消毒, pp.238,239,244, 日本環境整備教育センター．
- Kelner, A.（1949）：Photoreactivation Of Ultraviolet‐Irradiated Escherichia Coli With Special Reference To The Dose‐Reduction Principle And To Ultraviolet‐Induced Mutation, *Journal of Bacteriology*, Vol.58, pp.511‐522.
- 近藤宗平（1968）：紫外線生物学実験法，続生物物理学講座5巻, pp.547‐580, 吉岡書店．
- 近藤宗平（1972）：分子放射線生物学, pp.3,7,8,22,23,62,63,66,68,75,78,80,86‐88,90‐98,101‐104,106,109,111‐116,120,124,127,135,228,230,学会出版センター
- Kuo,J., Chen,Ch‐L and Nellor,M.（2003）：Standardized Collimated Beam Testing Protocol For Water/Wastewater Ultraviolet Disinfection, *Journal Of Environmental Engineering*, ASCE, pp774‐779, August.
- Masschelein,W.J.（2000）：Utilisation Des U. V. Dans Le Traitement Des Eaux, Editions Cebedoc［海賀信好訳（2004）：紫外線による水処理と衛生管理，技報堂出版］.
- 松本信二，松平頼暁，篠原邦夫編（1989）：フォトバイオロジー―光プローブによる生物学の展開, pp.7,9‐11,22,66,67,73,75‐78,80,82,83,85,86,88‐91,95‐99,102‐108,114‐116,127,128,134,136‐141,209,212,219, 学会出版センター．

参考文献

- 村山精一編(1985)：光源の特性と使い方－インコヒーレント光源，pp.61,70,75，学会出版センター．
- 杉森彰(1991)：有機光化学，pp.5‐7,11,12,18,19,26,32，裳華房
- Setlow and Pollard(1962)：Molecular Biophysics, Addison‐Wesley Publishing Co..
- Severin,B.F., Suidan,M.T. and Engelbrecht,R.S. (1983)：Kinetic Modeling of U.V. Disinfection of Water, *Water Research*, Vol.17, No.11, pp.1669‐1678.
- Smith,K.C. and Hanawalt,P.C. (1969)：Molecular Photobiology, Academic Press[伊藤，土門訳(1972)：不活化と回復，p.91，みすず書房].
- 武部啓(1983)：DNA修復，pp.6,16,18，東京大学出版会．
- Webb,R.B. (1978)：*Photochem. Photobiol. Rev.*, 2, p.169.
- 安井宣仁，神子直之(2004)：流水式紫外線消毒装置の実用化に向けての検討，用水と廃水，Vol.46, No.11, pp948‐954.

3. 紫外線による原虫の不活化

3.1 はじめに

Cryptosporidium や *Giardia* をはじめとする原虫類は，世界中に分布しており，主として水環境から検出される．なかでも *Cryptosporidium* は，発展途上国を中心に依然多くの感染者を出している赤痢アメーバ(*Entamoeba histolytica*)とは異なり，衛生施設の整った先進国でも水を介した集団感染を引き起こしており，その防御は微生物衛生上の重要な課題となっている．

Cryptosporidium は，水の流れに乗って環境水中に拡散するため，水道水やレクレーション水を通してヒトに摂取される可能性が高い．これまでに米国をはじめとする世界各国から水道に関連した集団感染の発生が報告されており，1993年には米国ウィスコンシン州の Milwaukee で患者数40万人というきわめて大規模な集団感染が発生している(Mackenzie *et al.*, 1994)．日本でも1996年に埼玉県越生町で水道水の不十分な処理を原因とする集団感染症が発生し，13 800人の住民のうち，実に7割以上にあたる8 812人が感染する事故が発生している(埼玉県衛生部，1997)．

Cryptosporidium は，直径が約4〜6 μm と非常に小さい．このため，水道原水中のオーシスト濃度が高い場合，多くの浄水場で用いられている凝集沈殿砂ろ過法ではろ過水中にオーシストが漏出する可能性がある．また，周囲を強い殻(オーシスト壁)で覆われているため，塩素をはじめとする化学消毒剤に対して抵抗性を示す(Rose *et al.*, 1997)．したがって，病原性細菌による感染症の発生防止を目的にこれまで構築されてきた砂ろ過による除去と塩素による消毒という2段階のバリヤーでは，*Cryptosporidium* による感染症の発生を防御できない可能性があり，事実，塩素消毒が施されている水道を介した感染症の発生が報告されている．日本では平成8(1996)年度以降，*Cryptosporidium* や *Giardia* の検出による給水停止が毎年発生しており[平成15(2003)年度現在]，平成13(2001)年度には5件の給水停止事例が発生している．

Cryptosporidium による水系感染症の集団発生が報告されるようになってから，砂ろ過法や塩素処理等の既存の処理技術による除去率・不活化力が明らかにされてきている(LeChevallier *et al.*, 1991；Hashimoto *et al.*, 2002；志村他, 2001)．また，最近になって，これまで高度処理のために用いられてきたオゾン(Korich *et al.*, 1990；Finch *et al.*, 1993；Hirata *et al.*, 2000；Hirata *et al.*, 2001)や紫外線による不活化，精密ろ過膜や限外ろ過膜による除去に関する研究(Jacangelo *et al.*, 1995；Hirata *et al.*, 1998)が進められてきている．

紫外線は，数十 mJ/cm² 程度の照射で多くの細菌やウイルスを 2 log 以上不活化できる(Sobsey, 1989)ため，水の消毒技術として注目されてきたが，紫外線の *Cryptosporidium* 不活化力については脱嚢法で評価した 2 log の不活化線量が 100 mJ/cm² 以上となる(Ransome *et al.*, 1993)ことから，

Cryptosporidium の不活化技術としては実用的でないと考えられてきた．しかし，最近になって $1\,mJ/cm^2$ 程度のきわめて少量の紫外線照射線量で感染力を 1 log 低下させられることが明らかにされ（Clancy et al., 2000；Shin et al., 2001；Morita et al., 2002；Zimmer et al., 2003），欧米では紫外線消毒の水道への適用が進められてきている．日本でも残留塩素の放流先への影響を避けることを目的に下水分野では既に紫外線消毒が実用化されている．紫外線消毒装置は，構造が簡単で，運転管理が容易であり，設置および運転コストも比較的廉価であることから，小規模な浄水施設への導入も可能である．したがって，紫外線は，日本においても水道における *Cryptosporidium* 対策のための消毒技術として高い有効性を発揮する可能性がきわめて高い．

　紫外線消毒を水処理に適用するうえで考慮しなければならない問題の一つは，紫外線照射で不活化した微生物が活性を取り戻すという，いわゆる回復現象の存在である（山本他，1985；Friedberg et al., 1995；鹿島田他，1996）．また，共存濁質，水温，消毒剤の濃度（紫外線の場合は紫外線線量率）等の不活化に及ぼす影響の程度も評価する必要がある（金子，1997）．

　そこで本章では，まず *Cryptosporidium* をはじめとする水系感染症を引き起こす原虫の特性と水系の汚染状況を概観し，続いて紫外線の原虫不活化力および紫外線不活化に影響を及ぼす要因について，これまでに報告されている研究結果を中心にとりまとめる．

3.2　病原性原虫の特性と水系の汚染状況

3.2.1　*Cryptosporidium*
(1) *Cryptosporidium* の特性

Cryptosporidium は，アピコンプレックス門，コクシジウム綱，真コクシジウム目，クリプトスポリジウム科に属する原虫であり，主に消化管の上皮細胞の微絨毛に寄生する．*Cryptosporidium* 属には複数の種が報告されている．例えば，*C. parvum*，*C. muris*，*C. canis* および *C. feris* は，哺乳動物に感染し，*C. baileyi*，*C. meleagridis* は，鶏や七面鳥等の鳥類，*C. serpentis* は，蛇等の爬虫類に感染する．これらのうちヒトに感染する種は，*C. parvum* のみであると考えられていたが，最近になって *C. meleagridis*，*C. feris*，*C. canis* もヒトに感染すると報告されている（Gatei et al., 2002；Ong et al., 2002；Xiao et al., 2001；Xiao et al., 2002；Chalmers et al., 2004）．また，PCR法を用いた遺伝子検査技術の発展によって遺伝子型の分類も進められており，*C. parvum* は，ヒトのみを宿主とする遺伝子型（genotype I 等）とヒトやウシ，ブタ等を宿主とする遺伝子型（genotype II 等），ヒト以外の動物を宿主とする遺伝子型（pig type 等）に分類できることが明らかとなってきている（Carraway et al., 1996；Fayer et al., 2000；Yagita et al., 2001）．

　Cryptosporidium オーシストは，宿主体内から糞便とともに環境中へ排出される．*Cryptosporidium* オーシストの模式図を**図-3.1**に，微分干渉像を**写真-3.1**に示す．オーシストは，類円形または楕円形で大きさは種によって異なる．*C. parvum* の長径は約 5 μm で，*C. muris*（長径 7～8 μm）や *C. baileyi*（同 6～7 μm）等に比べて小型である．中央部に顆粒と液胞からなる残体があり，その周りに4個のスポロゾイトが包蔵されている．周囲は強固な殻（オーシスト壁）で覆われており，スポロゾイトを外部ストレスから保護している．オーシストが宿主に摂り込まれると，小腸内でオーシストからスポロゾイトが脱嚢して上皮細胞の微絨毛に寄生する．そして，無性生殖により8個のメロゾイトが形成される．メロゾイトの一部は，微絨毛に寄生して無性生殖を繰り返し，また一部は雌性生殖体と雄性生殖体に分化し，有性生殖でオーシストを形成する．オーシストの一部は自家感染し，残りは糞便とともに排出される．感染したヒトが排出するオーシスト数は，糞便 1 g 当り 10^5～10^7

3.2 病原性原虫の特性と水系の汚染状況

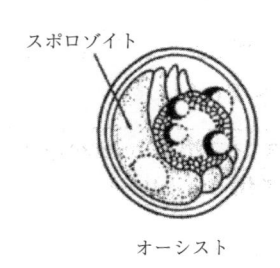

図-3.1 *Cryptosporidium* の模式図
(稲臣他，1992 より)

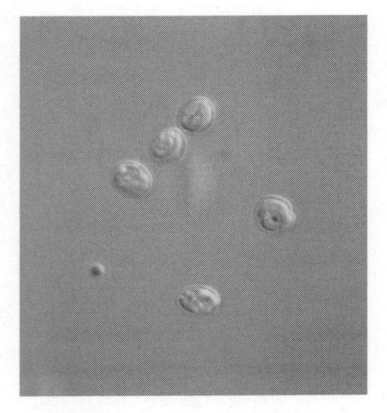

写真-3.1 オーシストの微分干渉像

個(Fayer, 1997)，1 日当り 10^8〜10^9 個(木俣他，1997)に及ぶ．

健常ボランティアに対する感染試験で *C. parvum* の摂取オーシスト数と感染率との間に明確な相関が認められ，30 オーシスト投与した場合の感染率は 20 %，また，1 000 オーシスト投与した場合の感染率は 100 % であった．得られたデータを指数モデルに適合させると，1 個のオーシストを摂取した場合の感染確率は約 0.4 % となる(Dupont *et al.*, 1995 ; Haas *et al.*, 1996)．

オーシストを摂取してから感染するまでの潜伏期間は平均 3〜7 日程度，発症期間は数日から数週間(Jokipii *et al.* 1986 ; Fayer and Unger, 1986)である．主症状は水溶性の下痢で，その他にも発熱，吐き気，腹痛等を訴えることもある．免疫正常患者は，自己免疫力で自然治癒するため致死率は非常に低いが，AIDS や先天性低 γ グロブリン症等の免疫不全患者が感染した場合は，症状が重篤となる(Ungar, 1990)．本症の有効な治療薬はないため，*Cryptosporidium* に感染した AIDS 患者は，長年にわたって下痢が持続し，衰弱死することが多い．*Cryptosporidium* に感染した AIDS 患者の死亡率は約 50 % であったという報告がある(Fayer and Unger, 1986)．

水道水を原因とする集団感染は数多く報告されている．**表-3.1** に 100 人以上の感染者を出した事故の概要を示す．なかでも米国の Carrollton(1987)，Jackson Country(1992)，Milwaukee(1993)では 10 000 人以上の感染者を出す大事故が発生している．日本でも 1996 年に埼玉県越生町で水道水の不十分な処理および排水による原水の汚染を原因とする集団感染症が発生し，8 812 人が感染する大事故となった．*Cryptosporidium* の集団感染は，消毒設備の故障で消毒が不完全あるいはなされなかった水道水や処理自体をしていないレクレーション水が原因となっている．

表-3.1 水道水による *Cryptosporidium* 症の集団発生例

年	国名	場所	感染者数(人)	原水	原因
1984	米国	BraunStation	2 006	地下水	下水汚染
1987	米国	Carrollton	12 960	表流水	不十分な処理
1989	英国	Swindon/Oxfordshire	516	地下水	牛糞便汚染
1991	米国	BerksCountry	551	湧水，表流水	腐敗槽水の流入
1992	米国	JacksonCountry	15 000	表流水	牛糞便汚染
1993	米国	Milwaukee	403 000	表流水	不十分な処理
1994	米国	LasVegas	103	表流水	下水処理水による原水汚染
1994	日本	平塚市	461	表流水	受水槽への汚水の混入
1996	日本	越生町	8 812	湧水，表流水	排水による原水汚染

（2）*Cryptosporidium* による水系の汚染状況

a. 環境水，水道原水および水道水 米国の表流水を調査した結果，181 試料のうち 93 試料から *Cryptosporidium* が検出され，幾何平均濃度は 43 個/100 L であった．また，下水処理水等による汚染の可能性がある河川水では 38 試料のうち 28 試料から *Cryptosporidium* が検出され，幾何平均濃度は 66 個/100 L，最大値は 29 000 個/100 L であった（Rose, 1991a）．日本においては，保坂（2003）が相模川水系，多摩川水系，利根川・江戸川水系，淀川水系について水道事業体や大学，研究機関による調査結果を取りまとめ，大河川の本川での *Cryptosporidium* 濃度は概ね< 1～10 個/20 L のレベルであり，本川に流入する支流等では流量が少ないため汚染源からの影響が大きく，本川よりも 1 オーダー程度高い値が出現する可能性があると報告している．

水道原水については LeChevallier *et al.*（1991）が米国 14 州とカナダ 1 州の浄水場 66 箇所の原水を調査したところ，87 ％の地点から *Cryptosporidium* が検出され，検出された *Cryptosporidium* の濃度範囲は 0.07～484 個/L，幾何平均値は 2.70 個/L であったと報告している．日本でも平成 8（1996）年に全国の水源水域を対象に調査が行われた（厚生省水道環境部，1997）．河川表流水，ダム，湖沼，伏流水の計 94 水域で調査した結果，6 水域から *Cryptosporidium* が検出され，その濃度は 2～4 個/10 L であった（**表- 3.2**）．また，19 都道府県 159 地点 1923 試料の水道原水の調査結果を集計（**表- 3.3**）したところ，*Cryptosporidium* が検出されたのは 182 試料で濃度レベルは 1～27 個/10 L であった（猪又他，2003）．

US. EPA が策定した長期第 2 段階強化表流水処理規則（LT2 - ESWTR）では，従来の浄水処理によ

表- 3.2 全国調査の水源別 *Cryptosporidium* 検出率

水源種別	調査水域数	検出水域数	検出率（％）
河川表流水	36	5	13.9
ダム	38	1	2.6
湖沼	6	0	0
伏流水	14	0	0
計	94	6	6.4

表- 3.3 都道府県別水道原水の *Cryptosporidium* 調査結果

都道府県	地点数	試料数	陽性試料数	濃度範囲（個／10 L）	検査水量（L）
A	5	10	0		10
B	3	81	0		10, 20, 40
C	14	67	4	1～14	10, 20
D	4	27	0		10
E	12	24	1	1	10
F	28	293	54	1～11	10
G	6	57	6	1～6	10
H	11	151	75	1～27	10
I	7	30	0		20, 40
J	3	3	0		20
K	15	57	2	1～7	10, 100
L	2	51	0		10
M	7	337	28	1～14	10
N	1	12	0		10
O	5	180	0		10
P	13	263	2	1	10
Q	12	46	0		10
R	3	144	5	1～4	20
S	8	90	5	1～2	10

って達成される *Cryptosporidium* 除去に 0～2.5 log(浄水場ごとに表流水監視結果に基づいて決定される)の追加処理が要求されており，また，未ろ過の場合は 2～3 log(浄水場ごとに表流水監視結果に基づいて決定される)の処理が要求されている．砂ろ過法による *Cryptosporidium* の除去率は約 2～3 log であるという報告が多い(Kelley *et al.*, 1995 ; Nieminski *et al.*, 1995 ; Hashimoto *et al.*, 2002)が，4 log 以上(Baudin and Laine, 1998)あるいは 5 log 以下(Huck *et al.*, 2002)であるという報告もある．凝集沈殿砂ろ過による濁質除去に消毒を組み合わせて処理した米国の水道水 17 試料を調査したところ，2 試料から *Cryptosporidium* が検出され，濃度の幾何平均値は 0.04 個/100 L であった(Rose, 1991a)．また，米国 15 州とカナダの 2 州の 27 の浄水場から得られた 262 試料の水道水のうち 35 試料から *Cryptosporidium* が検出され，濃度範囲は 0.29～57 個/100 L であった(LeChevallier *et al.*, 1995)．Hashimoto *et al.*(2002)は，日本の浄水場で 2 m³ レベルの採水を行い，ろ過水中 *Cryptosporidium* の濃度幾何平均値が 1.2 個/1000 L であったと報告している(表-3.4)．

表-3.4 原水およびろ過水中の原虫濃度

	原水(個/100 L)	ろ過水(個/1 000 L)
Cryptosporidium		
陽性試料数／全試料数	13/13	9/26
濃度範囲	16～150	0.5～8
幾何平均値	40	1.2
Giardia		
陽性試料数／全試料数	12/13	3/26
濃度範囲	4～58	0.5～2
幾何平均値	17	0.8

　Haas *et al.*(1995)は，Carrollton や Milwaukee で発生した集団感染事故の調査結果から，集団感染症を引き起こす可能性があるオーシスト濃度を 10～30 個/100 L としているが，平常時の水道水中のオーシスト濃度はこの濃度よりもかなり低いといえよう．しかし，降雨や雪解け水による水源域の汚染(MacKenzie, 1994)，不完全な水処理(Rechardson *et al.*, 1991)，配水管への汚水の混入や配水管の誤接続(Craun, 1998)などが原因となってこれまで多くの集団感染症が発生しており，汚染された水道水が集団感染の主要因であることは間違いない．
　水道水中の *Cryptosporidium* 濃度はきわめて低いため，検出するためには数 m³ レベルのサンプリングが必要である．また，検出されたオーシストが感染性を有するか否かが重要な情報となるが，水道水から分離したオーシストの感染性に関する情報はいまだ報告されていない．今後の研究の進展が期待される．

b. レクレーション水　　レクレーション水に関する最初の集団感染事例は 1988 年に報告されている(CDC, 1990)．その後も公園の池やプール水等を原因とする集団感染に関する報告が相次いでいる(Joce *et al.*, 1991 ; McAnulty *et al.*, 1994 ; CDC, 2000)．表-3.5 は，1993 年 4 月から 1994 年

表-3.5 レクレーション水による *Cryptosporidium* 症の集団発生例

発生時期	発生場所	感染者数(人)	感染源
1993.4	ウィスコンシン	51	モーテルのプール
1993.8	ウィスコンシン	5	公共のプール
1993.8	ウィスコンシン	54	公共のプール
1993.8	ウィスコンシン	64	モーテルのプール
1994.7	ミズーリ	101	モーテルのプール
1994.7	ニュージャージー	418	公園の池

7月にかけて米国でレクレーション水が原因となって発生した集団感染の発生例である(Kramer et al., 1996). 水浴中の誤飲量は, 水道水の飲水量に比べて少なく, また接触頻度も水道水に比べると少ないと推測される(Anderson et al., 1998)が, 糞便汚染, 特に幼児の不意の排便により原虫濃度が高くなる可能性がある. *Cryptosporidium* は強い塩素耐性を有することから, レクレーション水に起因する集団感染症の発生を防ぐためには紫外線照射や膜処理等の塩素処理に代わる技術による消毒・除去の徹底が必要であろう.

c. 下水および下水処理水　　下水中に *Cryptosporidium* が存在していることは検出法が開発された1980年代後半から知られており, その濃度は集水域の人口やその地域に住む人の感染率, 食肉処理施設の有無等によって大きく異なると考えられている. 米国の4下水処理場で生下水中の *Cryptosporidium* 濃度を定量したところ, 濃度範囲は850〜13 700個/L, 算術平均濃度は5 180個/Lであった(Madore et al., 1987). また, 米国 Florida で採取された生下水中の *Cryptosporidium* の濃度範囲は＜61〜12 000個/100 L(Rose et al., 1996), 英国 Strathclyde の6下水処理場で採取された生下水中の濃度範囲は不検出〜6 000個/Lであった(Robertson et al., 2000). 日本では19都道府県の67箇所の下水処理場において生下水中の *Cryptosporidium* 濃度が調査され, 73試料のうちの7試料から *Cryptosporidium* が検出され, その濃度範囲は8〜50個/Lであった(諏訪他, 1998).

Cryptosporidium は下水処理水からも検出されている. 米国の11下水処理場における調査では4〜3 960個/Lのオーシストが検出されている(Madore et al., 1987). 前述の日本の67箇所の下水処理場における実態調査では, 74試料の処理水うち9試料からオーシストが検出され, その濃度範囲は0.05〜1.60個/Lであった. 日本の平常時の処理水中の濃度レベルは米国に比べ低いが, *Cryptosporidium* に感染した患者は1日当り10^8〜10^9個ものオーシストを排出することから, 集団感染症が発生した場合には, 下水処理水放流先の安全確保のために緊急的な追加処理が必要となると考えられる(鈴木他, 2002).

3.2.2 *Giardia*
(1) *Giardia* の特性

Giardia は, 肉質鞭毛虫門, 動物性鞭毛虫綱に属する原生動物であり, 動物の消化管の粘膜あるいは上皮細胞上に寄生する. *Giardia* 属には複数の種が報告されている. 例えば, *G. muris* は, げっ歯類に感染し, *G. lamblia* は, 哺乳動物, げっ歯類, 鳥類および爬虫類に, *G. agilis* は, 両生類に, *G. ardae* および *G. psittaci* は, 鳥類に感染する.

栄養型は, 8本の鞭毛で活発に運動し, 吸着円盤で宿主の腸管に吸着する. シストは, 腸内で栄養型から形成され, 糞便中に排出される. 感染は, このシストの経口摂取によって起こる. *Giardia* の栄養型およびシストの模式図を**図-3.2**に, また, シストの蛍光抗体染色像を**写真-3.2**に示す. シストは楕円形で, ヒトに感染する *G. lamblia* の大きさは, 長径8〜12 μm×短径7〜10 μmである. シスト内の虫体は2〜4個の核を有し, 他に軸糸等の器官を包蔵する. 宿主に摂取されたシストは, 十二指腸で栄養体を遊出する. この栄養体は摂取された直後に一回の分裂を行い, 吸着円盤により上皮細胞に付着して上皮細胞を摂食する. その後, 栄養体は, 上皮細胞の入替わりによって十二指腸から離脱し, 腸管内で分裂する. 栄養体のうちの一部は, 腸を通過する間に被嚢し, シストとして糞便とともに体外に排出される.

ボランティアによる感染試験の結果から, *G. lamblia* の摂取シスト数と感染率との間には明確な相関が認められ, 10個のシストを投与した場合の感染率は100％であった(Rendtorff, 1954). また, Rose et al.(1991b)は, 感染確率の算出に指数モデルを適用し, 1個のシストを摂取した場合の感染確率は約2％になると報告している. *Giardia* に感染した場合は無症状であることが多く, 感

3.2 病原性原虫の特性と水系の汚染状況

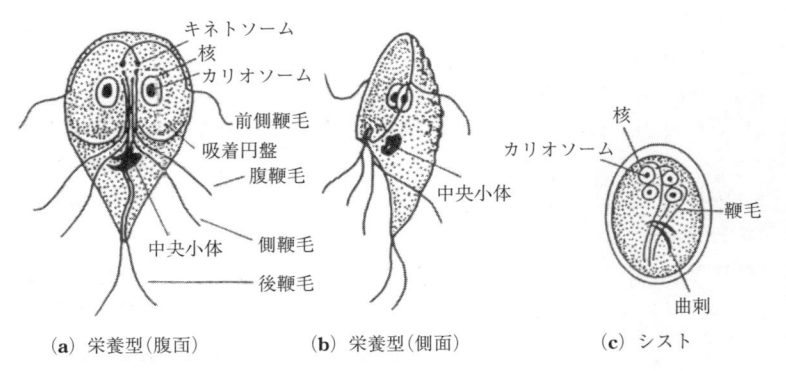

(a) 栄養型(腹面)　　**(b)** 栄養型(側面)　　**(c)** シスト

図-3.2　*Giardia*の模式図（吉田，1997より）

写真-3.2　シストの蛍光抗体染色像

染者の16～86％が無症状であったという調査結果がある(Farthing, 1994)．

シストを摂取してから感染するまでの潜伏期間は，一般には6～15日程度である．主症状は，下痢，腹痛，衰弱等で，吐き気や発熱が認められることもある．症状は2～4週間続き自然治癒するが，患者の30～50％は間歇的な下痢を伴う慢性感染に移行する(Farthing, 1994)．*Giardia*症に対しては有効な治療薬があることから，*Cryptosporidium*症と異なり，免疫不全患者の致死要因となることは稀である．

(2) *Giardia*による水系の汚染状況
a. 環境水，水道原水および水道水　　米国の表流水を調査したところ，181試料のうち28試料から*Giardia*が検出され，幾何平均濃度は3個/100 Lであった．そのうち，下水処理水等による汚染の可能性がある河川水では，38試料中10試料から*Giardia*が検出され，幾何平均濃度は11個/100 L，最大値は625個/100 Lであった(Rose, 1991a)．また，日本の大河川の本川における*Giardia*濃度は，概ね＜1～100個/20 Lのレベルであるとみられている(保坂, 2003)．

米国の301市町村から集めた水道原水中の原虫濃度を調査した結果，1968試料中512試料(26％)から*Giardia*が検出された(Hibler, 1990)．また，米国14州とカナダ1州の浄水場66箇所の水道原水を調査した結果，81.2％の地点から*Giardia*が検出され，検出された*Giardia*の濃度範囲は0.04～66個/L，濃度の幾何平均値は2.77個/Lであった(LeChevallier *et al.*, 1991)．日本の19都道府県159地点1 231試料の水道原水の調査結果を集計した結果，*Giardia*が検出されたのは143試料で，濃度レベルは1～23個/10 Lであったと報告されている(猪又他, 2003)．同一試料中の*Giardia*数と*Cryptosporidium*数を比較した場合，例えば下水で見られるような*Giardia*数の方が*Cryptosporidium*数よりも多いという傾向は見られないようである．

表流水処理規則(SWTR)では，*Giardia*については3 logの除去あるいは不活化が要求されており，長期第2段階強化表流水処理規則(LT2-ESWTR)も変更がない．*Giardia*は，*Cryptosporidium*よりも大きいため，砂ろ過法による*Giardia*の除去率は，*Cryptosporidium*よりも若干高いと考えられているが，報告されている値は約2～4 log(Nieminski *et al.*, 1995；Hashimoto *et al.*, 2002)と*Cryptosporidium*とほぼ同等である．米国15州とカナダ2州の27浄水場から得た262試料のろ過水のうち12試料から*Giardia*が検出され，濃度範囲は0.98～9.0個/100 Lであった(LeChevallier *et al.*, 1995)．また，Hashimoto *et al.*(2002)は，浄水場で2 m³レベルの採水を行い，ろ過水中の*Giardia*を定量したところ，陽性率は12％で，幾何平均濃度は0.8個/1 000 Lであったと報告している(**表-3.4**)．

b. レクレーション水　表-3.6は，米国で1993年4月から1994年7月までの間にレクレーション水を原因として発生した集団感染例である(Kramer *et al.*, 1996)．水道水による集団感染症に比べ規模は小さいが，*Cryptosporidium*症と同様に公園の池やプール等の水による集団感染症が発生している．*Giardia*症は慢性疾患になりやすく，また，不顕性であることも多いことから，注意が必要である．

表-3.6　レクレーション水による*Giardia*症の集団発生例

発生時期	発生場所	感染者数(人)	感染源
1993.6	メリーランド	12	公園の池
1993.8	ワシントン	6	河川
1993.9	ニュージャージー	54	スイミングクラブ
1994.6	インディアナ	80	公共のプール

c. 下水および下水処理水　Rose *et al.*(1996)は，米国Floridaで生下水中の*Giardia*を定量し，濃度範囲は100〜13 000個/100 L，幾何平均濃度は3 900個/100 Lであったと報告している．また，Robertson *et al.*(2000)は，英国Strathclydeの6下水処理場において生下水中の*Giardia*濃度を調査し，濃度範囲は10〜52 500個/Lであったと報告している．下水中の*Giardia*および*Cryptosporidium*の濃度レベルは時々刻々と変動するが，同一試料中では*Giardia*濃度の方が*Cryptosporidium*濃度よりも数倍から数十倍高い傾向が認められている．

*Giardia*は，下水処理水からも検出されている．Rose *et al.*(1996)は，二次処理水中の濃度範囲は14〜2 300個/100 L，幾何平均濃度は88個/100 Lであったと報告している．また，Robertson *et al.*(2000)は，一次処理水から145〜15 100個/L，二次処理水からも最大で7 600個/Lのシストが検出されたと報告している．

これらから，*Giardia*シストを排泄している人は，無症状患者も含めて相当数いると考えられる．

3.2.3　*Cyclospora*
(1) *Cyclospora*の特性

*Cyclospora*は，アピコンプレックス門，コクシジウム亜綱，コクシジウム目に属する原虫であり，分類学的には*Cryptosporidium*や*Toxoplasma*と近縁である．この原虫は藍藻類に似ていることからCyanobacterium-like bodyと呼ばれたり，コクシジウム類のオーシストに似ていることからCoccidian-like bodyと呼ばれ，CLBと略称されていた．1993年にOrtega *et al.*が*in vitro*でのオーシスト形成の観察をもとにヒト由来株を*C. cayetanensis*とした．

オーシストは，直径8〜10 μmの正円形で，糞便からは未成熟の状態で排出される．その内部は，直径約1 μmの顆粒で満たされており，成熟すると2個の紡錘形のスポロシストが形成され，それぞれのスポロシストの中にバナナ状のスポロゾイト2個と，少数の顆粒が包蔵される．感染は，成熟オーシストの経口摂取により起こり，オーシストが小腸に達すると，脱嚢したスポロゾイトが粘膜上皮細胞に侵入し，細胞質の中での無性生殖と有性生殖で増殖する．有性生殖で形成されたオーシストは，糞便とともに排出されるが，排出された時点では未成熟で感染力はない．適当な温度および湿度条件下で1〜2週間成熟させると，感染力を持つようになる．オーシストは，湿った状態では長期間感染力を保ち，塩素消毒には強い耐性を有するとされている(Rabold *et al.*, 1994)．

*Cyclospora*の潜伏期間は2〜11日間で，発症すると，腹痛，吐き気，軽度の発熱を伴う激しい下痢を起す(Soave, 1996)．健常者では2週間前後で自然治癒するが，免疫機能が低下した患者では慢

性化する．本症も *Giardia* 症と同じように薬物治療が可能である．

(2) *Cyclospora* による水系の汚染状況

Cyclospora による集団感染症の多くは食品に起因しており，1996 年には米国およびカナダでグアテマラから輸入したラズベリーによって 978 人 (CDC, 1996) が，また，1997 年には米国でバジルによって 80 人 (CDC, 1997) が発症している．水道水による感染症例は，これまで 2 件報告されており，1990 年に米国の病院宿舎で 11 人 (Huang et al., 1995)，また，1994 年にはネパールの英国軍宿舎で 6 人の患者 (Rabold et al., 1994) が発生している．発展途上国への旅行者による発症例は数多くあり，輸入感染症として国内に持ち込まれている．今後，持ち込まれた *Cyclospora* により水道水源が汚染される可能性は十分あると考えられる (木村他, 2002)．

3.2.4 その他の原虫

水環境には多種の原虫が生息するが，そのうちヒトへの病原性を示すのは *Naegleria fowleri*, *Acanthamoeba* spp., *Entamoeba histolytica*, *Toxoplasma gondii*, *Microsporidia* 等である．

N. fowleri は，鼻の粘膜から臭覚神経を介して脳に侵入し，髄膜炎様症状を示す．温水中に存在することから風呂水やプール水等のレクレーション水を介して感染することが多いが，水道を介した集団感染の報告は，オーストラリアにおける 1 件のみである (Marshall et al., 1997)．

Acanthamoeba spp. は，水道水，ボトル水，エアコンのベンチレーション水等の様々な水から検出される．特に湖や池における水泳やコンタクトレンズ着用によって発症し，主に角膜炎を引き起こす．このコンタクトレンズの着用による感染は滅菌していない自家製の洗浄水（食塩水）に起因していると考えられている．

Entamoeba histolytica に感染することにより発症するアメーバ赤痢は発展途上国でしばしば問題となり，世界人口の 12 ％のヒトが感染し，年間約 5 万人が死亡していると見積もられている (Walsh, 1988)．米国では 1920 年から 1994 年までの間に 8 件の水系感染症が発生しており，1 495 人の患者が出ているが，1940 年以降の患者数はわずか 80 人足らずで，近年，先進国における集団感染症の発生は稀である．

他にも *Toxoplasma gondii* (Bowie et al., 1997) や *Microsporidia* に属する *Encephalitozoon bieneusi*, *E. intestinalis* も水系感染症が疑われている．1993 年から 1995 年にかけてフランスのリヨン地方で 1 454 名の下痢便を調査した結果，*E. bieneusi*, *E. intestinalis* が検出された．この患者が 3 箇所の浄水場からの給水区域に集中していることから水道水による集団感染と判断された (Cotte et al., 1999)．しかし，この研究に対しては適切な疫学調査が行われていないことから，水道水による集団感染を疑問視する意見もある (Hunter, 2000)．

3.3 紫外線の原虫不活化力

3.3.1 *Cryptosporidium* 不活化力の評価方法

消毒剤で *Cryptosporidium* や *Giardia* を不活化処理すると，低濃度領域では細菌類の VBNC (Viable but non - culturable) に相当する「生存しているが感染性は喪失した状態 (Viable but non - infective)」をとる．紫外線消毒の場合も，低線量の照射で急速に感染性を喪失するが，一方で生育活性を喪失させるためには多量の紫外線照射が必要となることが明らかにされており，不活化効果を評価するためには，*Cryptosporidium* オーシストの生育活性と動物への感染性の双方を正確に把

3. 紫外線による原虫の不活化

握する必要がある．以下に代表的な *Cryptosporidium* 不活化力の評価方法を示す．

(1) 脱嚢法

模擬の胃腸内環境を試験管内に人工的に創造し，*Cryptosporidium* オーシスト中のスポロゾイトがオーシスト壁を破って遊出してくる割合で生育活性を評価する方法である．これまでに様々な脱嚢法が検討されている(Reducker *et al.*, 1985；Fayer *et al.*, 1984；Woodmansee, 1987)．脱嚢処理の前に酸処理を加えることにより新鮮オーシストで高い脱嚢率(ほぼ100%)を示す Woodmansee 変法(Hirata *et al.*, 2000)のプロトコルを以下に示す．

① 試料溶液を遠心法で 100 μL まで濃縮する．
② pH 2.75 に調整した Hanks 平衡塩溶液を 900 μL 添加し，ボルテックスミキサで混合する．
③ 37 ℃の水浴中で 5 分間保温する．
④ 遠心法で 100 μL まで濃縮する．
⑤ 1.5% 胆汁酸と 0.5% トリプシンの混合溶液を 900 μL 添加し，ボルテックスミキサで混合する．
⑥ 37 ℃の水浴中で 60 分間保温する．
⑦ 顕微鏡で未脱嚢オーシスト数(I_0)，部分脱嚢オーシスト数(P_0)，脱嚢した後の殻(E_0)およびスポロゾイト数(S)を計数し，式(3.1)より脱嚢率(V)を算出する．

$$V = \frac{(S/4)}{I_0 + P_0 + E_0} \tag{3.1}$$

オゾン処理の場合，脱嚢法による評価結果とマウス感染法による評価結果は概ね一致した(Hirata *et al.*, 2001)が，紫外線やγ線，電子線等の放射線を照射した場合は，脱嚢法の結果と感染試験の結果とが大きく異なることが確認されている．これは，紫外線や放射線がもたらす不活化が主としてDNAの損傷にあり，極低レベルの曝露でも感染力は失うが，生物学的には依然生存している状態であることを示唆しており，これら物理線の不活化力を評価する場合は注意が必要である．

本法は，操作が簡単で，短時間のうちに結果が得られ，また，特別な施設を必要としないことから多くの研究で用いられている．

(2) 生体染色法

膜透過性の DAPI(4, 6 - diamidono - 2 - phenylindole) と膜不透過性の PI(propidium iodide)の組合せによる DAPI - PI 法が有名である．すなわち，DAPI では死オーシストは全体的に染色されるが，生オーシストは核のみが強く染色される．また，PI では死オーシストは染色されるが，生オーシストは染色されない．つまり，DAPI が陽性で PI 陰性のものは生オーシスト，DAPI も PI も陽性のものは死オーシストと判断し，DAPI も PI も陰性であり，微分干渉像でオーシスト内にスポロゾイトが確認されれば生オーシスト，確認されなければ死オーシストと判断する．Campbell *et al.* (1992)は，脱嚢法と DAPI - PI 染色法との相関は非常に高い($r = 0.997$)と報告している．

また，各種 SYTO 染色剤で染色すると，生オーシストは周囲が染色され，死オーシストは全体的に染色される．熱や化学消毒剤で不活化されたオーシストのマウス感染性(CD - 1 マウス)と染色性(SYTO - 9, SYTO - 59)とが良い相関を示すと報告されている(Belosevic *et al.*, 1997)．

生体染色法は，非常に簡単な操作で *Cryptosporidium* の生育活性を評価することができる反面，判定に個人差が生じる可能性があるという問題点がある．この問題点を解決するためにフローサイトメータで検出する方法も検討されている．

3.3 紫外線の原虫不活化力

(3) その他の生育活性試験法

RT‑PCR(Reverse transcription‑polymerase chain reaction)法は，生物の代謝に伴って合成されるHeat shock protein等のmRNAを検出することにより生育活性の有無を調べる方法であり，試料中から目的とするmRNAが検出された場合は生育活性あり，検出されなかった場合は生育活性なしと判断する．*Cryptosporidium*(Stinear *et al.*, 1996；Baeumner *et al.*, 2001；Widmer *et al.*, 1999)や*Giardia*(Kaucner *et al.*, 1998)の生育活性評価に既に利用されはじめており，他の原虫を対象とした研究も進められている．

また，*Cryptosporidium* オーシストに含まれるアデノシン三リン酸の量を測定することにより生育活性を有しているオーシスト数を推定するATP法は，操作が簡単で短時間のうちに測定できるという長所を有している(金他，1999)．この方法はDAPI‑PI法とは相関が認められるが，脱嚢法とは相関がないようである(中山他，2004)．

(4) 動物感染試験

実験動物へオーシスト(シスト)を経口投与し，糞便へのオーシスト(シスト)の排出または小腸組織の剖検像から感染性の有無を確認する方法である(Lindsay, 1997)．この試験には一般に免疫不全系のマウスが用いられる．感染実験のためにはバイオセイフティレベル2以上の特別な施設を必要とし，実験コストが高く，また，動物の命を犠牲にしなければならないという問題がある．しかし，動物に感染するのかしないのかという感染性を評価できる数少ない方法であり，代替手法が確立されるまでは，代表的な感染性評価方法であり続けるであろう．

(5) 培養細胞感染試験

宿主となる細胞をシャーレ内で培養し，そこにオーシストを添加して感染の有無を顕微鏡観察する方法である(Upton *et al.*, 1994；Rochelle *et al.*, 1996；Slifko, 1997)．細胞としてはヒト回盲腺癌細胞(HCT‑8)やヒト結腸腺癌細胞(Caco‑2)，イヌ腎臓細胞(MDCK)が広く用いられている．この方法は実験動物を飼育するための特殊な施設を必要とせず，動物倫理の問題も発生しないなどの優れた特徴を有する．宿主細胞にスポロゾイトが侵入した後のどの発育段階を観察するかによって評価結果が異なる(瀧澤他，2003)が，同一条件で紫外線照射したオーシストの細胞感染性と動物感染性とはほぼ一致すると報告されている(Shin *et al.*, 2001)．*E.intestinalis* 等の *Cryptosporidium* 以外の原虫の試験方法も開発されており，動物感染試験に代わる感染性評価手法として定着しつつある．

(6) 不活化力の評価方法に関する問題点

以上のように，これまでに *Cryptosporidium* の生育活性や感染性を評価するための数多くの手法が開発されてきている．しかし，例えば各種脱嚢法で新鮮オーシストを処理した場合の脱嚢率を比較してみても20％程度(Reducker *et al.*, 1985)からほぼ100％(Hirata *et al.*, 2000)までと大きな差があり，脱嚢率の高低で単純に不活化力を比較することはできない．また，試験のプロトコル以外にもオーシスト齢やオーシストの保存状態等の脱嚢率に影響を及ぼす要因はある．それらの要因を含めて試験方法を統一することが理想的ではあるが，様々な方法で不活化力を評価している現時点においては，試験条件の設定および結果の解釈を慎重に行う必要があろう．また，動物感染試験には前述したいくつかの問題が付きまとうため，培養細胞感染試験やRT‑PCR法等，それらの問題を解決できる代替手法の確立が望まれる．

3.3.2 清水系における原虫不活化力
(1) 低圧水銀ランプ

低圧ランプとは，低圧の水銀蒸気が放電管内に満たされているランプのことである．出力は数Wから1kW程度までで，1kW以上の大出力ランプはほとんど製造されていない．実質上，波長253.7 nmの紫外線のみを放出するので，入力電力に対する出力エネルギーの効率が他の紫外線ランプに比べて高く，また，発光波長がDNAの最大吸収波長である260 nmに近いことから，古くから殺菌ランプとして利用されている．

低圧ランプが放出する紫外線を *C. parvum* オーシストに照射したところ，脱嚢法で評価した2 log不活化線量は120 mJ/cm^2 であったことから(Ransome *et al.*, 1993)，紫外線で *C. parvum* オーシストを不活化するためには多量の紫外線照射線量が必要になると考えられていた．しかし，最近になって動物感染法や培養細胞感染法を評価系に用いた研究の結果から，低線量の紫外線照射で *C. parvum* オーシストの感染力を効果的に喪失させられることが明らかとなってきた．

これまでに報告されている低圧紫外線の *C. parvum* オーシスト不活化力に関する実験結果を**表-3.7** および**図-3.3**にまとめる．Landis *et al.*(2000)のデータを除いて，低線量域(5 mJ/cm^2 以下)では紫外線照射線量の増加に伴い不活化log数が概ね直線的に増加するが，5 mJ/cm^2 以上では横這いとなる．各研究の単位線量当りの不活化力に差が認められるが，その理由としては消毒剤に対する *Cryptosporidium* 株間の感受性の違い(Rennecker *et al.*, 1999)や，感染力の評価方法，水質条件等，実験条件の違いが関与しているものと考えられる．以上，既報告値をLandis *et al.*(2000)のデータを除いてとりまとめると，感染性で評価した場合の低圧紫外線の2 log不活化線量は1～3 mJ/cm^2 程度であると考えられる．

長期第2段階強化表流水処理規則では，紫外線反応槽で有効性試験を行い，必要な紫外線照射線量が得られることを実証するように求めている．有効性試験で必要とされる *Cryptosporidium*, *Giardia* およびウイルスに対する紫外線照射線量を**表-3.8**に示す．これらの値は紫外線照射線量と微生物応答の不確かさが考慮されているが，実用においてはさらに装置等の不確かさと変動性を加味する必要がある．

図-3.4は水温20℃における低圧紫外線のオーシスト(HNJ-1株)不活化力をマウス(Scid, C.B-17/Icr)感染試験で評価した時の紫外線照射線量と相対感染力との関係である．感染力は，紫外線照射線量が増加するに従って指数関数的に減少し，2 log不活化線量は約1.0 mJ/cm^2 となった．一

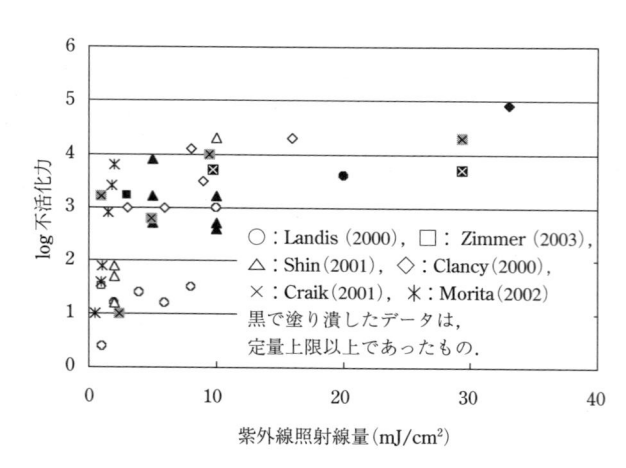

図-3.3 低圧紫外線の *Cryptosporidium parvum* 不活化力

3.3 紫外線の原虫不活化力

表-3.7 低圧紫外線の *Cryptosporidium parvum* 不活化力

文献	照射線量率 (mW/cm²)	照射時間 (s)	照射線量 (mJ/cm²)	不活化力 (log)	評価方法	オーシストの株	水温 (℃)	液性 (−)
Ransome et al.	25	4.8	120	2	脱嚢		10	0.001 M NaHCO₃
Landis et al.	—	—	1	0.4	培養細胞感染 (HCT-8)		冷蔵温度	0.01 M PBS *²
	—	—	2	1.2				
	—	—	4	1.4				
	—	—	6	1.2				
	—	—	8	1.5				
	—	—	10	3.0				
	—	—	20	>3.6				
Zimmer et al.	—	—	1	1.5 *¹	培養細胞感染 (HCT-8)	Iowa		0.01 M PBS *²
	—	—	3	>3.2 *¹				
Shin et al.	0.06	—	2	1.7	培養細胞感染 (MDCK)	Iowa	23 − 25	PBS *²
	0.06	—	2	1.7				
	0.06	—	5	>2.7				
	0.06	—	5	>3.2				
	0.06	—	10	>2.7				
	0.06	—	10	>3.2				
	0.06	—	2	1.2	動物感染 (BALB/c マウス)			
	0.06	—	2	1.9				
	0.06	—	5	2.7				
	0.06	—	5	>3.9				
	0.06	—	10	>2.6				
	0.06	—	10	4.3				
Clancy et al.	—	—	3	3.0	動物感染 (CD-1 マウス)	Iowa		脱イオン水
	—	—	6	3.0				
	—	—	8	4.1				
	—	—	9	3.5				
	—	—	16	4.3				
	—	—	33	>4.9				
Craik et al.	0.10	8.9	0.9	3.2	動物感染 (CD-1 マウス)	Iowa	20〜22	0.05 M PB *³
	0.11	22	2.4	1.0				
	0.11	43.2	4.9	2.8				
	0.11	86.3	9.5	4.0				
	0.11	86	9.7	>3.7				
	0.11	259	29.3	>3.7				
	0.11	266.1	29.3	4.3				
	0.11	1 034	116.9	3.6				
Morita et al.	0.10	5	0.5	1.0	動物感染 (Scid マウス)	HNJ-1	20	0.15 M PBS *²
	0.10	9	0.9	1.6				
	0.10	10	1.0	1.9				
	0.10	15	1.5	2.9				
	0.10	18	1.8	3.4				
	0.10	20	2.0	3.8				
	0.048	25	1.2	2.4				
	0.048	38	1.8	3.0				
	0.12	10	1.2	1.9				
	0.12	15	1.8	2.3				
	0.12	20	2.4	4.5				
	0.60	2	1.2	1.3				
	0.60	3	1.8	3.6				
	0.60	4	2.4	3.2				
	0.24	5	1.2	1.9			5	
	0.24	7	1.7	2.9				
	0.24	5	1.2	2.4			10	
	0.24	7	1.7	3.0				
	0.24	10	2.4	4.5				
	0.24	5	1.2	2.6			30	
	0.24	7	1.7	3.2				
	0.24	167	40.0	0.13	脱嚢		20	
	0.24	167	40.0	0.04				
	0.24	333	80.0	0.16				
	0.24	333	80.0	0.17				
	0.24	500	120	0.37				
	0.24	500	120	0.58				
	0.24	667	160	1.2				
	0.24	667	160	1.1				
	0.24	1 000	240	2.2				
	0.24	1 000	240	2.0				

*¹ 複数回実験の平均値　　*² PBS: リン酸塩緩衝液　　*³ PB: リン酸緩衝液

3. 紫外線による原虫の不活化

表-3.8 有効性試験における必要紫外線照射線量(単位：mJ/cm^2)

	log 不活化					
	0.5	1.0	1.5	2.0	2.5	3.0
Cryptosporidium	1.6	2.5	3.9	5.8	8.5	12
Giardia	1.5	2.1	3.0	5.2	7.7	11
ウイルス	39	58	79	100	121	143

方，脱嚢試験で低圧紫外線の *C. parvum* オーシスト不活化力を評価した場合，生残率は，紫外線照射線量が 100 mJ/cm^2 以下の時に「肩」を持つマルチヒット型の曲線を描き(図-3.5)，水温 20 ℃における 2 log 不活化線量は約 230 mJ/cm^2 となった(Morita *et al.*, 2002)．この感染性と脱嚢性で評価した場合の結果の大きな違いは，低線量の低圧紫外線を照射した *C. parvum* オーシストが「生きてはいるが感染性は喪失している」状態にあることを示すものである．塩素消毒で脱嚢性を低下させるためには感染性を低下させる場合に比べて数倍のCT 値が必要であると報告されている(Hirata *et al.*, 2000)が，紫外線の場合は 200 倍以上というきわめて大きな違いが認められた．この大きな違いは放射線消毒でも認められており(森田他，2002)，物理線消毒の特徴であると考えられる．

Giardia lamblia の紫外線不活化に関する論文はこれまでほとんどなかったが，最近になって数件報告されている(Campbell *et al.*, 2002 ; Linden *et al.*, 2002 ; Mofidi *et al.*, 2002 ; Izumiyama *et al.*, 2002)．また，Mofidi *et al.*(2002)は，*G. muris* 紫外線不活化を，Marshall *et al.*(2003)は，*Encephalitozoon* 属(*E. intestinalis*, *E. cuniculi*, *E. hellem*)の紫外線不活化に関するデータを報告している．*Cryptosporidium* 以外の原虫の紫外線不活化に関する結果を表-3.9に示す．

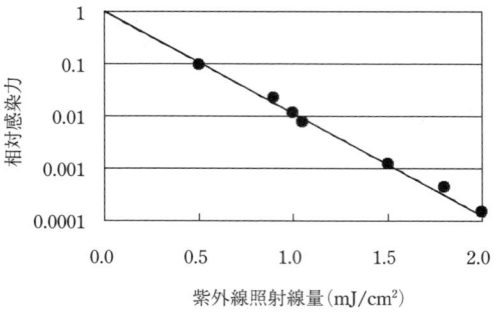

図-3.4 低圧紫外線照射線量と相対感染力との関係

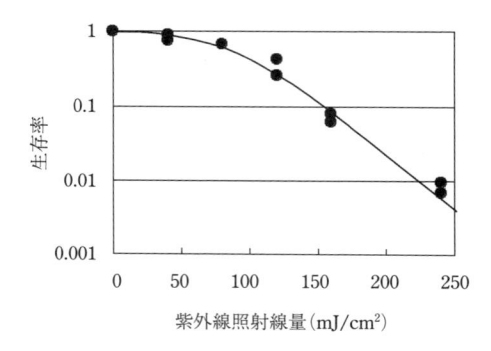

図-3.5 低圧紫外線照射線量と生残率との関係

以上の結果から，水系感染症を引き起こす *Cryptosporidium*，*Giardia*，*Encephalitozoon* の低圧紫外線に対する感受性は高く，低圧紫外線消毒はこれら原虫の不活化に有効であると考えられる．

(2) 中圧水銀ランプ

Medium pressure lamp は，日本では高圧水銀ランプと呼ばれているが，本章では英表記をそのまま和訳して中圧水銀ランプと表記する．また，Medium pressure ultraviolet も同様に中圧紫外線と表記する．

中圧水銀ランプは，小型でも数十 kW クラスの高い出力が得られることから，消毒用光源として有望である．低圧水銀ランプと異なり，200 nm から可視光域にわたって多色光を発する．低圧紫外線を照射した *E. coli* は光回復するが，中圧紫外線を照射した場合は回復しないという報告があり(Oguma *et al.*, 2002 ; Zimmer *et al.*, 2002)，中圧紫外線には *E. coli* の光回復を抑制する効果があるという点で低圧紫外線よりも有効であると考えられている．

3.3 紫外線の原虫不活化力

表-3.9 低圧紫外線の原虫不活化力

原虫	文献	照射線量率 (mW/cm²)	照射時間 (s)	照射線量 (mJ/cm²)	不活化力 (log)	評価方法	水温 (℃)	液性 (−)
Giardia lamblia	Campbell et al.	0.164~0.194	60	9.3~11.7	2	動物感染 (アレチネズミ)	3.5	PBS *²
		0.185~0.204	120	20.6~24.5	2~3		4.2	
		0.171~0.189	240	38.7~45.3	>3		3.1	
	Linden et al.	0.06		0.5	>3.3	動物感染 (アレチネズミ)	23~25	PBS *²
		0.06		1.0	>3.6			
		0.06		1.0	>4.7			
		0.06		1.0	>4.2			
		0.06		2.0	>2.6			
		0.06		2.0	>4.5			
		0.06		3.0	>4.5			
	Mofidi et al.	0.00888	43	0.30	1.49	動物感染 (アレチネズミ)		表流水 *³
		0.0257	20.3	0.41	0.59			
		0.00832	78.3	0.51	1.66			
		0.00835	155.3	1.02	1.67			
		0.00840	160.3	1.06	1.77			
		0.00932	173.1	1.27	2.28			
		0.00854	320.3	2.15	2.87			
		0.00866	477.4	3.25	1.76			
		0.0289	430.3	9.77	2.63			
	Izumiyama et al.			1.0	2 *¹	培養(TYI-S-33) 脱嚢		0.01M PB *⁴
		0.05	1 000	50	0.02			
		0.05	2 000	100	0.09			
		0.05	4 000	200	0.33			
		0.05	8 000	400	1.72			
		0.05	16 000	800	2.40			
Giardia muris	Mofidi et al.	0.00635	184.4	0.92	0.17	動物感染 (アレチネズミ)		表流水 *³
		0.00660	368.3	1.91	0.83			
		0.00832	310.1	2.03	1.71			
		0.00706	553.4	2.87	3.21			
		0.00837	465.3	3.06	4.04			
Encephalitozoon intestinalis	Huffman et al.			3	1.6~2.0	培養細胞感染 (RK-13)		PBS *²
				6	>3.9~>4.0			
				9	>3.9~>4.0			
Encephalitozoon cuniculi	Marshall et al.			6	3.2 *¹	培養細胞感染 (RK-13)		脱イオン水
				14	3.2 *¹			
Encephalitozoon hellem				19	3.2 *¹			

*¹ 複数回実験の平均値　*² PBS: リン酸塩緩衝液　*³ 表流水: オゾンによる前処理＋生物膜処理した表流水　*⁴ PB: リン酸緩衝液

マウス感染試験(Bolton et al., 1998 ; Belosevic et al., 2001 ; Clancy et al., 2000)や培養細胞感染法(Rochelle et al., 2002 ; Mofidi et al., 2001)で中圧紫外線の C. parvum 不活化力を評価した実験の結果を表-3.10および図-3.6にまとめる．中圧ランプは高出力のものが多いため，高線量域を対象とした実験結果が多い．また，高線量域の実験結果は定量上限以上となっているものが多いが，これは感染試験で評価できる不活化レベルの上限が4 log程度であるためである．以上の既報告値から2 log不活化線量は約2~5 mJ/cm²であると考えられる．

低圧紫外線と中圧紫外線の C. parvum 不活化力の違いについては，Craik et al. (2001)が中圧水銀ランプの波長ごとの紫外線エネルギー，試料溶液の吸収係数，

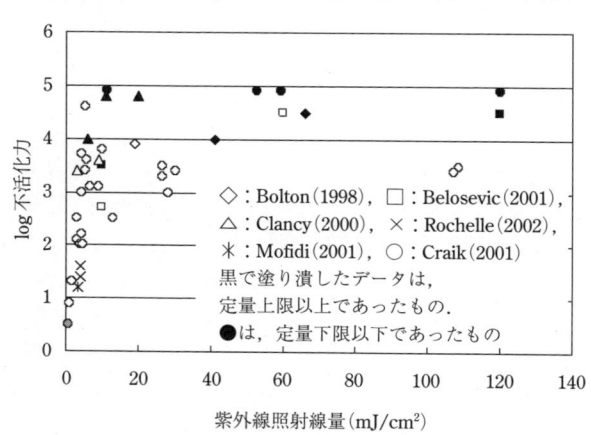

図-3.6 中圧紫外線の *Cryptosporidium parvum* 不活化力

3. 紫外線による原虫の不活化

表-3.10 中圧紫外線の *Cryptosporidium parvum* 不活化力

	照射線量率 (mW/cm²)	照射時間 (s)	照射線量 (mJ/cm²)	不活化力 (log)	評価方法	オーシストの株	水温 (℃)	液性 (—)
Bolton et al.	—	—	19 66 41	3.9 >4.5 >4	動物感染 (CD-1 マウス)	Iowa		浄水場ろ過水
Belosevic et al.	—	—	10 10 60 60 120 120	2.7 >3.5 4.5 4.5 >4.5 >4.5	動物感染 (CD-1 マウス)	Iowa	20±2	浄水場のろ過水を 0.22 μm のフィルターでろ過した水
Clancy et al.	—	—	3 6 9 11 20	3.4 >4.0 3.6 >4.8 >4.8	動物感染 (CD-1 マウス)	Iowa		脱イオン水
Rochelle et al.	—	—	4 4	1.6 *1 1.4 *1	培養細胞感染 (HCT-8) 動物感染 (CD-1 マウス)	TAMU, Moredun		PBS *2
Mofidi et al.			3.3	1.2 *1	培養細胞感染 (HCT-8)	Iowa		パイロットプラントで前処理した水
Zimmer et al.			1 3	>3.3 *1 >3.6 *1	培養細胞感染 (HCT-8)	Iowa		0.01M PBS *2
Craik et al.	0.71 0.68 0.68 0.76 0.69 0.73 0.71 0.72 0.70 0.70 0.76 4.98 0.43 0.43 0.41 5.45 5.30 0.42 0.45 4.94 0.44 0.76 0.51 0.44 0.49 0.75 0.45	1.1 1.4 2.7 3.7 4.5 5.5 9.4 18.3 40.2 156.1 5.5 0.84 10.4 10.9 13.3 1.0 1.0 21.7 22.2 2.3 60.0 35.3 60.0 120.0 120.0 142.4 265.2	0.8 0.9 1.8 2.9 3.1 4.0 6.6 13.1 28.2 108.5 4.2 4.2 4.4 4.7 5.4 5.4 5.5 9.1 10.0 11.4 26.5 26.7 30.3 52.9 59.3 107.2 120.0	<0.5 0.9 1.3 2.5 2.1 2.0 3.1 2.5 3.0 3.5 2.2 3.7 3.0 2.0 3.4 4.6 3.6 3.1 3.8 >4.9 3.5 3.3 3.4 >4.9 3.4 3.4 >4.9	動物感染 (CD-1 マウス)	Iowa	20~22	浄水場ろ過水 0.05M PB *3

*1 複数回実験の平均値　*2 PBS：リン酸塩緩衝液　*3 PB：リン酸緩衝液

DNA の紫外線吸収係数および線量率計の校正係数，反射率，照射場の平面補正係数(線量率を測定する位置の線量率と試料に照射される紫外線の線量率分布との差を補正する係数)を考慮して 200～300 nm の波長域の紫外線照射線量を算出し，マウス感染法(CD-1 マウス)で比較評価している．その結果，低圧紫外線と中圧紫外線の *C. parvum* 不活化力に差はなく，殺菌波長(260 nm 付近)以外の波長域の紫外線による *C. parvum* の不活化効果は認められなかったとしている．

また，Linden et al.(2001)は，特定の波長の光のみを透過するバンドパスフィルタを用いて中圧紫外線の波長ごとの *C. parvum* 不活化力を評価した．その結果，250～270 nm の波長域が *C. parvum* 不活化に最も効果的であり，この波長域に含まれる中心波長 255 nm (半値幅 250～261 nm)，263 nm (同 258～267 nm)，271 nm (同 266～277 nm)の紫外線を 2 mJ/cm² 照射した時の不活化力は

3.3 紫外線の原虫不活化力

1.8～2.3 log と波長に関係なく概ね同じ値であったが，それよりも低い波長あるいは高い波長の紫外線の *C. parvum* 不活化力は低かったと報告している．

Cryptosporidium 以外の原虫の中圧紫外線による不活化に関する報告はいまだ少ない．中圧紫外線の *G. muris*（Craik *et al.*, 2000），*E. intestinali*（Marshall *et al.*, 2003），*Mycobacterium fortuitum*（Huffman *et al.*, 2000a, 2002）不活化力に関する研究の結果を**表-3.11** にまとめる．これらの結果から，*Cryptosporidium* 以外の原虫の中圧紫外線感受性は *Cryptosporidium* とほぼ同等であり，また，低圧紫外線に対する感受性と比較しても差はないものと考えられた．

表-3.11　中圧紫外線の原虫不活化力

原虫	文献	照射線量率 (mW/cm²)	照射時間 (s)	照射線量 (mJ/cm²)	不活化力 (log)	評価方法	水温 (℃)	液性 (−)
Giardia muris	Craik *et al.*	0.53	2.9	1.5	1.3	動物感染 (C₃H/HeN マウス)	20～22	浄水場ろ過水
		0.73	7.4	5.4	2.2			
		0.52	15	7.8	2.4			
		0.74	14	10.7	2.4			
		0.75	30	22.3	2.8			
		0.46	51	23.4	2.9			
		0.28	124	35.2	2.4			
		0.46	128	58.7	2.8			
		0.52	124	64.3	1.9			
		0.72	122	88.2	2.8			
		0.53	2.9	1.5	0.02	脱嚢		
		0.52	15	7.8	0.05			
		0.69	30	20.5	0.02			
		0.46	51	23.4	0.01			
		0.28	124	35.2	0.07			
		0.46	128	58.7	0.14			
		0.52	124	64.3	0.23			
		0.73	122	88.8	0.43			
		0.74	14	10.7	0.03	染色 (Live/Dead BacLight)		
		0.75	30	22.3	0.10			
		0.46	128	58.7	0.10			
		0.52	124	64.3	0.02			
		0.72	122	88.2	0.14			
Encephalitozoon intestinalis	Huffman *et al.*			10	3.98	培養細胞感染 (RK-13)		PBS*
Mycobacterium fortuitum				20	2	培養 (Middlebrook 7H10)		
				30	3			

*PBS：酸塩緩衝液

(3) パルスキセノンランプ

パルスキセノンランプは，紫外域から可視光域まで幅広いスペクトルのパルス光を放出するフラッシュランプである．

HCT-8 細胞を用いた培養細胞感染試験で *C. parvum* 不活化力を評価した実験では，3.0 mJ/cm² 照射することにより 1.0 log 不活化され，中圧紫外線と比較して不活化力に差は認められなかった（Mofidi *et al.*, 1999）．また，BALB/c マウスを用いた感染試験および HCT-8 細胞を用いた培養細胞感染試験でパルス紫外線の *C. parvum* 不活化力を評価したところ，1 フラッシュ当り 250 mJ/cm² のパルス光を 2 回（つまり 500 mJ/cm²）照射することにより，動物感染試験で評価した場合と 4.6 log 以上，また，培養細胞感染試験で評価した場合 4.2 log 不活化されたと報告されている（Huffman *et al.*, 2000b）．

パルスキセノンランプの紫外光は断続的ではあるが，低圧あるいは中圧紫外線ランプの 10～100 倍というきわめて高い線量率の紫外線を照射することができることから，畜産排水等の高濁水の消毒への応用が期待されている．

3.3.3 不活化効果に影響を及ぼす要因

(1) 水　温

一般に化学消毒剤のCT値は水温に依存する．例えばオゾンの場合，同一の消毒効果を得るために必要なCT値は *C. parvum* オーシスト懸濁液の温度が10℃低下するごとに約4倍増加する（Joret *et al.*, 1998；Hirata *et al.*, 2000）．これに対し，*C. parvum* オーシスト懸濁液の温度を5，10，30℃とした時の低圧紫外線の2 log不活化線量は，感染性で評価した場合（図-3.7）も生育活性で評価した場合も水温ごとに差は認められず，感染性で評価した場合，水温が10℃低下しても2 log不活化線量はわずか7％しか増加しなかった（Morita *et al.*, 2002）．また，*C. parvum* オーシスト懸濁液の温度が20〜22℃の群と30〜31℃の群に中圧紫外線を照射して不活化力を比較した実験でも，水温の影響は認められなかった（Craik *et al.*, 2001）．

紫外線と同じ電磁波であるγ線消毒でも水温依存性はないと報告されている（森田他，2002）．物理線消毒に顕著な水温依存性はないようである．

(2) 紫外線線量率

低圧紫外線線量率を0.048〜0.60 mW/cm² とした時，感染性で評価した2 log不活化線量は1.15〜1.34 mJ/cm² となり（図-3.8），線量率が10倍増加しても2 log不活化線量はわずか8％増加したにすぎなかった（Morita *et al.*, 2002）．また，線量率がきわめて高いパルスキセノンランプが発する紫外線と中圧紫外線照射線量が同じ時は，*C. parvum* 不活化力がほぼ同等となることからも，紫外線線量率依存性はないものと考えられる．

以上の結果から，紫外線照射によって達成される不活化レベルは，紫外線線量率の影響を実質上受けないといえよう．

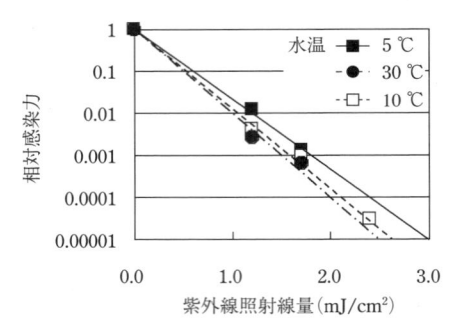

図-3.7　低圧紫外線照射線量と相対感染力との関係（水温別）

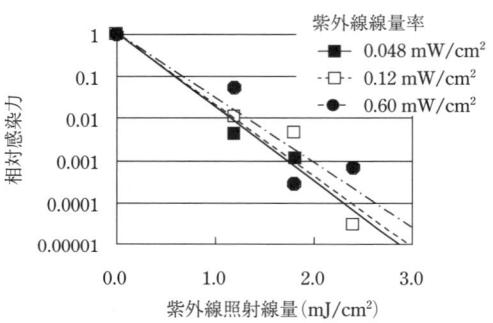

図-3.8　低圧紫外線照射線量と相対感染力との関係（紫外線線量率別）

(3) 共存濁質

原虫汚染のおそれのある原水を処理する浄水場では，ろ過水の濁度を0.1度以下に管理することになっており，ろ過水を紫外線消毒する場合は濁質の影響は実質上ないと考えられるが，濁度が数十度になることもある水道原水や返送水の消毒に紫外線を適用するケースを想定すると，共存濁質によって紫外線が吸収されるため，消毒効果が低下するものと考えられる．

紫外線照射の濁質影響を評価する場合，水層の混合状態によってオーシストが受ける線量の分布が大きく異なることを考慮し，Hirata *et al.*(2002)は，完全混合と完全静止の2通りの状態を表現できるように攪拌の有無および紫外線照射時間等の実験条件を設定して濁質の影響を評価した．完全混合状態を実験的に表現するために，濁質共存オーシスト懸濁液をマグネチックスターラでよく攪拌しながら低線量率の紫外線を長時間照射した．ここで，濁質共存オーシスト懸濁液中における紫

3.3 紫外線の原虫不活化力

外線の減衰が Lambert–Beer の法則に従うとすると,任意深さ x(cm)における紫外線線量率 I_x(mW/cm^2)は,式(3.2)で表すことができる.

$$I_x = I_0 \exp(-Ax) \tag{3.2}$$

ここで,I_0:濁質共存オーシスト懸濁液表面の紫外線線量率(mW/cm^2),A:紫外線吸収係数(cm^{-1})である.

また,水層全体の平均紫外線線量率 I_{av}(mW/cm^2)は,式(3.3)で表される.

$$I_{av} = \frac{1}{R}\int_0^R I_x\,dx = \frac{1}{R}\int_0^R I_0 \exp(-A x)\,dx \tag{3.3}$$

ここで,I_x:任意深さ x(cm)における紫外線線量率(mW/cm^2),R:水層厚(cm),I_0:濁質共存オーシスト懸濁液表面の紫外線線量率(mW/cm^2),A:紫外線吸収係数(cm^{-1}),x:任意深さ(cm)である.

したがって,平均紫外線照射線量 D_x(mJ/cm^2)は,式(3.4)となる.

$$D_x = I_{av}\,t = \frac{1}{R}\int_0^R I_0 \exp(-A x)\,dx \tag{3.4}$$

ここで,I_{av}:平均紫外線線量率,t:紫外線照射時間(s),R:水層厚(cm),I_0:濁質共存オーシスト懸濁液表面の紫外線線量率(mW/cm^2),A:紫外線吸収係数(cm^{-1}),x:任意深さ(cm)である.

濁度が 50~450 度,水層厚 0.8 cm の時の水層全体の平均紫外線照射線量と相対感染力との関係を図-3.9 に示す.単位線量当りの不活化力は,清水系における値に比べ約 15% 程度減少したにすぎなかった.この結果から,*C. parvum* 不活化力は,紫外線の水層中における減衰を考慮して積分計算で求めた平均紫外線照射線量を清水系の紫外線照射線量と相対感染力との関係にあてはめて算出できると考えられた.

完全静止状態は,濁質共存オーシスト懸濁液を十分に攪拌した後に攪拌を止め,直ちに高線量率の紫外線を短時間照射することによって実験的に表現した.完全静止状態の平均相対感染力 I_{rav} は,任意深さ x(cm)における相対感染力 I_{rx} を水層表面から底面まで積分する式(3.5)で表される.

$$I_{rav} = \frac{1}{R}\int_0^R I_{rx}\,dx \tag{3.5}$$

ここで,R:水層厚(cm)である.

また,任意深さ x(cm)における相対感染力 I_{rx} と紫外線照射線量 D_x(mJ/cm^2)との関係は,清水系の結果から式(3.6)で表されるものとした.

$$I_{rx} = e^{-\alpha \cdot D_x} \tag{3.6}$$

ここで,α:清水系における単位線量当りのオーシスト不活化力 4.690(cm^2/mJ)である.

式(3.5)から求めた平均相対感染力と平均紫外線照射線量との関係を図-3.10 に示す.濁度 150 度,水

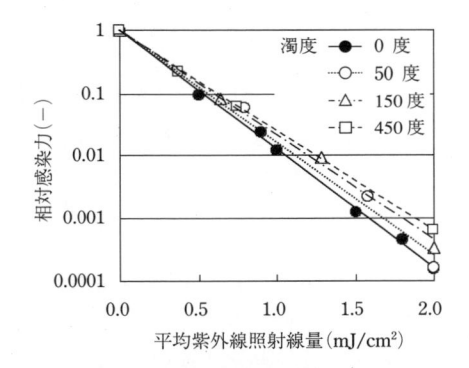

図-3.9 平均紫外線照射線量と相対感染力との関係(濁質共存系-完全混合状態)

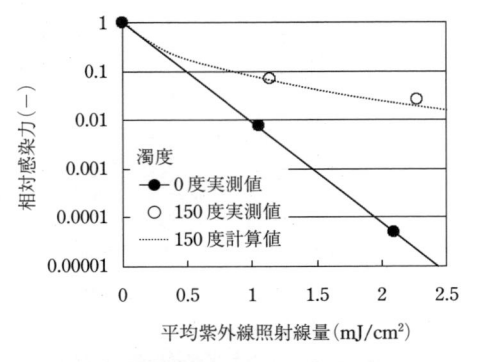

図-3.10 平均紫外線照射線量と相対感染力との関係(濁質共存系-完全静止状態)

層厚 3 cm の時の水層底面への紫外線の透過率は 7 %以下となり，その結果，平均相対感染力の計算値は清水系における紫外線照射線量と相対感染力との関係式から大きく乖離した．また，動物感染試験の結果は，式(3.5)から求めた平均相対感染力の計算値とほぼ一致しており，完全静止系における紫外線の *C. parvum* 不活化力は，式(3.5)で求めることができると考えられた．紫外線消毒装置を設計するうえで，消毒装置内の水の混合状態や紫外線ランプの配置が大きな因子となるといえよう．

(4) 回復現象

生物は，紫外線によって受けた損傷を修復する機構を持っている．光回復は，幅広い生物で確認されており，光回復酵素が 300～500 nm の光エネルギーを利用し，ピリミジン二量体の共有結合を解離することで修復する．一方，暗回復は，光エネルギーを必要とせず，主に損傷部位の除去や組替えで修復する．このような修復作用により紫外線による消毒効果が低減するおそれがあることから，紫外線消毒では光回復および暗回復の評価が重要である．

Shin *et al.*(2001)は，1.2 mJ/cm^2 の低圧紫外線を照射した後，光回復および暗回復処理をした *C. parvum* の感染性を細胞培養感染法で評価し，DNA レベルの回復は認められなかったと報告している．Morita *et al.*(2002)は，照射線量 0.50～1.50 mJ/cm^2 の低圧紫外線を照射した直後に照射線量率 0.05 mW/cm^2 の蛍光灯光線を 50～240 分間照射(光回復処理)しても，マウス感染性で評価した不活化レベルは増加も減少もせず，また，低圧紫外線照射直後に遮光して 20 ℃のインキュベータ内に 4～24 時間静置(暗回復処理)した場合の不活化レベルも増加も減少もしなかったことから，*C. parvum* の感染性は光回復も暗回復もしないと報告している．一方，低圧紫外線を *C. parvum* に照射し，生成されたピリミジン二量体数を Endonuclease Sensitive Site(ESS)法で定量したところ，DNA レベルで光回復および暗回復することが確認されている．Oguma *et al.*(2001)は，紫外線が核酸の塩基上に形成するシクロブタン型ピリミジン二量体数を ESS 法で定量し，DNA レベルでは光・暗回復することを示唆する結果を報告している．また，Morita *et al.*(2002)も ESS 法で回復の有無を評価し，光回復処理した時の ESS 数は蛍光灯光線照射線量が増加するに従い漸次減少し(図-3.11)，蛍光灯光線を 720 mJ/cm^2 照射した時点で約 30～50 %の ESS が，また，暗回復処理した時は暗所静置 24 時間で約 60 %の ESS が減少したと報告している(図-3.12)．

DNA レベルで回復が認められる一方で，感染力は全く回復しない理由として，

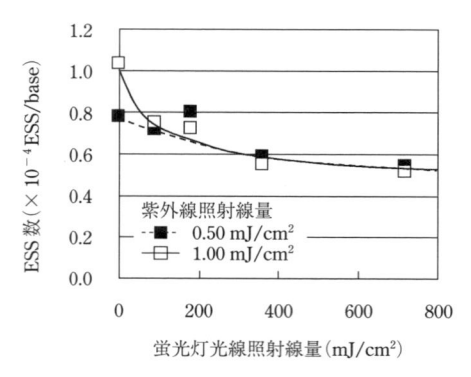

図-3.11　紫外線照射オーシストの ESS 数と蛍光灯光線照射線量との関係

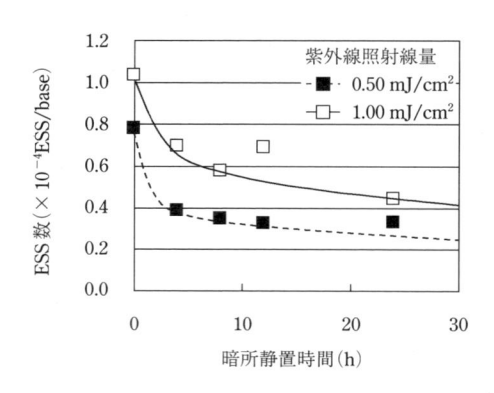

図-3.12　紫外線照射オーシストの ESS 数と暗所静置時間との関係

① オーシストに紫外線を照射した直後からマウスに投与し感染部位に到達するまでの間に暗回復プロセスが進行することから，感染試験は暗回復を含んだ結果を評価していることになるため，
② DNA損傷は完全には修復されず，感染性に関与する部位が修復されないため，
③ 二量体形成よりも深刻な損傷が生じるため，

などが考えられるが，現時点ではその原因は明らかにされていない．今後の研究の進展が期待される．

低圧紫外線で不活化した *E. coli* と中圧紫外線で不活化した *E. coli* とでは，DNAレベルの回復力あるいは再増殖力に差が認められる．Oguma et al.(2002)は，低圧紫外線を照射した *E. coli*(IFO 3301株)は，DNAレベルでもコロニー形成能(CFA: Colony Forming Ability)でも光回復したが，中圧水銀ランプを用いて波長200〜580 nmの紫外線を照射した *E. coli* は，DNAレベルでもCFAでも有意な光回復は見られなかったと報告している．また，Zimmer et al.(2002)も，中圧紫外線を照射した *E. coli* はCFAにおいて有意な光回復は認められず，中圧紫外線は回復を抑制するという点で低圧紫外線より有利であるとしている．しかし，中圧紫外線を照射した *C. parvum* は，低圧紫外線を照射した時と同じようにDNAレベルでは光・暗回復する(貝森他，2004)が，感染性は回復しない(Zimmer et al., 2003；貝森他，2004)ことから，中圧紫外線に *C. parvum* のDNAレベルの回復を抑制する効果はないと考えられる．

G. muris シストに中圧紫外線を照射し，マウス感染試験で暗回復の有無を評価した実験では，紫外線照射線量が 60 mJ/cm^2 以上では回復が認められなかったが，25 mJ/cm^2 以下の時には回復が認められたという報告がある(Belosevic et al., 2001)．*Cryptosporidium* と *Giardia* の紫外線感受性はほぼ同等であるが，回復能は異なる可能性がある．

3.4 原虫に対する紫外線消毒法の有効性と限界

紫外線はきわめて少量の照射線量で *C. parvum* や *G. lamblia* 等の病原性原虫の感染性を喪失させることから，原虫対策のための消毒方法として水道に適用することにより十分な不活化効果を発揮するものと考えられる．これまでに低線量の紫外線に曝露された *C. parvum* や *G. lamblia* は，「感染性は喪失しているが生きている」ことが明らかとなっている．紫外線照射が原虫不活化技術として有効であるかどうかは，この感染性は喪失しているが生きているオーシストやシストが環境要因等によって感染性を回復するかしないかにかかっているといえよう．

紫外線消毒で留意しなければならないのは，光・暗回復現象の存在である．浄水処理の場合，紫外線に曝露された原虫は，可視光に曝されることなく配水されるため光回復の影響は考慮する必要がないと考えられるが，暗回復する可能性はある．*C. parvum* については，DNAレベルでの光・暗回復が認められるという報告があり，感染性の回復が懸念されるが，複数の研究者が光・暗回復処理しても感染性は増加も減少もしないことを確認している．したがって，紫外線照射した *C. parvum* の感染性が回復しないことは間違いなさそうである．一方で，低線量の紫外線照射した *G. muris* の感染性が暗回復したという報告もあり，*C. parvum* 以外の原虫の回復の有無についても調べる必要があろう．

また，懸濁物質が共存すれば消毒効果は減少するが，ろ過水に照射することを考えれば，その影響はほとんどないであろうし，懸濁物質が共存しても，水層における紫外線の透過率をモニターしておけば，不活化レベルの期待値を算出できることが実験的に証明されている．

3. 紫外線による原虫の不活化

　その他，化学消毒剤による不活化処理で問題となる水温や濃度（紫外線照射の場合は線量率）の影響も実質上認められなかった．

　紫外線消毒は，欧州では既に多くの浄水施設で導入されている．また，米国でも紫外線消毒設備を選択，設計，運転する際の技術情報ならびに長期第2段階強化表流水処理規則（LT2-ESWTR）を遵守するための要求事項がガイダンスマニュアルとして提供されており，導入に関連する手続きが進められている段階にある．前述のように紫外線は原虫を不活化する力がきわめて強く，また，装置の小型化が容易で維持管理に手間がかからないなど，簡易水道等の小規模な水道への適用するにあたり必要となる要件をほぼ満たしている．C. parvum 以外の原虫の回復能の評価等の解決すべき点もあるが，残る課題を解決し，日本においても水道の消毒方法として紫外線が適用されるべきである．

参考文献

- Anderson,M.A., Stewart,M., Yates,M. and Gerba,C. P.(1998); Modeling impact of
- Baeumner,A.J., Humiston,M.C., Montagna,R.A. and Durst,R.A.((2001); Detection of viable oocysts of *Cryptosporidium parvum* following nucleic acid sequence based amplification. *Anal Chem.*, 73, 6, 1176-1180.
- Baudin,I. and Laine,J.M.(1998); Assessment and optimization of clarification process for *Cryptosporidium* removal. *Proc. AWWA. WQTC.*
- Belosevic,M., Guy,R.A., Taghi-Kilani,R., Neumann,N.F., Gurek,L.L., Liyanage,L.R.J., Millard,P.J. and Finch,G.R.(1997): Nucleic acid stains as indicators of *Cryptosporidium parvum* oocysts viability. *Int. J. Parasit.*, 27, 7, 787-798.
- Belosevic,M., Craik,S.A., Stafford,J.L., Neumann,N.F., Kruithof,J. and Smith,D.W.(2001): Studies on the resistance/reactivation of *Giardia muris cysts* and *Cryptosporidium parvum* oocysts exposed to medium-pressure ultraviolet radiation. *FEMS Microbiol. Letters*, 204, 197-203. *dia lamblia cysts. Wat. Res.*, 36, 963-969.
- Bolton,J.R., Dussert,B., Bukhari,Z., Hargy,T. and Clancy,J.L.(1998): Inactivation of *Cryptosporidium parvum* by medium-pressure ultraviolet light in finished drinking water. *Proc. AWWA*, 389-403.
- Bowie,W.R., King,A.S., Werker,D.H., Isaac-Renton,J.L., Bell,A., Eng,S.B. and Marion,S.A. (1997): Outbreak of toxoplasmosis associated with municipal drinking water. *Lancet*, 350, 173-177.
- Campbell,A.T., Robertson,L.J., Smith,H.V.(1992): Viability of *Cryptosporidium parvum* oocysts correlation of in vitro excystation with inclusion or exclusion of flu orogenic vital dyes. *Appl. Environ. Microbiol.*, 58, 11, 3488-3493.
- Campbell,A.T. and Wallis,P.(2002): The effect of UV irradiation on human-derived *Giardia* body contact recreation on pathogen concentrations in a proposed drinking water reservoir. *Wat. Res.*, 32, 3293-3306.
- Carraway,M., Tzipori,S. and Widmer,G.(1996): Identification of Genetic Heterigeneity in the *Cryptosporidium parvum* ribosomal repeat. *Appl. Environ. Microbiol*, 62, 2, 712-716.
- CDC(1990): Swimming-associated cryptosporidiosis-Los Angeles county. *MMWR*, 39, 20, 343-345.
- CDC(1996): Outbreak of *Cyclospora cayetanensis* infection-United States, 1996. *MMWR*, 45, 25, 549-551.
- CDC(1997): Outbreak of *Cyclospora cayetanensis* infection-United States, 1997. *MMWR*, 46,

20, 451-452.
- CDC(2000): Outbreak of gastroenteritis associated with an interactive water fountain at a beachside park - Florida, 1999. *MMWR*, 49, 25, 565-568.
- Chalmers,R.M. and Casemore,D.P.(2004): Epidemiology and strain variation of *Cryptosporidium*. In: Sterling,C.R. and Adam,R.D. ed., The pathogenic protozoa: *Giardia, Entamoeba, Cryptosporidium and Cyclospora*. Dordrecht, Netherlands, Kluwer Academic Publishers, 27-42.
- Clancy,J.L., Bukhari,Z., Hargy,T.M., Bolton,J.R., Dussert,W. and Marshall,M.M.(2000): Using UV to inactivate *Cryptosporidium*. *J. AWWA*, 92, 9, 97-104.
- Cotte,L., Rabodonirina,M., Chapuis,F., Bailly,F., Bissuel,F., Raynal,C., Gelas,P., Persat,F., Piens,M-A. and Trepo,C.(1999): Waterborne outbreak of intestinal microsporidiosis in persons with and without human immunodeficiency virus infection. *J. Infect. Disea.*, 182, 2003-2008.
- Craik,S.A., Finch,G.R., Bolton,J.R. and Belosevic,M.(2000): Inactivation of *Giardia muris* cysts using medium-pressure ultraviolet radiation in filtered drinking water. *Wat. Res.*, 34, 18, 4325-4332.
- Craik,S.A., Weldon,D., Finch,G.R., Bolton,J.R. and Belosevic,M.(2001): Inactivation of *Cryptosporidium parvum* oocysts using medium- and low-pressure ultraviolet radiation. *Wat. Res.*, 35, 6, 1387-1398.
- Craun,G.F., Hubbs,S.A., Frost,F., Calderon,R.L. and Via,S.H.(1998): Waterborne outbreaks of cryptosporidiosis. *J. AWWA*, 90, 9, 81-91.
- Dupont,H.L., Chappell,C.L., Sterling,C.R., Okhuysen,P.C., Rose,J.P. and Jakubowski,W. (1995): The infectivity of *Cryptosporidium parvum* in healthy volunteers. *New Eng. J. Med.*, 332, 855-859.
- Farthing,M.J.G.(1994): Giardiasis as a disease. In:Thompson,R.C.A., Reynoldson,J.A. and Lymbery,A.J. ed., Giardia from molecules to disease. Wallingford, England, CAB International, 15-37.
- Fayer,R. and Leek,R.G.(1984): The effects of reducing conditions, medium, pH, temperature and time on *in vitro* excystation of *Cryptosporidium*. *J. Protozool.*, 31, 567-569.
- Fayer,R. and Ungar,B.L.P.(1986): *Cryptosporidium* and Cryptosporidiosis. *Microbiol. Reviews*, 50, 4, 458-483.
- Fayer,R., Speer,C.A. and Dubey,J.P.(1997): The general biology of *Cryptosporidium*. In: Fayer,R. ed., *Cryptosporidium and* Cryptosporidiosis. Boca Raton, FL, CRC press, 2-41.
- Fayer,R., Morgan,U. and Upton,S.J.(2000): Epidemiology of *Cryptosporidium*: transmission, detection and identification. *Int. J. Parasitol.*, 30, 1305-1322.
- Finch,G.R., Black,E.K., Gyurek,L. and Belosevic,M.(1993): Ozone inactivation of *Cryptosporidium parvum* In demand-free phosphate buffer determined by *in vitro* excystation and animal infectivity. *Appl. Environ. Microbiol.*, 59, 4203-4210.
- Friedberg,E.C., Walker,G.C. and Siede,W.(1995): DNA repair by reversal of damage. In: Friedberg,E.C., Walker,G.C. and Siede,W. ed., DNA repair and mutagenesis. Washington DC, ASM press, 92-107.
- Gatei,W., Ashford,R.W., Beeching,N., Kamwati,S.K., Greensill,J. and Hart,C.A.(2002): *Cryptosporidium muris* infection in an HIV-infected adult, Kenya. *Emerg. Infect. Dis.*, 8, 2, 204-206.
- Haas,C.N. and Rose,J.B.(1995): Developing an action level for *Cryptosporidium*, *J. AWWA*, Sep., 81-84.
- Haas,C.N., Crockett,C., Rose,J.B., Gerba,C. and Fazil,A.(1996): Infectivity of *Cryptosporidium* oocysts. *J. AWWA*, 88, 9, 131-136.

- Hashimoto,A., Kunikane,S. and Hirata,T.(2002): Prevalence of *Cryptosporidium* oocysts and *Giardia* cysts in the drinking water supply in Japan. *Wat. Res.*, 36, 519-526.
- Hibler,C.P., Hancock,C.M.(1990) : Waterborne giardiasis. In: McFeters,G.A. ed., Drinking water microbiology. New York, Spring-Verlage, 271-293.
- Hirata,T. and Hashimoto,A.(1998): Experimental assessment of the efficacy of microfiltration and ultrafiltration for *Cryptosporidium* removal. *Wat. Sci. Technol.*, 38, 103-107.
- Hirata,T., Chikuma,D., Shimura,A., Hashimoto,A., Motoyama,N., Takahashi,K., Moniwa,T., Kaneko,M., Saito,S. and Maede,S.(2000): Effects of ozonation and chlorination on viability and infectivity of *Cryptosporidium parvum* oocysts. *Wat. Sci. Technol.*, 41, 39-46.
- Hirata,T., Shimura,A., Morita,S., Suzuki,M., Motoyama,N., Hoshikawa,H., Moniwa,T. and Kanako,M.(2001): The effect of temperature on the efficacy of ozonation for inactivating *Cryptosporidium parvum* oocysts. *Wat. Sci. Technol.*, 43, 163-166.
- Hirata,T., Morita,S., Sugimoto,H., Takizawa,H. and Endo,T.(2002): Efficacy of low-pressure ultraviolet irradiation for inactivating *Cryptosporidium parvum* oocysts in turbid water. *Cong. Int. Ultraviolet Assoc.*, Singapore.
- 保坂三継(2003)：わが国の水環境における原虫汚染の実態，第6回日本水環境学会シンポジウム講集，57-58.
- Huang,P., Weber,J.T., Sosin,D.M., Griffin,P.M., Long,E.G., Murphy,J.J., Kocka,F., Peters,C. and Kallick,C.(1995): The first reported outbreak of diarrheal illness associated with *Cyclospora* in the United States. *Annual Int. Med.*, 123, 6, 409-414.
- Huffman,D.E. and Dussert,B.W.(2000a): Efficiency of mediumpressure UV light for inactivation of emerging microbial pathogens. *Proc. AWWA WQTC*, 1229-1237.
- Huffman,D.E., Slifko,T.R., Salisbury,K. and Rose,J.B.(2000b): Inactivation of bacteria, virus and *Cryptosporidium* by a point-of-use device using pulsed broad spectrum white light. *Wat. Res.*, 34, 9, 2491-2498.
- Huffman,D.E., Gennaccaro,A., Rose,J.B. and Dussert,B.W.(2002): Low- and mediumpressure UV inactivation of microsporidia *Encephalitozoon intestinalis*. *Wat. Res.*, 36, 3161-3164.
- Hunter,P.R.(2000): Waterborne outbreak of microsporidiosis. *J. Infect. Disea.*, 182, 380-381.
- 稲臣成一，頓宮廉正，村主節男(1992)：寄生虫学，金芳堂，京都，340.
- 猪又明子，橋本温，保坂三継，平田強(2003)：わが国の水道原水並びに浄水における原虫汚染の実態，第6回日本水環境学会シンポジウム講演集，59-60.
- Izumiyama,S., Yagita,K., Hirata,T., Fujiwara,M. and Endo,T.(2002): Inactivation of *Giardia lamblia* cysys by ultraviolet irradiation. *Cong. Int. Ultraviolet Assoc.*, Singapore.
- Jacangelo,J.G., Adham,S.S. and Laine,J-M.(1995): Mechanism of *Cryptosporidium, Giardia*, and MS2 virus removal by MF & UF. *J.AWWA*, 87, 107-121.
- Joce,R.E., Bruce,J., Kiely,D., Noah,N.D., Dempster,W.B., Stalker,R., Gumsley,P., Chapman,P.A., Norman,P., Watkins,J., Smith,H.V., Price,T.J. and Watts,D.(1991): An outbreak of cryptosporidiosis associated with a swimming pool. *Epidemiol. Infect.*, 107, 497-508.
- Jokipii,A.M.M., Hemila,M. and Jokipii,L.(1986): Prospective study of acquisition of *Cryptosporidium, Giardia lamblia*, and gastrointestinal illness. *Lancet*, 31, 487-489.
- Joret,J.C., Baron,J., Langlais,B. and Perrine,D.(1998): Inactivation of *Cryptosporidium* sp. oocysts by ozone evaluated by animal Infectivity. *Proc. Int. Ozone Conf.*, 739-744.
- 貝森繁基，森田重光，平田強(2004)：紫外線照射した *Cryptosporidium parvum* オーシストにおけるDNAの損傷と光・暗回復．第38回日本水環境学会年会講演集，○○.
- 金子光美編著(1996)：水質衛生学，技報堂出版，東京.
- 鹿島田浩二，大瀧雅寛，山本和夫，大垣眞一郎(1996)：紫外線消毒における光回復．用水と廃水，

参考文献

38, 5, 359-364.
- Kaucner,C. and Stinear,T.(1998): Sensitive and rapid detection of viable *Giardia* cysts and *Cryptosporidium parvum* oocysts in large-volume water samples with wound fiberglass cartridge filters and reverse transcription-PCR. *Appl. Environ. Microbiol.*, 64, 5, 1743-1749.
- Kelley,M.B.(1995): A study of two US army installation drinking water sources and treatment systems for the removal of *Giardia* and *Cryptosporidium*. *Proc. AWWA WQTC*.
- 木俣勲, 井関基弘(1997): クリプトスポリジウムとはどのような原虫か. 環境技術, 26, 9, 549-554.
- 木村憲司, 馬場記代美, 石橋良信, 佐藤篤, 宇賀昭二(2002): 新興感染症の原因となる病原性原虫サイクロスポーラの検出方法. 用水と廃水, 44, 4, 57-62.
- 金利鎬, 宗宮功, 藤井滋穂(1999): ATP測定による *Cryptosporidium* の生育活性の評価. 第33回水環境学会年会講演集, 494.
- Korich,D.G., Mead,J.R., Madore,M.S., Sinclair,N.A. and Stering,C.R.(1990): Effects of ozone, chlorine dioxide, chlorine, and monochloramine on *Cryptosporidium parvum* oocysts viability. *Appl. Environ. Microbiol.*, 56, 1423-1428.
- Kramer,M.H., Herwald,B.L., Craun,G.F., Calderon,R.L. and Juranek,D.D.(1996): Waterborne disease: 1993 and 1994. *J. AWWA*, 88, 66-80.
- 厚生省水道環境部水道整備課報道発表資料(1997): 水道水源におけるクリプトスポリジウム等の検出状況について.
- Landis,H.E., Thompson,J.E., Robinson,J.P. and Blatchley III,E.R.(2000): Inactivation responses of *Cryptosporidium parvum* to UV radiation and gamma radiation. *Proc. AWWA WQTC*, 1247-1265.
- LeChevallier,M.W., Norton,W.D. and Lee,R.G.(1991): Occurrence of *Giardia* and *Cryptosporidium* spp. in surface water supplies. *Appl. Environ. Microbiol.*, 57, 9, 2610-2616.
- LeChevallier,M.W. and Norton,W.D.(1995): *Giardia* and *Cryptosporidium* in raw and finished water. *J. AWWA*, 87, 9, 54-68.
- Linden,K.G., Shin,G.A. and Sobsey,M.D.(2001): Comparative effectiveness of UV wavelengths for the inactivation of *Cryptosporidium parvum* oocysts in water. *Wat. Sci. Technol.*, 43, 12, 171-174.
- Linden,K.G., Shin,G.A., Faubert,G., Cairns,W. and Sobsey,M.D.(2002): UV disinfection of *Giardia lamblia* cysts in water. *Environ. Sci. Technol.*, 36, 2519-2522.
- Lindsay,D.S.(1997): Laboratory models of cryptosporidiosis. In: Fayer,R. ed., *Cryptosporidium and Cryptosporidiosis*. Boca Raton, FL, CRC press, 209-223.
- Mackenzie,W.R., Hoxie,N.J., Proctor,M.R., Stephen Gradus,M., Blair,K.A., Peterson,D.E., Kazmierczak,J.J., Addiss,D.G., Fox, K.R., Rose,J.B. and Davis,J.P.(1994): A massive outbreak in Milwaukee of *Cryptosporidium* infection transmitted through the public water supply. *New Eng. J. Med.*, 331, 3, 161-167.
- Madore,M.S., Rose,J.B., Gerba,C.P., Arrowood,M.J. and Stering,C.R.(1987): Occurrence of *Cryptosporidium* oocysts in sewage effluents and select surface waters. *J. Parasitol.*, 73, 702-705.
- Marshall,M.M., Naumovitz,D., Ortega,Y. and Sterling,C.R.(1997): Waterborne protozoan pathogens. *Clin. Microbiol. Rev.*, 10, 1, 67-85.
- Marshall,M.M., Hayes,S., Moffett,J., Sterling,C.R. and Nicholson,W.L.(2003): Comparison of UV inactivation of spores of three *Encephalitozoon* species with that of spores of two DNA repair-deficient *Bacillus subtilis* biodosimetry strains. *Appl. Environ. Microbiol.*, 69, 1, 683-685.
- McAnulty,J.M., Fleming,D.W. and Gonzalez,A.H.(1994): A community-wide outbreak of cryp-

tosporidiosis associated with swimming at a wave pool. *J. Am. Med. Assoc.*, 272, 20, 1597-1600.
- Mofidi,A.A., Baribeau,H. and Green,J.F.(1999): Inactivation of *Cryptosporidium parvum* with polychromatic UV systems. *Proc.AWWA WQTC*, ST7-3-1-ST7-3-13.
- Mofidi,A.A., Baribeau,H., Rochelle,P.A., DeLeon,R., Coffey,B.M. and Green,J.F.(2001): Disinfection of *Cryptosporidium parvum* with polychromatic UV light. *J. AWWA*, 95-109.
- Mofidi,A.A., Meyer,E.A., Wallis,P.M., Chou,C.I., Meyer,B.P., Ramalingam,S. and Coffey,B.M. (2002): The effect of UV light on the inactivation of *Giardia lamblia* and *Giardia muris* cysts as determined by animal infectivity assay(P-2951-01). *Wat. Res.*, 36, 2098-2108.
- Morita,S., Namikoshi,A., Hirata,T., Oguma,K., Katayama,H., Ohgaki,S., Motoyama,N. and Fujiwara,M.(2002): Efficacy of UV irradiation in inactivating *Cryptosporidium parvum* oocysts. *Appl. Environ. Microbiol.*, 68, 11, 5387-5393.
- 森田重光, 杉本ひとみ, 石井美和, 平田強(2002): ガンマ線の *Cryptosporidium parvum* 不活化効果. 第36回日本水環境学会年会講演集, 466.
- 中山繁樹(2004): クリプトスポリジウム不活化に関する調査. 水道協会雑誌, 73, 1, 20-38.
- Nieminski,E.C. and Ongerth,J.E.(1995): Removing *Giardia* and *Cryptosporidium* by conventional treatment and direct filtration. *J. AWWA*, Sep., 96-106.
- Oguma,K., Katayama,H., Mitani,H., Morita,S., Hirata,T., and Ohgaki,S.(2001): Determination of pyrimidine dimers in *Escherichia coli* and *Cryptosporidium parvum* during ultraviolet light inactivation and photoreactivation. *Appl. Environ. Microbiol.*, 67, 10, 4630-4637.
- Oguma,K., Katayama,H. and Ohgaki,S.(2002): Photoreactivation of *Escherichia coli* after Low- or medium-pressure UV disinfection determined by an endonuclease sensitive site assay. *Appl. Environ. Microbiol.*, 68, 12, 6029-6035.
- Ong,C.S., Eisler,D.L., Alikhani,A., Fung,V.W., Tomblin,J., Bowie,W.R. and Isaac-Renton,J.L. (2002): Novel *Cryptosporidium* genotypes in sporadic cryptosporidiosis cases: First report of human infectious with a corvine genotype. *Emerg. Infect. Dis.*, 8, 3, 263-268.
- Ortega,Y.R., Sterling,C.R., Gilman,R.H., Cama,V.A. and Diaz,F.(1993): *Cyclospora* species-A new protozoan pathogen of human. *New Eng. J. Med.*, 328, 18, 1308-1312.
- Rabold J G, Hoge C W, Shlim D R(1994) *Cyclospora* outbeak associated with chlorinated drinking water. *Lancet*, 344, 1360-1361.
- Ransome,M.E., Whitmore,T.N. and Carrington,E.G.(1993): Effects of disinfectants on the viability of *Cryptosporidium parvum Wat. Suppl.*, 11, 75-89.
- Reducker,D.W. and Speer,C.A.(1985): Factors influencing excystation in *Cryptosporidium* oocysts from cattle. *J. Parasitol.*, 71, 112-115.
- Rendtorff,R.C.(1954): The experimental transmission of human intestinal protozoan parasites: *Giardia intestinalis* cysts given in capsules. *Am. J. Hygiene*, 59, 209-220.
- Rennecker,J.L., Marinas,B.J., Owens,J.H. and Rice,E.W.(1999): Inactivation of *Cryptosporidium parvum* oocysts with ozone. *Wat. Res.*, 33, 11, 248-2488.
- Richardson,A.J., Frankenberg,R.A., Buck,A.C., Selkon,J.B., Colbourne,J.S., Parsons,J.W. and Mayon-White,R.T.(1991): An outbreak of waterborne cryptosporidiosis in Swindon and Oxfordshire. *Epidemiol. Infect.*, 107, 485-495.
- Robertson,L.J., Paton,C.A., Campbell,A.T., Smith,P.G., Jackson,M.H., Gilmour,R.A., Black,S.E., Stevenson,D.A. and Smith,H.V. (2000): *Giardia* cysts and *Cryptosporidium* oocysts at sewage treatment works in Scotland, UK. *Wat. Res.*, 34, 8, 2310-2322.
- Rochelle,P.A., Ferguson,D.M., Handojo,T.J., De Leon,R., Stewart,M.H. and Wolfe,R.L.(1996): Development of a rapid detection procedure for *Cryptosporidium* using *in vitro* cell culture combined with PCR. *J. Euk. Microbiol.*, 43, 72S.

参考文献

- Rochelle,P.A., Marshall,M.M., Mead,J.R., Johnson,A.M., Korich,D.G., Rosen,J.S. and De Leon,R.(2002): Comparison of *in vitro* cell culture and a mouse assay for measuring infectivity of *Cryptosporidium parvum*. *Appl. Environ. Microbiol.*, 68, 8, 3809-3817.
- Rose,J.B., Gerba,C.P. and Jakubowski, W.(1991a): Survey of potable water supplies for *Cryptosporidium* and *Giardia*. *Environ. Sci. Technol.*, 25, 1393-1400.
- Rose,J.B., Haas,C.N. and Regli,S.(1991b): Risk assessment and control of waterborne giardiasis. *Am. J. Publ. Health*, 81, 709-713.
- Rose,J.B., Dickson,L.J., Farrah,S.R. and Carnahan,R.P.(1996): Removal of pathogenic and indicator microorganisms by a full-scale water reclamation facility. *Wat. Res.*, 30, 11, 2785-2797.
- Rose, J.B., Lisle,J.T. and LeChevallier,M.(1997): Waterbone Cryptosporidiosis: Incidence, outbreaks, and treatment strategies. In: Fayer ,R. ed., *Cryptosporidium* and *Cryptosporidiosis*. Boca Raton, FL, CRC press, 93-109.
- 埼玉県衛生部(1997): クリプトスポリジウムによる集団下痢症, 越生町集団下痢症発生事件, 報告書.
- 志村有通, 竹馬大介, 森田重光, 平田強(2001): 塩素の *Cryptosporidium parvum* オーシスト不活化効果とその濃度依存性. 水道協会雑誌, 70, 1, 26-33.
- Shin,G.A., Linden,K.G., Arrowood,M.J. and Sobsey,M.D.(2001): Low-pressure UV inactivation and DNA repair potential of *Cryptosporidium parvum* oocysts. *Appl. Environ. Microbiol.*, 67, 7, 3029-3032.
- Slifko,T.R.(1997): An in vitro method for detecting infectious *Cryptosporidium* oocysts with cell culture. *Appl. Environ. Microbiol.*, 63, 3669-3675.
- Soave,R.(1996): *Cyclospora*: an overview. *Clin. Infect. Disea.*, 23, 429-437.
- Sobsey,M.D.(1989): Inactivation of healthrelated microorganisms in water by disinfection process. *Wat. Sci. Tech.*, 21, 3, 179-195.
- Stinear,T., Matusan,A., Hines,K. and Sandery,M.(1996): Detection of a single viable *Cryptosporidium* oocyst in environmental water concentrates by reverse transcription-PCR. *Appl. Environ. Microbiol.*, 62, 3385-3390.
- 諏訪守, 鈴木穣(1998): 下水処理場等におけるクリプトスポリジウムの検出方法の検討及び実態調査, 土木研究所資料, 第3533号.
- 鈴木穣, 諏訪守, 北村友一(2002): 下水道におけるクリプトスポリジウムの実態とリスク管理方法. 用水と廃水, 44, 4, 318-323.
- 瀧澤博美, 森田重光, 荻原喜久美, 平田強(2003): 紫外線の *Cryptosporidium parvum* 不活化力の細胞培養法による評価. 第37回水環境学会年会講演集, 536.
- Ungar,B.L.P.(1990): Cryptosporidiosis in humans(*Homo sapiens*). In: Dubey,J.P., Speer ,A., Fayer,R. ed., *Cryptosporidiosis* of man and animals. Boca Raton, FL, CRC press, 59-82.
- Upton,S.J., Tilley,M. and Brillhart,D.B.(1994): Comparative development of *Cryptosporidium parvum* (Apicomplexa) in 11 continuous host cell lines. *FEMS Microbiol. Letters*, 118, 233-236.
- U.S.EPA(2003): Draft LT2 implementation guidance. URL: http://www.epa.gov/safewater/openc.html.
- Walsh,J.A.(1988): Prevalence of Entamoeba histolytica infection. In: Ravdin,J.I. ed., Amebiasis: human infection by *Entamoeba histolytica*. New York, Churchill Livingstone, 93-105.
- Widmer,C., Orbacz,E.A. and Tsipori,S.(1999): Beta-tubulin mRNA as a marker of Cryptosporidium parvum oocyst viability. *Appl. Environ. Microbiol.*, 65, 1584-1588.
- Woodmansee,D.B.(1987): Studies of in vitro excystation of *Cryptosporidium parvum* from calves. *J. Protozool.*, 34, 398-402.
- Xiao,L., Bern,C., Limor,J., Sulaiman,I.M., Roberts,J., Checkley,W., Cabrera,L., Gilman,R.H.

and Lal,A.A.(2001): Identification of 5 type of *Cryptosporidium* patients in children in Lima, Peru. *J. Infect. Dis.*, 183, 492-497.
- Xiao,L., Bern,C., Arrowood,M., Sulaiman,I.M., Zhou,L., Kawai,V., Vivar,A., Lal,A.A. and Gilman,R.H.(2002): Identification of the *Cryptosporidium* pig genotype in human patient. *J. Infect. Dis.*, 185, 1846-1848.
- Yagita,K., Izumiyama,S., Tachibana,H., Matsuda,G., Iseki,M., Furuya.,K., Kameoka,Y., Kuroki,T., Itagaki,T. and Endo,T.(2001): Molecular characterization of *Cryptosporidium* isolates obtained from human and bovine infections in Japan. *Parasitol. Res.*, 87, 950-955.
- 山本和生(1985)：紫外線によるDNA損傷の光回復．生物物理，25, 3, 116-123.
- 吉田幸雄(1997)：図説人体寄生虫学，南山堂，東京，293.
- Zimmer,J.L. and Slawson,R.M.(2002): Potential repair of *Escherichia coli* DNA following exposure to UV radiation from both medium-and low-pressure UV sources used in drinking water treatment. *Appl. Environ. Microbiol.*, 68, 7, 3293-3299.
- Zimmer,J.L., Slawson,R.M. and Huck,P.M.(2003): Inactivation and potential repair of *Cryptosporidium parvum* following low-and medium-pressure ultraviolet irradiation. *Wat. Res.*, 37, 3517-3523.

4. 紫外線による細菌の不活化

　わが国における病原細菌を原因物質とし，飲料水を原因食品とする食中毒は，目立たないながら，ある程度の数が存在する．また，食品を原因とする病原細菌の感染が生じた場合，これらの病原体は下水中に排出される．近年，わが国の都市部では慢性的な水不足に陥っている所も多く，下水処理水を水洗便所用水，修景用水および親水用水等に再利用される例も増加してきた．親水用水では人間が水に触れることが想定される．したがって，下水処理において病原細菌の除去を確実なものとすることは重要な課題である．

　塩素消毒は，長年，わが国において，下水処理水の消毒に最も広く使用されてきた．しかし，近年，塩素消毒により生じる有機塩素化合物や残留塩素が放流先の生態系に及ぼす毒性が懸念されるため，代替消毒法が開発されてきた．紫外線消毒は，下水処理水の消毒において，塩素消毒法の代替法として最も有望な方法の一つである．わが国においても，今後，さらに，下水処理水の消毒に紫外線消毒法が普及していくことが考えられる．

　また，水道水の消毒においても，塩素消毒は広く使用されてきた．しかし，塩素消毒は，トリハロメタン，ハロ酢酸，ハロアセトニトリルおよびMX等，種々の有害な有機塩素化合物を生成し，飲用する人にリスクをもたらすため，様々な代替消毒法が開発されてきた．かつて水道水の消毒においては，紫外線消毒が主要な役割を占める可能性はあまり考慮されてこなかった．水道水の塩素代替消毒法の検討は，主に二酸化塩素，クロラミンおよびオゾン等，塩素と同様に酸化力のある化学物質による消毒法が中心であった．しかし，近年，紫外線は，特に *Cryptosporidium* への効果が高いことが知られるようになってきた．*Cryptosporidium* は塩素消毒への耐性が高いことが知られている．このため，2007年から水道における *Cryptosporidium* 対策技術として利用できるようになった．

　水環境における細菌の動態は，ウイルスや原虫とは大きく異なる．特に，その差を際立たせているのは，細菌は水中においても増殖が可能であるなど，生理的な活性を維持している点である．原虫は，通常，水中では増殖能力のない休眠した形態で存在する．また，動物ウイルスは，宿主である動物細胞中でのみ生理活性を持ち，水道水，下水あるいは水中ではただの粒子にすぎない．大腸菌群，糞便性大腸菌群等の指標細菌の紫外線消毒による不活化や消毒後の回復現象に関する研究はこれまでに多数の報告がある．また，かつて病原細菌の紫外線による不活化と回復現象の報告はきわめて少数であったが，これも筆者らによりサルモネラおよび病原大腸菌等の報告が行われてきた（土佐他，1997；Tosa *et al.*, 1999；土佐他，2000）．

　本章の目的は，病原細菌および指標細菌の紫外線による不活化および種々の水質がこれら細菌の不活化，再活性化および再増殖に与える影響に関する内外の知見をまとめ，今後の紫外線消毒プロセスの設計や紫外線消毒された水の管理方法に関する有用な情報源とすることにある．この目的の

ために，まず，次節で，わが国を中心に水系感染症起因細菌を取り上げ，それらの生物としての特性と，水系の汚染状況を簡単に説明する．次に，紫外線の細菌不活化力について説明する．そこでは，細菌不活化力の評価方法について解説した後，純水系における低圧紫外線ランプ，高圧・中圧紫外線ランプおよびパルスキセノンランプの細菌不活化力を解説する．さらに，紫外線の細菌不活化効果に影響を及ぼす要因として，水質の影響，回復現象および照射線量率依存性等を取り上げる．最後に，細菌に対する紫外線消毒法の有効性と限界について考察し，本章のまとめとする．

4.1 水系の細菌汚染状況

4.1.1 水中の健康関連細菌の分類 (坂崎編, 1991；坂崎監訳, 1993；金子編著, 1996)

(1) コレラ菌 (*Vibrio cholerae*) および非 O1 コレラ菌 (*Vibrio cholerae* non-O1)

コレラ菌は，*Vibrio* 属に含まれ，通性嫌気性，グラム陰性のコンマ状桿菌である．GC％は 47～49％である．大きさは長径 1.5～2.0 μm，短径 0.5 μm で，1 本の鞭毛を有し，運動性がある．芽胞および莢膜は形成しない．

V. chloerae の抗原には，O (菌体) および H (鞭毛) 抗原があるが，H 抗原は共通である．現在，*V. chloerae* は 100 種類以上の血清型に分けられるが，このうち，O1 および O139 がコレラの原因となり，その他のものは *V. cholerare* non-O1 と呼ばれる．また，non-O1 のうち，白糖非分解性のものは *V. minicus* と命名されている．

コレラは代表的な経口感染症の一つで，コレラ菌で汚染された水や食物を摂取することが原因である．コレラは水を媒介として広がることが知られており，最も典型的な水系感染症の一つである．しかし，わが国では，少なくとも 1982 年以降，水を原因とした集団発生は知られていない．従来，わが国におけるコレラは，その多くが輸入感染症とされてきた．東南アジアやインドからの帰国者にその典型を見ることができた．しかし，近年，海外渡航暦のない者にも発生している．これは，わが国の種々の水環境からコレラ菌が検出されていることからも裏付けられる．国内における水の直接飲用による感染は報告されていなくとも，その伝播に水が関与していることは，ほぼ確かなことであろう．

(2) サルモネラ (*Salmonella* spp.)

サルモネラは，一般に大きさ 2×0.5 μm の無芽胞グラム陰性短桿菌である．多くは運動性があり，通性嫌気性である．チフス菌およびパラチフス菌は臨床症状が明確に異なり，別に記述される．カタラーゼ陽性，オキシダーゼ陰性である．糖を発酵的に分解し，ガスを産生する．なお，チフス菌はガス非産生である．サルモネラ症の症状には，急性胃腸炎等がある．

平成 13 年にサルモネラ属菌を原因物質とする食中毒は 361 件 (4 949 人) であった．これは，原因物質としては，件数でカンピロバクターに次いで 2 位であり，また，患者数でも小型球形ウイルスに次いで 2 位である．サルモネラは自然界に広く生息しており，乾燥にも強いとされている．サルモネラはわが国の食中毒原因物質では最も重要なものの一つである．

(3) チフス菌 (*Salmonella typhi*)，パラチフス A 菌 (*Salmonella paratyphi* A)

チフス菌，パラチフス A 菌は，チフスまたはパラチフスの原因菌であり，その性状はサルモネラの一般性状と類似する．腸チフス・パラチフスは一般のサルモネラ感染症とは区別され，菌血症や腸管局所の病変が特徴である．38℃以上の発熱に始まり，細菌は小腸からリンパ組織を経て血

流,さらに各種臓器に侵入して障害をもたらす.
　チフスおよびパラチフスは,ヒトの糞便により汚染された食物や水が疾患を媒介する.わが国では,チフスおよびパラチフスは,昭和20年代に非常に多くの患者がいた.しかし,近年,感染源がヒトに限られているため,わが国では衛生水準の向上とともに減少した.現在,報告されるチフス症の多くが輸入感染症である.

(4) 赤痢菌(*Shigella* spp.)

　赤痢菌は,細菌性赤痢の原因菌である.性状は大腸菌にきわめて近く,同一遺伝学的菌種とされる.$2 \times 0.5\,\mu\mathrm{m}$の桿菌で,グラム陰性,非運動性,好気性および通性嫌気性である.カタラーゼ陽性であるが,重要な例外がある.オキシダーゼ陰性である.糖を発酵的に分解するが,ガス非産生である(一部,例外がある).クエン酸塩陰性で,KCN陰性,リシンデカルボキシラーゼ陰性である.赤痢菌はヒトの病原菌である.赤痢菌は大腸上皮細胞に侵入し,上皮細胞の壊死,脱落が起こり,倦怠感,悪寒,発熱,腹痛,嘔吐,血性下痢症状をもたらす.
　細菌性赤痢は世界中で見られる感染症であり,衛生状態の悪い発展途上国に多く見られる.細菌性赤痢は患者や保菌者の糞便に汚染されたものを介して感染する.水もこれを媒介する典型的なものであり,水系感染は大規模な集団発生を起こすことがある.わが国の赤痢患者数は,戦後しばらく1年当り10万人を超え,2万人近くもの死者をみた.しかし,衛生環境の改善とともに減少し,1960年代半ば以降激減した.近年は,途上国からの輸入例が多くを占めている.

(5) 病原大腸菌(pathogenic *Escherichia coli*)

　大腸菌(*Escherichia coli*)は,腸内細菌科*Escherichia*属で,$1.1 \sim 1.5 \times 2.0 \sim 6.0\,\mu\mathrm{m}$の大きさのグラム陰性桿菌である.しばしば運動性がある.好気性および通性嫌気性であり,カタラーゼ陽性,オキシダーゼ陰性である.糖を発酵的に分解する.通常,ガス産生で,また,通常,クエン酸塩陰性である.大腸菌の抗原はO抗原(耐熱性菌体多糖質抗原),H抗原(易熱性の鞭毛タンパク抗原),K抗原(O抗原表層を覆う多糖質抗原)およびF抗原(繊毛を構成するタンパク抗原)の4種類があり,その血清型は,O,KおよびH抗原(またはOおよびH抗原)の組合せで示される.
　大腸菌は,通常のヒト糞便中に高濃度で存在し,糞便汚染の指標として使用されおり,わが国でも水道水質基準が設定されている.多くの大腸菌は,非病原性であるが,下痢等を生じさせるものが一部にあることが知られている.

a. 腸管組織侵入性大腸菌(enteroinvasive *E. coli*; EIEC)　腸管組織侵入性大腸菌は,赤痢菌と同様な病原性を持ち,主として,3〜5歳以上の年齢層から検出される.EIECは赤痢と感染機構,発生機構等同一であり,大腸上皮細胞に侵入し,上皮細胞の壊死,脱落が起こり,倦怠感,悪寒,発熱,腹痛,嘔吐,血性下痢症状となる.血清型は,O7,O28ac,O29,O112ac,O124,O136,O143,O144,O152,O159,O164,O173等がある.

b. 毒素原性大腸菌(enterotoxigenic *E. coli*; ETEC)　毒素原性大腸菌は,エンテロトキシン(腸管毒)を産生する.ETECのエンテロトキシンには,易熱性エンテロトキシン(LT)と耐熱性エンテロトキシン(ST)の2種類があり,ETECの片方もしくは双方を産生する.LTのうち,LT-1はコレラ菌の産生する毒素に類似したタンパク毒素で,小腸内に激しい下痢をもたらす.血清型は,O6,O8,O11,O15,O20,O27,O63,O73,O78,O148,O159等がある.

c. 腸管病原性大腸菌(enteropathogenic *E. coli*; EPEC)　腸管病原性大腸菌は,全年齢層に胃腸炎をもたらす.EPECはエンテロトキシンの産生や細胞侵入性はない.胃腸において組織変化を引き起こすことは解剖学的に確かめられているが,原因の詳細は現在においても不明である.血清

型は，O26，O44，O55，O111，O114，O119，O125，O126，O127a，O128，O146，O158 等がある．

d. 腸管出血性大腸菌（enterohemorrhagic *E. coli*; EHEC）　　腸管出血性大腸菌は，全年齢層に腹痛と出血性下痢を引き起こす．1982 年に米国でハンバーガーを原因とする出血性大腸炎が集団発生し，大腸菌 O157 が下痢の原因菌として分離された．幼児や老人では，下痢の回復後，溶血性尿毒症候群（HUS）または脳症等の重症な合併症が発症する．HUS を発症した患者の致死率は 1～5 ％とされている．EHEC の産生する Vero 毒素は Vero 細胞に細胞毒性培養細胞の一種である Vero 細胞に対して致死的に作用する．EHEC が産生する毒素の中には，*Shigella dysenteriae* 1 の産生する志賀毒素にほぼ一致するものがある．ヒトの EHEC として血清型 O157:H7 が有名であるが，他にも O26，O111 等を含む多くの血清型が分離されている．O157 は他の血清型や一般の大腸菌とは異なり，ソルビトール非分解である．また，β-D-glucuronidase（MUG テスト）陰性である．

　平成 13 年に，腸管出血性大腸菌を原因物質とする食中毒は 24 件（378 人），その他の病原大腸菌を原因とするものは 199 件（2 293 人）であった．1996 年に堺市で起きた腸管出血性大腸菌を原因物質とする集団食中毒事件はよく知られており，有症者数は 14 153 名であった．1997 年以降，食中毒の集団発生は減少した．しかし，散発事例はまだ多いようである．

（6）カンピロバクター・ジェジュニ/コリ（*Campylobacter jejuni/coli*）

　カンピロバクター・ジェジュニ/コリは，カンピロバクター腸炎の原因菌である．カンピロバクターは大きさ 0.5～5 × 0.2～0.8 μm の細いらせん状または湾曲したグラム陰性桿菌である．極短毛による活発な運動性を示す．空気に曝露されると球菌状になる．発育至適酸素濃度は 5～10 ％である．通常，空気中または絶対嫌気条件では発育しない．好二酸化炭素性，オキシダーゼ陽性，インドール非産生である．糖を分解しない．

　潜伏時間は一般に 2～5 日間とやや長く，症状は下痢，腹痛，発熱，悪心，嘔吐，頭痛，悪寒，倦怠感等がある．下痢は 1～3 日間続き，重症例では大量の水様性下痢のために急速に脱水症状を呈する．近年，本菌の後感染性疾患としてギラン・バレー症候群（GBS）との関連性が注目を浴びている．

　平成 13 年のカンピロバクターによる食中毒は，428 件と報告されている．これは平成 13 年の食中毒発生件数の中で 1 位であった．また，患者数は 1 880 人と報告されており，細菌では，サルモネラ，腸炎ビブリオ，病原大腸菌に次いで 4 位である．

（7）レジオネラ（*Legionella* spp.）（遠藤他，2003）

　レジオネラは，レジオネラ科レジオネラ属の細菌で，大きさは 2.0 × 0.5 μm，多形性のグラム陰性桿菌である．1 本または複数の鞭毛を有し，通常，運動性がある．発育に L-システインおよび鉄塩を要求する．好気性であるが，2～5 ％ CO_2 条件下で 80～90 ％の湿度を好む．カタラーゼ陽性で，糖非分解性である．現在，レジオネラ属には多数の菌種が知られるが，レジオネラ・ニューモフィラ（*Legionella pneumophila*）はその代表的なものである．

　1976 年，フィラデルフィアにおいて在郷軍人大会の出席者に対して呼吸器感染症を集団発生し，高度の死亡率を示した．症状では，劇症型の肺炎が重要であるが，他の細菌性肺炎の症状と似ており，区別は難しい．

　レジオネラは，本来，環境中の常在菌である．24 時間循環方式の風呂（温泉を含む）や冷却塔等，水を循環させて利用する環境において増殖し，検出されやすい．以下，遠藤他（2003）によると，循環式浴槽では浴槽水の 70 ％からレジオネラが検出された．また，冷却塔水からはレジオネラの宿

主となるアメーバが検出率が 90 % とする報告もある．さらに，給湯施設においてレジオネラ検出率が 55 % であったという報告もある．

(8) エルシニア(*Yersinia* spp.)

エルシニアは，グラム陰性桿菌で，運動性または非運動性である(温度依存性がある)．通性嫌気性であり，カタラーゼ陽性，オキシダーゼ陰性である．糖を発酵的に分解し，時にガスを産生する．

ヒトに病原性を持つエルシニアに，*Yersinia pestis*(ペスト菌)，*Y. pseudotuberculosis*(仮性結核菌)，および *Y. enterocolitica* の病原株がある．エルシニアは，経口摂取されると，小腸で増殖し，腸炎を起こしたり，血中に流出して敗血症を引き起こす．

(9) 腸炎ビブリオ(*Vibrio parahaemolyticus*)

腸炎ビブリオは，ビブリオ科に属し，大きさ $0.4 \sim 0.6 \times 1 \sim 3 \mu m$ のグラム陰性桿菌で，多方性を示すことがある．コレラ菌と同属であり，性状は似ている．腸炎ビブリオの臨床症状は，急性胃腸炎が主である．

腸炎ビブリオの生態は水環境中の病原細菌としては，きわめて珍しいことに，詳細に解明されている．腸炎ビブリオは，沿岸域の海水中に多く存在することは古くから知られている．その消長には，水温の高い夏季にピークを迎え，水温が低下する冬季に向けて低下する周期性がある．

(10) 日和見感染細菌(日本水道協会，2002)

悪性腫瘍，免疫不全，免疫抑制剤投与等により免疫機能が低下すると，健康なヒトは感染しない病原性の弱い微生物に感染する．これは日和見感染と呼ばれる．緑膿菌(*Pseudomonas aeruginosa*)やバンコマイシン耐性腸球菌(Vancomycin-Resistant Enterococci：VRE)がよく知られているが，他にも種々の細菌，ウイルス，真菌および原虫が原因微生物として知られている．

緑膿菌はシュードモナス属の細菌である．好気性グラム陰性無芽胞桿菌である．色素を産生して膿汁が暗緑色となることが多いため緑膿の名称がつけられた．環境中に広く分布している．抗生物質にある程度の抵抗性があり，日和見感染を引き起こす病原菌でもある．

腸球菌は，グラム陽性，カタラーゼ陰性の球形または楕円形の細菌で，乳酸発酵を行う．ヒトや動物の腸に広く存在し，環境中ではあまり増殖しないため，糞便汚染の指標細菌としても用いられる．バンコマイシン耐性腸球菌は，腸球菌のうちグラム陽性菌に有効な抗菌薬であるバンコマイシンへの耐性があるものである．健康なヒトに感染することはないが，免疫力の低下したヒトに感染する日和見感染細菌である．

(11) 指標細菌(金子編著，1996；日本水道協会，2000；日本水道協会，2002)

水中の病原細菌の濃度がきわめて低く，その検出が困難であること，また，病原細菌を確実に同定することが困難であるという基本的な問題がある．そこで，水環境および水処理分野では，指標微生物・指標細菌という考え方が生み出され，数種類の細菌集団について，その水中における存在を病原細菌存在の可能性を示唆する指標として，あるいは，病原細菌の水処理における除去性の指標として用いられてきた．

大腸菌群は，乳糖を分解し，酸とガスを産生する好気性・通性嫌気性のグラム陰性無芽胞桿菌である．*Escherichia*，*Klebsiella*，*Enterobacter* および *Citrobacter* の 4 属に属する細菌が多く含まれる．大腸菌群の多くは，β-ガラクトシダーゼを保有している．このため，近年，ONPG(*o*-ニトロフェ

ニル-β-ガラクトピラノシド)の加水分解で生成する o-ニトロフェノールを目安に大腸菌群を検出する特定酵素基質も試験法として用いられている．大腸菌群には土壌由来のものが含まれるため，糞便汚染の指標としては，より糞便汚染に特異的な指標である大腸菌が望ましい．

大腸菌群のうち，大腸菌およびより大腸菌に近い性質を持つ大腸菌群の指標として糞便性大腸菌群がある．大腸菌の多くは 44.5 ± 0.2 ℃，$24 \pm 1 \sim 2$ 時間の培養で乳糖を発酵する．そこで，上記条件をもとに糞便性大腸菌群を検出・定義する．

一般細菌は，36 ± 1 ℃，24 時間培養により標準寒天培地にコロニーを形成する細菌集団である．特定の種，属等の分類学的な集団を表現してはいない．多くの一般細菌は非病原性である．しかし，汚染された水ではより濃度が高いこと，また，水道原水中においてもある程度高濃度で存在するため，水処理における除去性の判定の目安となるなどの利便性がある．

従属栄養細菌は栄養源として有機物が必要な(すなわち，従属栄養性の)細菌集団である．PGY 寒天培地または R2A 寒天培地等が用いられる．英語の heterotrophic bacteria に相当するが，heterotrophic bacteria の試験方法には，わが国でいう一般細菌と同等のものが用いられていることがあり，外国文献の結果との比較には注意が必要である．比較的低濃度の有機栄養培地を用い，比較的低温(例えば 20 ℃)で長期間培養すると多くのコロニーを得ることができる．汚濁の進んだ水域では多くなる傾向があるとされている．水処理における除去性の判定の目安として用いられるだけでなく，水道管中における生物膜の形成や再増殖についても関心が高まってきている．

4.1.2 水を原因とする細菌感染症の集団発生(及川，1997；土屋他，1998；土佐，1998；厚生省生活衛生局食品保健課編，1996)

本項の目的は，水系感染症起因細菌を取り上げ，それらの生物としての特性と，水系の汚染状況を簡単に説明することにある．水中の健康関連微生物のうち，指標微生物に関しては，政府・自治体・大学・民間を含め，多くの主体が調査してきた．現在，水道事業体は，水質検査結果を速やかに公表することが求められており，水質基準が設定された大腸菌を中心に，次第に，詳細な調査結果が公表されてきている．一方，水環境中の病原細菌に関しても，わが国の一部の自治体は，継続的に調査を行ってきたようである．しかし，現在，それらの結果は，ほとんど公開されることはない．また，公開されたものも，定性的な結果を示すもののみであり，汚染状況を定量的に示すものは皆無である．また，水環境中の病原細菌濃度は，通常，きわめて低い．低濃度の病原細菌の定量は非常に困難である．

以上のように，現在，水系の細菌汚染状況を水中の細菌濃度で表示することはきわめて困難である．そこで，ここでは，過去の文献調査結果をもとに，わが国における水系感染症の集団発生についてまとめた結果を報告する．

調査は公開された文献の調査により行った．情報源として主として用いたのは『病原微生物検出情報(月報)』中の「流行・集団発生に関する情報」である．他にも地方衛生研究所の報告や種々の学術誌について調査を行った．調査の実施にあたっては，可能な限り遺漏のないように努めたが，国内外で出版された膨大な文献をすべてチェックすることはできなかったため，本報告がすべての事例を網羅しているわけではない．同じ事例について複数の報告が存在する場合は，発表時期がより新しいものの情報を採用した．

(1) 概　況

調査結果から，15 年間に少なくとも 86 件，患者数で 31 487 人以上(患者数が文献からは不明なものを含めていない)の水系感染症の集団発生があったことが判明した．

4.1 水系の細菌汚染状況

(2) 原因微生物

原因微生物別に分類した結果を**表-4.1**に示した．複数種の微生物が原因となったものはそれぞれの項目でカウントした．発生件数では大腸菌が約半分を占め，続いてカンピロバクターが約4分の1，赤痢菌，その他と続いた．わが国の食中毒全体の病因物質は，食中毒件数では，腸炎ビブリオ，サルモネラ菌およびブドウ球菌等が上位を占めることが多い．これに対して，水を原因とする感染症の集団発生では，これら食中毒全体で大きな割合を占める細菌の割合は非常に小さかった．この理由は明確ではないが，細菌の水中での生残能力や増殖能力，あるいは最小感染量が関係しているのかもしれない．

表-4.1 原因微生物

原因微生物	発生件数	全発生件数に占める割合(%)
大腸菌	44	48.4
カンピロバクター	23	25.2
赤痢菌	9	9.9
エルシニア	3	3.3
クリプトスポリジウム	2	2.2
ウイルス	2	2.2
サルモネラ菌	2	2.2
ウェルシュ菌	2	2.2
ブドウ球菌	1	1.1
チフス	1	1.1
レジオネラ菌	1	1.1
不明	1	1.1

(3) 発生水源

発生水源の分類結果を**表-4.2**に示した．資料には飲料水，使用水または水とのみ書かれていて水源が特定できなかったものが14％あまり存在した．汚染された地下水または沢水を直接使用したのが原因であった場合が最も多く，6割近くを占めていた．次に多かったのは，建物・敷地内の給水設備での汚染を原因とするものであった．受水槽の不具合，配管でのクロスコネクションや漏水が水系感染において重要な原因であることが示された．三番目に多かったのは，浄水・配水設備での汚染であった．これには汚染された水道原水を浄水施設で十分に処理できなかった場合が含まれていた．

表-4.2 発生水源

発生水源	発生件数	全発生件数に占める割合(%)
地下水，沢水の直接汚染	49	57.0
建物・敷地内の給水設備の汚染	14	16.3
浄水・配水施設の汚染	9	10.5
プール	1	1.2
その他	1	1.2
記載内容からは不明なもの	12	14.0

(4) 発生施設

発生施設の分類結果を**表-4.3**に示した．発生施設は学校，幼稚園，保育園，給食センター等の学校関係施設が最も多く，19件，22.1％を占めた．次に町，村，地域で生じたものが多かった．これは主として水道(簡易水道を含む)が原因となったものである．他は飲食店，野外，宿泊施設，結婚式場等多くの人が集って飲食を行う場所がほとんどである．これらは，集団が一斉に飲食を行う施設における飲料水の扱いには，通常以上に注意が必要であることを示している．こういった事故を防ぐには野外における湧水や井戸水の不用意な飲用を禁ずることが望ましいかもしれない．食中毒全体では，原因施設は，飲食店，旅館，家庭の順である．これに対して，水系感染では学校関係施設が多いのが注目される．

表-4.3 発生施設

発生施設	発生件数	全発生件数に占める割合(%)
学校，幼稚園，保育園，給食センター	19	22.1
町，村，地域	17	19.8
飲食店	16	18.6
野外，キャンプ場，ゴルフ場，スキー場，山小屋	11	12.8
宿泊施設，結婚式場	10	11.6
集合住宅，雑居ビル	5	5.8
病院	2	2.3
小売店	1	1.2
記載内容では不明	5	5.8

(5) 発生年および発生月

発生年の分類結果を**表-4.4**に示した．発生件

4. 紫外線による細菌の不活化

表-4.4 発生年

発生年	発生件数	全発生件数に占める割合(%)
1982	9	10.5
1983	8	9.3
1984	7	8.1
1985	6	7.0
1986	7	8.1
1987	5	5.8
1988	6	7.0
1989	9	10.5
1990	6	7.0
1991	4	4.7
1992	1	1.2
1993	4	4.7
1994	9	10.5
1995	3	3.5
1996	2	2.3

表-4.5 発生月

発生月	発生件数	全発生件数に占める割合(%)
1	5	5.8
2	4	4.7
3	3	3.5
4	3	3.5
5	19	22.1
6	8	9.3
7	11	12.8
8	14	16.3
9	12	14.0
10	4	4.7
11	1	1.2
12	2	2.3

数には明確な経年的傾向変動(トレンド)は見られない．15年間で少なくとも86件の水系感染が生じており，平均すると，5.7件/年，2 099名/年の患者が発生したことになる．ほぼ同期間の1982～1995年の食中毒全体では，14年間で11 967件，患者数は483 445人である(MHW，1996A 文献なし)．これを年平均すると，854件/年，および34 532人/年である．すなわち，水系感染の件数は食中毒全体の0.67 %にすぎないのに対して，患者数では6.1 %と10倍程度の割合となる．これは，一般の食中毒と比較して，水系感染では1件当りの感染者数が約10倍であったことを示している．

発生月の分類結果を**表-4.5**に示した．発生件数が最も多かったのは5月で19件(22.1 %)であった．次いで，8，9，7，6月の順となった．食中毒全体と同様に，夏場に発生件数が多かった．しかし，5月に発生が集中する傾向は食中毒全体では見られない．5月は行楽・遠足シーズンであり，野外における地下水・沢水等の飲用に起因するものも4件あった．しかし，これだけでは説明困難である．これは水系感染により病原微生物が5月の段階で各地に広がり，それが梅雨時を経て，夏季に食中毒の原因となっていることを示唆する．

4.2 紫外線の細菌不活化力

4.2.1 細菌不活化力の評価方法
(1) 細菌の消毒剤耐性

細菌の消毒剤耐性は，消毒剤の種類，消毒剤の濃度，水温，pH，接触時間，対象水の消毒剤消費量(紫外線の場合は紫外線吸収率)等の消毒条件の影響を受ける．これらの条件を統一したうえで，多種にわたる水中の健康関連細菌を平行して消毒し，相互の耐性を同一条件で比較した研究例はこれまでのところない．複数の細菌を同一条件で平行して消毒した結果の報告は存在するが，その対象は，研究者の興味の範囲に限られた数種から多くても10種類を超えない程度である．また，上述した消毒条件は研究者ごとに異なっており，相互の比較を困難にしている．実際のところ，多種にわたる水中の健康関連細菌を同一条件で消毒し，相互の耐性を同一条件で比較可能とするには，多くの実験が必要である．標準化された実験方法と評価方法を確立したうえで，多数の研究者によ

4.2 紫外線の細菌不活化力

るプロジェクトとして実施しなければならないため，このようなまとまった報告が存在しないものと思われる．

(2) 不活化率の評価方法

消毒剤の細菌不活化力は，通常，細菌が不活化された割合(不活化率)を用いて評価される．不活化とは活性(一時的または永続的に)が消失した状態である．

細菌の活性をどのようにして評価するかには，様々な方法がある．頻繁に用いられるのは培養法であり，細菌が増殖能力を保持しているかどうかを見るものである．病原細菌が人体で病原性を発現するには，ヒトに感染後，増殖する必要がある．このため，培養法は，衛生学的に，一定の意義がある．しかし，培養法には，種々の方法がある．これまでのところ，紫外線を照射された細菌の生育にとり，どのような培養法が最も適しているかということに関する十分な知見の蓄積はない．

細菌の培養には，各細菌に適した種々の培地が用いられる．消毒剤によりなんらかの損傷を細胞に受けた細菌の増殖には，特殊な条件が必要となることがある．これは，損傷細胞が増殖する前に，細胞中の損傷部位の回復・正常化が必要であるからだと考えられている．このため，消毒処理を行った水中の細菌の培養では，細菌細胞の損傷を回復するプロセスが含まれていることがある(American Public Health Association, 1992)．

水環境中および水処理システム中の病原細菌および指標細菌の測定には，対象外の細菌の生育を抑制する選択剤が添加された培地が用いられることが多い．しかし，この選択剤は，ある細菌の正常細胞には作用しなくても，分類学上同じグループに属する細菌の損傷を受けた細胞には効果的に作用し，損傷細胞の増殖を抑制することがある．細菌試験の手順中に損傷細胞の回復を含めずに試験を行うと，選択剤の望ましくない効果が発揮される(Tosa *et al.*, 1995；土佐他, 1996)．また，通常，培地に栄養源として添加され，細菌の増殖を抑制するとは考えられない物質が，損傷を受けた細菌細胞の増殖を抑制する場合があることもある．紫外線消毒により損傷を受けた細菌の増殖を抑制するこの種の物質としては，酵母エキスが知られている(Oguma *et al.*, 2004a)．塩素消毒により損傷を受けた細菌の回復には，トリプティックソイが有効であることが知られている(American Public Health Association, 1992)．塩素消毒により損傷を受けた細菌細胞においても，酵母エキスが損傷細胞の増殖を抑制するかどうかは定かではない．しかし，酵母エキスは，多くの培地に含まれる成分であり，今後，実用面から培地成分の検討が行われる必要があると思われる．

通常の培地による培養法とは異なる細菌試験方法としては，DVC(Direct Viable Count)法が知られている(Kogure *et al.*, 1978)．これは，上水試験方法において「生菌」として記載されている方法である．この方法は，水環境中に存在する細菌全体の活性評価方法および塩素等による消毒等を受けた様々な細菌の活性の評価方法として用いられている．通常，DVC法により活性があると評価される細菌細胞数は，培地上で培養された細菌細胞数よりも多いことはよく知られている．この差は，VBNC(Viable But Non-Culturable，直訳は「生きているが培養できない」の意)な細菌またはVBNCな状態にある細胞とされる(遠藤訳，清水監訳, 2004)．環境水中では，培養法が確立されていないために培養できない細菌は多数存在する．しかし，単一菌種のみを用いた実験室内における消毒実験においても，この種のVBNC細胞が出現する．紫外線消毒によりVBNC細胞がどの程度出現するかはよく知られてはいないようである．

紫外線がもたらす微生物への影響は，まず第一に，微生物体に存在する核酸の化学変化である．この化学変化が蓄積されると，突然変異さらには染色体異常が生じる．近年，紫外線消毒において，対象となる微生物の核酸中における化学変化を直接定量する方法が開発されている(小熊他, 2002)．

(3) 紫外線照射線量

　実務的には，紫外線をどれだけ照射すれば，どれだけの細菌が不活化されるのかが最も重要である．これは，通常，ある割合(例えば，90，99％等)を不活化するのに必要な紫外線照射線量で示される．紫外線照射線量は，紫外線強度または紫外線線量率と照射時間の積で示される．一般に，紫外線ランプと水の距離が十分に近く，水が薄い層となっている場合は，紫外線強度は水面もしくは紫外線ランプ表面(ランプが浸漬されている場合)の強度を用いることができる．しかし，水層が厚かったり，ランプと水が離れている場合は，補正が必要となる．これら補正の方法は，本書中の他章に記述されている．

(4) 細菌不活化力の評価方法の実例

　様々な条件を組み合わせると，無数の解が生じる．ここでは，筆者らが過去に実施した紫外線の細菌不活化力の評価方法を具体例としてあげる．

a. 供試細菌懸濁液の調製方法　各供試菌株は，トリプティックソイ寒天培地(TSA培地)上に白金耳で画線塗沫し，36℃で24時間培養した．各供試菌株の培養は，消毒の前後で同じ培地成分を用いることが望ましいと思われる．消毒の前後で全く異なる培地成分を用いると，供試細菌の増殖を保障できなくなるからである．

　培養後，培地上に形成されたコロニーを白金耳で数個取り，6mMリン酸塩緩衝液に約10^5 CFU/mLとなるように懸濁させ，ミキサーで撹拌して均一化し，供試細菌懸濁液とした．細菌懸濁液の調製において，最も懸念されるのは，この均一化プロセスである．細菌が凝集していると，凝集体内に取り込まれた細胞は紫外線の照射から保護されてしまう．顕微鏡下で凝集の有無を確認することが考えられる．しかし，実際には，凝集しているものは，全体で一部(例えば，1 000分の1以下)であることも多く，顕微鏡を用いた目視では確認しきれないであろう．

b. 紫外線照射　ビーカー中の供試細菌懸濁液はマグネティックスターラで撹拌した．試験に供する懸濁液の撹拌は，液中の細菌濃度分布の均一性を保障するものとして重要である．実際の消毒処理装置において，細菌濃度分布の均一性が保障されないことも多くあるであろう．これは，回分方式の処理ではあまり見られないかもしれないが，連続式で水を流す処理装置で多く見られる．この場合，その装置の水質水理学的特性をトレーサ実験等によって決定し，補正する必要がある．この補正方法の説明は他の章に譲る．

　25Wの紫外線ランプ(GL-25，NEC)をビーカーの直上に水平に吊り下げ，恒温水槽中で20℃に保温したガラスビーカー中の供試細菌懸濁液に照射した．ビーカー内の液層の高さは重要である．厚すぎる場合は，紫外線の吸収が考えられるからである．筆者らの実験では，ガラス容器にパイレックスガラスを用い，水層が厚くはない場合，水層およびガラスにおける吸収はさほど大きくはなかった．

　紫外線強度は市販の強度計(UVR-254，TOPKON，Tokyo)をビーカーの液面中央部に相当する位置に置いて波長254 nmで測定した．紫外線強度の測定方法としては，生物線量計を用いる方法，化学線量計を用いる方法および物理的方法等がある．通常は簡便性を優先し，物理(電気的)強度計が多く用いられる．しかし，線量率と強度が必ずしも一致しないことに注意する必要がある．照射を中止した後，試料を無菌的に採取した．

c. 可視光照射と光回復　供試細菌懸濁液に紫外線を照射した後，恒温水槽中で20℃に保温しながら，可視光を照射した．可視光として，室内では簡便のため，蛍光灯がよく用いられる．屋外への放流を前提とする場合は，太陽光または類似する光源が望ましいであろう．可視光強度は市販の強度計(UVR-1およびUVR-36，TOPCON)をビーカーの液面中央部に相当する位置に置いて測

定した．可視光強度に関する注意は，紫外線強度に関する注意と同様である．植物を対象とした培養装置には，光を装置内で照射できるものがある．簡便な方法としてこのような装置を用いて回復を促進することも方法として考えられる．

d．再増殖　水試料に直接可視光を照射する光回復実験において問題となるのは，増加した細菌数が，回復に由来するのか，あるいは，再増殖に由来するのかの判定である．この問題を判断するには，コントロールとして暗所における再増殖について測定しておく必要がある．紫外線照射後，懸濁液を可視光を照射せず，他は可視光照射試料と同様に操作した．

e．細菌活性の測定方法　採取した試料は 6 mM リン酸塩緩衝液で段階的に希釈した．希釈に用いる水は，純水を用いてはならない．純水は浸透圧が低く，細菌細胞，特に，細胞壁に損傷を与えるからである．実際のところ，どの程度の浸透圧（あるいは濃度）の溶液が希釈によいかは完全に明らかではない．浸透圧ショックを避けるためには，細菌が存在していた試料水の浸透圧と同程度とすることが望ましいであろう．室内で培養し，実験に供する細菌の場合は，培養に用いられた高濃度の培地の浸透圧に適応している可能性がある．したがって，各種水質試験方法に記載されている希釈水の濃度に必ずしも適切ではない．

　供試細菌は，TSA 培地で，36 ℃，24 時間，暗所にて培養し，試料中の細菌数を求めた．ここでは，消毒前の増殖に用いた培地と同じ培地を用いた．TSA 培地は，細菌の増殖を抑制する成分を特には含んでいない．培養を暗所で行ったのは，可視光照射による光回復を避けるためである．培養時間や培地は，試験する細菌の増殖速度や栄養要求と併せて適切に判断する必要がある．

f．紫外線照射線量と生残率　生残性のデータは Chick-Watson の法則に従って対数除去率と紫外線照射線量をグラフ上にプロットされることが多い（Chick, 1908 ; Watson, 1908）．しかし，紫外線照射線量と細菌の生残率の関係は必ずしも Chick-Watson の法則に従うとは限らない．筆者らの研究でも片対数グラフ上で上に凸の曲線が得られることがあった．上に凸の曲線は series-event モデルを用いて解析することができる（Severin et al., 1984）．90 ％不活化に必要な紫外線照射線量はこれらのモデル式から計算される．

g．光回復過程のモデル化　サルモネラ菌の最大光回復量を求めるためにモデル化を行った．サルモネラ菌の光回復は，鹿島田らのモデルを用い飽和型の一次反応に従うと仮定した（Kashimada et al., 1996）．鹿島田らのモデルは，比較的簡便で実験値にもよく適合する．紫外線照射線量の大きい試料では，回復初期に遅滞期が見られることがある．そのような場合には，遅滞期を無視し，細菌数の増加が開始された後のデータを用いると，モデル解析が可能である．

　以上，細菌不活化力の評価方法の実例を解説した．装置の構造，細菌種の違い，種々の水質等により評価方法は様々である．対象の性質を考慮し，材料に応じて適切な方法を採用することが重要である．

4.2.2　純水系における紫外線の細菌不活化力
(1)　低圧水銀ランプによる細菌の不活化
a．病原大腸菌の不活化（土佐他，1997 ; Tosa et al., 1999）　紫外線照射による細菌の不活化については，これまでに多くの研究が存在する．しかしながら，これらの多くは，現場あるいは現場に近い条件下で，紫外線の効果がいかに低減・妨害されるかという実践的な研究が多く，同一条件下において各種細菌の不活化を評価することを目的とする場合，よい参考となる研究はあまりない．そこで，以下では，著者らが以前に行った各種病原細菌および指標細菌の紫外線による不活化に関する研究結果を中心に，純水系における紫外線の細菌不活化力について述べることとする．

　前述の方法で，著者らが検討した病原性大腸菌 13 株の 90 ％不活化に必要な紫外線照射線量を

表-4.6 に示した．病原性大腸菌の中で不活化に必要な紫外線照射線量が最も小さかったのは腸管組織侵入性大腸菌 O124:H − であり，90 ％不活化で 0.1 mW·s/cm²，99 ％不活化で 0.2 mW·s/cm² であった．腸管組織侵入性大腸菌 O124:H − は他と比較して紫外線照射に異常に弱い．これは暗回復の能力を欠いているからかもしれない．また，不活化に必要な紫外線照射線量が最も大きかったのは腸管病原性大腸菌 O142 であり，90 ％不活化で 7.1 mW·s/cm²，99 ％不活化で 9.8 mW·s/cm² であった．90 ％不活化に必要な紫外線照射線量は，腸管組織侵入性大腸菌 O124:H − の 0.1 mW·s/cm² から腸管病原性大腸菌 O142 の 7.1 mW·s/cm² まで広い範囲にわたっており，同

表- 4.6

細菌		90 ％不活化に必要な紫外線照射線量 (mW·s/cm²)
腸管出血性大腸菌	O26	3.5
腸管出血性大腸菌	O157:H7	1.5
腸管組織侵入性大腸菌	O167	4.2
腸管組織侵入性大腸菌	O124:H −	0.1
腸管組織侵入性大腸菌	O152:H7	1.5
腸管病原性大腸菌	O44	6.3
腸管病原性大腸菌	O55	4.9
腸管病原性大腸菌	O127:H21	1.6
腸管病原性大腸菌	O142	7.1
毒素原性大腸菌	O6:H16	1.2
毒素原性大腸菌	O6	1.2
毒素原性大腸菌	O25	2.8
毒素原性大腸菌	O25	2.2

一種の中でも株による違いが非常に大きいことが示された．したがって，不活化に必要な紫外線照射線量を求める場合には，小数の株を用いた実験から不活化に必要な紫外線照射線量を求めてその菌種全体の代表値とするのでなく，できるだけ多くの株について試験を行って求めるのが望ましい．

下水中の糞便性大腸菌群の 99 ％不活化に必要な紫外線照射線量は 10 mW·s/cm² 程度である（Kashimada et al., 1996）．この値は病原性大腸菌の中で紫外線に最も高い耐性を示した腸管組織病原性大腸菌 O142 の 99 ％不活化に必要な紫外線照射線量（9.8 mW·s/cm²）とほぼ同等の値である．したがって，後述する光回復を考慮する必要のない場合にあっては，糞便性大腸菌群を指標として紫外線消毒による病原性大腸菌の不活化にも過小評価になる可能性は小さいと考えられる．

b. サルモネラ属菌の不活化 前述の方法で筆者らが検討したサルモネラ属菌 4 株の低圧紫外線ランプによる不活化実験では，*S. typhimurium*, *S. infantis*, *S. derby* の生残曲線は直線であったが，*S. enteritidis*, *S. anatum* の生残曲線は上に凸であった．サルモネラ属菌の 90 ％不活化に必要な紫外線照射線量を表- 4.7 に示した．光回復も再増殖も考慮しない場合，サルモネラ菌の 90 ％不活化に必要な紫外線照射線量は 1.9（*S. infantis*）～8.0 mW·s/cm²（*S. anatum*）の範囲であった．

比較的紫外線に耐性のある株（*S. anatum*, *S. enteritidis*）の不活化曲線が上に凸であったのに対し，他の株はほぼ直線であった．上に凸の不活化曲線は，暗所における培養中に増殖培地中で細菌細胞に暗回復が生じていることを示唆している可能性がある．*S. anatum*, *S. enteritidis* が比較的紫外線に耐性があるのはこの暗回復による可能性がある．

大腸菌（ATCC 11229）の 90 ％不活化に必要な紫外線照射線量は，光回復を考慮しない場合で 2.5 mW·s/cm² である（Harris et al., 1987）．*S. anatum* は大腸菌（ATCC 11229）よりも紫外線消毒に高耐性である可能性がある．糞便性大腸菌群の 90 ％不活化に必要な紫外線照射線量は光回復を考慮しない場合で 5.2 mW·s/cm² である（Kashimada et al., 1996）．光回復を考慮しない場合，糞便性大腸菌群がサルモネラ属菌よりも紫外線耐性が小さいことを示すようである．したがって，糞便性大腸菌

表- 4.7

細菌	O 血清	H 血清	90 ％不活化に必要な紫外線照射線量 (mW·s/cm²)
Salmonella anatum	3, 10	e,h:1,6	8.0
Salmonella derby	4	G:f	4.0
Salmonella ecnteritidis	9	G	1.9
Salmonella infantis	7	r:1,5	4.7
Salmonella typhimurium	4	i:1,2	2.1

は，光回復を考慮しない場合，紫外線処理においてサルモネラ菌の指標細菌としては有用ではないだろう．

Smith et al. は，水中の S. typhimurium の感染力に対する太陽光による消毒の影響を検討した．UV-A を照射された細菌は，8 時間で 6 log が減少した．この時，DVC 法では，約 5 ％の細胞が活性を有していた．しかし，BALB/c マウスへの感染試験の結果，培養できないが生きている細胞はマウスへの感染力を保持していなかった．培養できないが生きている細菌の存在は，その病原性の回復可能性が最も重要である．この筆者らと同様な検討は，より多種類の細菌について種々の株を用いて検討されることが必要であろう．

c. VRE および緑膿菌の不活化(Tosa et al., 2003)　前述の方法で筆者らが検討したバンコマイシン耐性腸球菌(VRE) 1 株および緑膿菌 3 株の低圧紫外線ランプによる 90 ％不活化に必要な紫外線照射量を**表 - 4.8** に示した．バンコマイシン耐性腸球菌の 90 ％不活化に必要な紫外線照射線量は病原性大腸菌やサルモネラを上回り，10.9 mW·s/cm^2 であった．一方，緑膿菌の 90 ％不活化に必要な紫外線照射線量は 2.2〜4.1 mW·s/cm^2 であった．緑膿菌の不活化に必要な線量は，芽胞を形成していない多くの細菌の不活化に必要な線量と同程度であった．

d. その他の細菌の不活化　Butler and Carlson(1987)は，*Campylobacter jejuni*, *Yershinia enterocolitica* O:3 および大腸菌の紫外線照射について検討した．3 log の不活化に必要な線量は，*C. jejuni* で 1.8 mW·s/cm^2，*Y. enterocolitica* O:3 で 2.7 mW·s/cm^2 および大腸菌で 5 mW·s/cm^2 であった．これらの結果は，筆者らが病原性大腸菌やサルモネラ属菌で得た結果と同程度である．

Obiri-Danso et al.(2001)は，*C. jejuni*, *C. coli*, *C. lari* および尿素陽性好熱性カンピロバクター(UPTC)の自然集団および純粋培養集団への UV-B と温度の影響を検討した．*C. lari* および UPTC は，表流水中で，*C. jejuni* および *C. coli* よりも長く生残した．これは暗所では特に顕著であった．古くから太陽光線には殺菌作用があることが知られている．自然の太陽光中には紫外線が含まれており，これが自然環境中における細菌の不活化に影響している可能性が示されている．人工光による消毒は，エネルギーを必要とする．近年，地球環境の温暖化が問題とされており，省エネルギーの必要性はますます高まってきている．自然エネルギー源として太陽光は有望視されており，太陽光発電もさらに普及してきている．紫外線を用いた消毒においても，太陽光とそのエネルギーを利用できる可能性を示唆するものとして注目される．

表 - 4.8

細菌	90 ％不活化に必要な紫外線量(mW·s/cm^2)
バンコマイシン耐性腸球菌（VRE）	10.9
緑膿菌（河川水由来株 A）	2.8
緑膿菌（河川水由来株 B）	4.1
緑膿菌（下水由来株）	2.2

Gehr et al.(2003)は，都市下水の高度処理として紫外線等について検討した．紫外線処理に対しては，糞便性大腸菌群，MS2 大腸菌ファージおよび *Clostridium perfringens* のうち，*C. perfringens* が最も抵抗性の高い生物であった．Keller et al.(2004)は，UASB + BF 処理水への紫外線照射処理による病原体除去効果について検討した．大腸菌，耐熱性大腸菌群および大腸菌ファージは農業利用に可能な濃度まで低下した．植種された *Salmonella* spp. は最終処理水中には検出されなかったが，同じく植種したぜん虫卵は紫外線では完全には不活化されなかった．Chang et al.(1985)は，病原微生物および指標微生物の紫外線による不活化について検討した．細菌栄養細胞，大腸菌群および一般細菌の 99.9 ％不活化に要する紫外線照射線量は同程度であった．しかし，ウイルス，細菌芽胞およびアメーバシストの不活化には，それぞれ，3，4 および 9 倍の線量が必要であった．これまでのところ，紫外線の適用性の問題点は，これら，ウイルス，芽胞および原生動物に対する作用

の弱さである．一般的な病原細菌の不活化力において，紫外線消毒は問題となることはないだろう．

Torrenteraa et al.(1994)は，海水の紫外線消毒について検討した．Vibrio および Pseudomonas が存在する細菌集団について 212, 424, 636 および 848 J/m² の線量で，99.86, 99.969, 99.997 および 100 % の除去率を得た．Abbaszadegan et al.(1997)は，細菌を含む水系感染症病原体の紫外線処理効果について検討した．Vibrio cholerae, Shigella dysenteriae 血清型 2, Escherichia coli O157:H7, Salmonella typhi らの細菌については，99.9999 % 以上の除去を示した．十分な紫外線を照射できれば，多くの病原細菌は検出されなくなるほどに不活化が可能である．

(2) 中圧水銀ランプ

中圧水銀ランプは，封入水銀圧力が数百 mmHg であり，1 本当りの照射エネルギーが高く大容量の消毒に向く装置であると期待されている（大瀧他，2002）．中圧ランプは出力が大きいため，ランプ本数を減らすことができるからである．しかし，中圧ランプの照射波長スペクトルは 200～400 nm と広い波長域にわたっている．古くから消毒に有効であるとされている紫外線波長は 254 nm 程度である．このため，中圧ランプの広い波長域にわたる照射光が微生物の不活化にどのような効果があるのかが重要である．これらの広い波長域が無効であるならば，投入されたエネルギーの大部分が無駄に費やされることになる．

Kwan et al.(1996)は，大規模処理における高線量率紫外線消毒システムの選択について検討した．目標とする糞便性大腸菌群濃度を達成するのに必要な紫外線照射線量は 20 mW・s/cm² であると結論した．現在，下水処理場や合流式下水道雨天時越流水等，大量の下水および下水処理水の消毒に中圧ランプが使用されつつある．中圧ランプの適用性に関する検討は，その多くが下水および下水処理水中の大腸菌群，糞便性大腸菌群等の指標細菌への消毒効果にとどまっている．

一方，中圧ランプによる病原細菌の消毒効果については，検討例がきわめて少ない．中圧ランプの不活化機構が低圧ランプと全く同じであるならば，実用的にはこれら指標細菌のみ測定し，病原細菌に対しては類推のみとすることもよしとできよう．しかしながら，近年，中圧ランプの広い波長にわたる照射光が消毒において特別に有効であるとする研究が報告され始めている．Oguma et al.(2004b)は，低圧水銀ランプまたは中圧水銀ランプ照射後，大腸菌の光回復が生じるかどうかを培養法および Endonulcease Sensitive Site(ESS)法により検討した．大腸菌は，中圧ランプ照射後，光回復が抑制された．しかし，同時に検討されたレジオネラについては，このような抑制効果が見られなかったとしている．この結果は，中圧ランプの消毒効果に，まだ，未知の部分が存在することを示唆しており，今後の中圧ランプによる消毒の研究の進展に期待される．

(3) パルスキセノンランプ

パルスキセノンランプは，瞬間的に高いエネルギーを不連続的に照射するものであり，瞬間的に通常の 100～1 000 倍の線量率の紫外線が照射される．このような強い紫外線が微生物の不活化に従来知られているものとは異なる原理で作用するのではないかという期待が持たれている．また，細菌細胞内部の不活化機構のみでなく，透過率の低い排水の消毒において，パルスキセノンランプの大きな出力が効果的に作用するのではないかという期待もある．

Rowan et al. は，Listeria monocytogenes, Escherichia coli, Salmonella enteritidis, Pseudomonas aeruginosa, Bacillus cereus および Staphylococcus aureus の閃光パルス紫外線消毒について検討した（Sobsey, 1989）．大瀧他(2002)は，流通型パルスキセノンランプ装置を用い，高濁質排水の消毒効率について検討し，単位時間当りの紫外線照射線量は流量が大きくなるほど有利であることを示

(4) 紫外線による細菌不活化のまとめ

水の消毒における微生物の不活化をまとめた総説としては，Sobsey(1989)によるものがよく知られる．しかし，これは，異なる条件下で実施された様々な消毒実験結果をまとめたものであり，その中での厳密な相互比較は困難である．ここでは，WEF によりまとめられた 90 ％不活化に要する紫外線照射線量の表を**表-4.9** に示す(Water Environment Federation, 1996)．なお，同じ細菌種であっても株により必要線量が異なり，種内部でばらつきがあることに留意する必要がある．

表-4.9 紫外線照射による細菌の不活化(Water Envitonment federation, 1996)

細菌	90 ％不活化に必要な線量 ($mW \cdot s/cm^2$)	不活化速度 (一次反応) ($cm^2/mW \cdot s$)	細菌	90 ％不活化に必要な線量 ($mW \cdot s/cm^2$)	不活化速度 (一次反応) ($cm^2/mW \cdot s$)
Aeromonas hydrophila	1.54	1.5	*Salmonella pratyphi*	3.2	0.72
Bacillus anthracis	4.5	0.51	*Salmonella typhi*	2.26	1.02
Bacillus anthracis spores	54.5	0.0422	*Salmonella typhi*	2.1	1.1
Bacillus subtills spores	12	0.19	*Salmonella typhi*	2.5	0.92
Campylobcater jejuni	1.05	2.19	*Salmonella typhimurium*	8	0.29
Clostridium tetani	12	0.19	*Shigella dysentariae*	2.2	1.05
Corynebacterium diptheriae	3.4	0.68	*Shigella dysentariae*	00.885	2.6
Escherichia coli	1.33	1.73	*Shigella flexineri*	1.7	1.4
Escherichia coli	3.2	0.72	*Shigella paradysenteriae*	1.7	1.4
Escherichia coli	3	0.77	*Shigella sonnei*	3	0.77
Klebsiella terrigena	2.61	0.882	*Staphylococcus aureus*	5	0.46
Legionella pneumophila	2.49	0.925	*Staphylococcus*	4.5	0.51
Legionella pneumophila	1	2.3	*Staphylococcus*	4.4	0.52
Legionella pneumophila	0.38	6.1	*Staphylococcus*	2.2	1
Micrococcus radiodurans	20.5	0.112	*Vibrio cholerae*	0.651	3.54
Mycobacterium tuberculosis	6	0.38	*Vibrio cholerae*	3.4	0.68
Pseudomonas aeruginosa	5.5	0.42	*Vibrio comma*	6.5	0.35
Salmonella enteris	4	0.58	*Yershinia enterocolitica*	1.07	2.15
Salmonella enteritidis	4	0.58			

4.2.3 紫外線の細菌不活化効果に影響を及ぼす要因(金子, 1997)

(1) 水質の影響

水中の懸濁物質や色度成分等，殺菌効果のある波長の紫外線を吸収する物質は，常に，細菌の不活化に影響する．これらの影響は，殺菌効果のある波長における吸光度を測定し，これをもとに紫外線量を補正することで求められる．

紫外線消毒への水温の影響は，通常，あまり大きくはないことが知られている．Severin *et al.* (1983)は，大腸菌, *Candida parapsilosis* および細菌ファージ f2 を用いて，紫外線消毒への水温の影響を 5, 20 および 35 ℃ の 3 段階について実験的に検討した．紫外線による大腸菌不活化の活性化エネルギーは 554 cal/g・mol であることが示された．遊離塩素，モノクロラミン，二酸化塩素またはヨウ素による大腸菌の不活化における活性化エネルギーは，4 400～12 000 cal/g・mol であり，これらと比較すると，紫外線消毒は，温度依存性が小さいことが結論として示された．このように微生物学的要因からは，紫外線消毒への水温の影響はきわめて小さい．しかしながら，低圧水銀ランプの照射出力が温度の影響を受ける場合がある．実プロセスの設計においては，このような要因は無視できない．

消毒対象となる微生物の存在状態もまた，消毒において重要であることはよく知られている．まず，微生物濃度が高い場合は，微生物それ自体が紫外線を吸収するため，同一試料中の他の細菌細胞への紫外線照射を妨害する．このようなことは，既述のように，紫外域の吸光度を測定し，紫外線照射線量を補正した後，必要な線量を照射すればよい．一方，細菌の凝集や懸濁物質への付着は厄介な問題である．細菌が凝集している場合，紫外線は，集塊内部に埋もれた細胞には届かない．また，細菌が懸濁物質に付着していると，その懸濁物質が照射された紫外線を遮り，細菌細胞を守る盾となる可能性がある．下水や下水処理水の消毒において，紫外線照射線量を増加させても細菌の生残率が減少しない現象が見られることがあるが，これは，細菌の凝集または懸濁物質への付着に原因があるかもしれない．なお，水をろ過するとこのような塊は除去されるため，消毒効果は改善される．

消毒対象となる微生物の生理学的状態もまた消毒において重要であることが知られている．*Bacillus* 属や *Clostridium* 属に分類される細菌は芽胞と呼ばれる構造を形成することが知られている．芽胞は，温度，乾燥，凍結，放射線，薬品等，物理的・化学的な悪条件においても抵抗力が通常よりも強い．近年，テロで有名となった炭疽菌は *Bacillus* 属に属し，芽胞を形成する．芽胞状態の炭疽菌の紫外線による不活化には，通常の10倍以上の紫外線照射線量が必要となる．この性質を用い，枯草菌(*Bacillus subtilis*)は生物線量計として用いられている．

不活化に影響する細菌の生理学的状態としては，栄養条件がある(金子監訳，1992)．食品や培地の中のような栄養豊富な条件下では，多くの種類の細菌が活発に増殖する．しかし，環境水や水道水のような低栄養条件下においては，細菌は飢餓状態に置かれている．低栄養条件下では，芽胞形成菌は芽胞を形成する．一方，その他の種類の細菌細胞内においても，低栄養条件下のような悪条件のもとでは，ストレスタンパク質等が生産され，悪条件下でも生き残るための準備が行われている．このような飢餓状態にある細菌は，消毒剤に対して抵抗性があることが知られている．紫外線に対して，飢餓状態にある細菌の抵抗性が増す可能性も否定できない．実験室で増殖させた細菌の抵抗性より環境水中の細菌の抵抗性が高いことが観察されるのは，このような細菌の生理学的状態が関係している可能性がある．

(2) 回復現象
a. 病原大腸菌の回復(土佐他，1997；Tosa *et al.*，1999；Tosa *et al.*，2003)　　紫外線照射後の細菌の回復現象についても，これまでに多くの研究が存在する．このメカニズムは，主として，紫外線により傷つけられたDNAの修復によるものである．以下では，著者らが以前に行った各種病原細菌および指標細菌の紫外線による不活化後の回復現象に関する研究結果を中心に述べる．

紫外線照射後，可視光照射下における腸管出血性大腸菌O157:H7の生残率の増加は腸管出血性大腸菌O26と比較するとはるかに小さかった．すなわち，腸管出血性大腸菌O157:H7では光回復は明確ではなかった．紫外線照射線量が$13.2~\text{mW}\cdot\text{s/cm}^2$の場合では，可視光線照射初期に生残率増加の遅滞が観察された．この場合では，240分照射後には，生残率は0.1まで増加し，照射終了までほぼ一定となった．紫外線照射線量が$11.9~\text{mW}\cdot\text{s/cm}^2$以下の場合では，生残率増加の遅滞は観察されなかった．

紫外線消毒した下水処理水が太陽光の照射される環境中に放流された場合を想定し，紫外線により不活化した腸管出血性大腸菌O26に自然太陽光を照射した実験では，短時間での光回復が観察された．また，紫外線照射直後の生残率が小さいほど，高いレベルまで回復し，紫外線照射前の生残率に近づいた．しかしながら，長時間の太陽光照射により，光回復した腸管出血性大腸菌O26は，再び不活化された．この不活化は，紫外線を照射しなかった細胞にも生じた．また，太陽光照

4.2 紫外線の細菌不活化力

射による不活化率は太陽光が強いほど大きかった．太陽光には，細菌に光回復を生じさせる可視光と不活化を生じさせる紫外線の双方が高い線量率で含まれている．このため，太陽光照射のもとでは，一時的に光回復した細胞も，紫外線による不活化を受けたのであろう．

腸管組織侵入性大腸菌 O167 では紫外線照射後の光回復が見られなかった．腸管組織侵入性大腸菌 O124:H-では，紫外線照射後，可視光強度が異なっても可視光照射量が同一であれば同程度の回復が生じた．

腸管病原性大腸菌 O44，O142 および O127 では光回復が見られなかった．腸管組織侵入性大腸菌 O124:H-O55 は $200~mW \cdot s/cm^2$ 以下の可視光照射量で，紫外線照射直後の生残率 0.02 から 0.2 近くにまで光回復した．

毒素原性大腸菌 O6:H16 はほとんど光回復しなかった．これに対して毒素原性大腸菌 O6 は，$400~mW \cdot s/cm^2$ の可視光照射で生残率で 0.2 近くまで光回復した．毒素原性大腸菌 O25 は，$250~mW \cdot s/cm^2$ 程度の可視光照射で，紫外線照射直後の生残率 0.007 から 0.1 程度まで光回復した．別の毒素原性大腸菌 O25 株は，$300~mW \cdot s/cm^2$ 程度の可視光照射量で，紫外線照射直後の生残率 0.03 から 0.15 まで光回復した．

消毒プロセスで 3 log 程度の不活化が達成されることを目標とする．ここで，細菌数を光回復を手順に含まない試験方法で測定すると，腸管出血性大腸菌 O157 で 0.5 log 程度，腸管出血性大腸菌 O26 では 2 log 以上の回復が生じることになる．紫外線消毒処理において 3 log の不活化を目標とするなら，4 log の不活化のレベルの照射が必要であるとする研究者もいる．しかし，光回復後でも 3 log 以上の不活化が達成されるような消毒を行うためには，腸管出血性大腸菌 O26 に対しては光回復を含まない場合で 12 log もの不活化を行う必要があることになる．この時，細菌数は，通常の光回復を含まない細菌培養方法では，$10^{-9}~CFU/mL$ となり，実用的には，測定不可能な小さな値となってしまう．このような低濃度の細菌数を測定するのは不可能である．実際に消毒効果を確認するには，細菌の検出方法に光回復を手順として含める方向で検討する必要があるだろう．

可視光照射前後の病原性大腸菌の生残率の対数値の比を**表-4.10**に示した．この比の値が最も大きかったのは腸管組織侵入性大腸菌 O124:H-で，その値は 6.5 であり，他の株とは少なくとも 2 倍程度の違いがあった．腸管組織侵入性大腸菌 O124:H-については，既に暗回復の能力を欠いている可能性を指摘した．このために可視光照射前後の生残率の対数値の比が大きくなった可能性がある．腸管組織侵入性大腸菌 O124:H-を除くと，可視光照射前後の各供試菌株の生残率の対数値の比は，明確に光回復が見られたものでは，1.8 から 3.4 の範囲であった．

紫外線消毒において，光回復後の細菌の生残率と紫外線照射線量の関係は，光回復前の生残率と同様に Chick-Watson の法則にほぼ従うことが多くの細菌で認められている（Kashimada et al., 1996；安藤他訳，1995；Gregory, 1985）．病原性大腸菌においても同様であるとすると，光回復を考慮した場合，菌株によっては，紫外線消毒の効果は，光回復を考慮しない場合の 3.4 分の 1 にしかならない可能性があることになる．

病原性大腸菌では，$400~mW \cdot s/cm^2$ 以下の可視光照射量で 1〜3 log 程度の光回復が生じて可視

表-4.10

細菌	可視光照射前後の病原性大腸菌の生残率の対数値の比
腸管出血性大腸菌　O26	3.28
腸管出血性大腸菌　O157:H7	1.22
腸管組織侵入性大腸菌　O167	0.92
腸管組織侵入性大腸菌　O124:H-	6.49
腸管組織侵入性大腸菌　O152:H7	2.33
腸管病原性大腸菌　O44	0.96
腸管病原性大腸菌　O55	2.32
腸管病原性大腸菌　O127:H21	0.83
腸管病原性大腸菌　O142	0.91
毒素原性大腸菌　O6:H16	1.1
毒素原性大腸菌　O6	2.21
毒素原性大腸菌　O25	3.42
毒素原性大腸菌　O25	1.79

光照射量がある程度大きくなると一定となった．わが国の冬季晴天時の太陽光の可視光強度は $2\ mW\cdot s/cm^2$（波長 360 nm）程度である．糞便性大腸菌群の光回復速度は，可視光強度にほぼ比例する（Kashimada, 1996）．本研究で腸管組織侵入性大腸菌 O125 について行った 2 回の光回復実験結果では，可視光強度が異なっても，可視光照射量が同一であれば，同程度の回復が見られた．したがって，病原性大腸菌の光回復速度も可視光強度にほぼ比例するとみなすことは妥当であろう．この場合，病原性大腸菌は，紫外線照射で一時的に 4 log 程度の不活化が達成されても，晴天時の屋外では，懸濁物質等の光を吸収する物質や水深の影響を無視すると，たかだか 4 分間以内に 1 log 程度にまで回復してしまうことになる．

　紫外線によって傷ついた微生物は，自然界の水中でより早く死滅するので，光回復は重要な問題ではないという意見もある（安藤他訳，1995）．しかし，本研究では短時間に 1～3 log の光回復が起きる可能性が示唆された．このような短時間のうちに生じる光回復を阻む大きな要因は，海水のような浸透圧の高い場合を除き，自然界の水中では，現在のところ知られていない．したがって，紫外線消毒において，光回復を考慮せずに消毒効果を判定すると，菌種，菌株によっては，危険な結果となる可能性がある．下水処理水の放流先は，通常，河川等の屋外である．また，近年は，下水処理水が親水用水等に再利用されることも多い．このように，放流水は可視光に曝露される機会が多いため，下水処理水の消毒に紫外線消毒を用いる場合は，放流後に光回復が生じたとしてもなお十分に安全性が確保される紫外線照射線量を照射することが必要であろう．本研究の結果を前提とすると，必要な紫外線照射線量は，最大で，光回復を考慮しない場合の 6.5 倍となる場合があるということになる．場合によっては，紫外線消毒による細菌の不活化を評価する際に，光回復後の不活化の程度を評価する方法論の導入も考えなければならない．

　紫外線照射した水の微生物学的な水質を評価するにあたっては，光回復を培養操作手順に含む細菌試験方法を導入すべきである．腸管出血性大腸菌 O26 の生残性は光回復によって大腸菌（ATCC 11229）とほぼ同程度にまで高くなったが，糞便性大腸菌ほど効果的ではなかった．これらの知見から，糞便性大腸菌群が紫外線消毒プロセスにおける腸管出血性大腸菌の指標として有用であることが示唆された．

　糞便性大腸菌群の光回復は可視光強度に影響される（Kashimada *et al.*, 1996）．紫外線に曝露されることによって 50～99.99 %（0.5～4 log）不活化された腸管出血性大腸菌 O26 は，3 時間以内にほとんど光回復した．わが国における冬季晴天時の 360 nm における太陽光の強度は $2\ mW/cm^2$ である．この値は本研究で用いた可視光強度の 100 倍の値である．屋外の貯水池や放流先でははるかに迅速な腸管出血性大腸菌 O26 の光回復が生じる可能性がある．したがって，紫外線消毒処理水を川や湖のような開放系に放流する場合は，紫外線消毒プロセスの設計において紫外線照射線量の増加を考慮しなければならない．

b. サルモネラ属菌の回復　　*S. typhimurium* は可視光照射線量が小さい時，明所と暗所で同じような増加傾向を示した．しかし，最終的には明所の細菌数が暗所を上回った．細菌数は，紫外線照射直後の生残率 0.003 の時に最も増加し，可視光照射線量 $6.0\ mW\cdot min/cm^2$ で明所では 0.7 log 程度，また暗所では 0.5 log 程度の増加であった．

　暗所での生残率の増加が一時的に不活化された細胞の暗回復を示しているのか，または，不活化されなかった細胞の再増殖を示しているのかは不明である．塩素に曝露された大腸菌のリン酸塩緩衝液中での回復は大部分が不活化された細菌を基質とする再増殖に由来するという報告がある（Dukan *et al.*, 1997）．また，暗回復は暗所での増殖培地中での培養中にも生じうる．そこで，暗所での生残率の増加は不活化された細菌を基質とする再増殖に由来するものとするのが妥当であろう．

4.2 紫外線の細菌不活化力

S. infantis では，明所において紫外線照射直後の生残率の高いものは，可視光照射開始直後から急激に細菌数が増加する傾向があった．また，生残率の低いものは増加が少し遅れる傾向があった．細菌数は，紫外線照射直後の生残率 0.0004 の時に最も増加し，可視光照射線量 10.0 mW·min/cm² で 1.8 log 程度の増加であった．暗所では可視光照射線量が小さい時なだらかで，その後急に増加する傾向があり，細菌数は紫外線照射直後の生残率 0.002 の時に最も増加し，可視光線照射量 6.0 mW·min/cm² で 1.0 log 程度の増加であった．明所および暗所で顕著な細菌数の増加があり，すなわち，明確な再増殖および光回復が見られた．

S. enteritidis では，明所において紫外線照射直後の生残率が低いものは，可視光照射開始直後から急激に増加した．そのため，紫外線照射直後の生残率の違いで増加の傾向が著しく異なった．細菌数は，紫外線照射直後の生残率 0.0001 の時に最も増加し，可視光照射線量 8.0 mW·min/cm² で 2.1 log 程度の増加であった．暗所においては，細菌数はなだらかに増加する傾向があり，紫外線照射直後の生残率 0.007 の時に最も増加し，可視光照射線量 6.0 mW·min/cm² で 0.6 log 程度の増加であった．明所では細菌数が著しく増加しており，光回復したことは明らかである．また，暗所でも再増殖と見られる細菌数の増加があった．

S. anatum は明所において，可視光照射線量 4.0 mW·min/cm² で 0.3 log 程度の増加しか見られなかった．*S. derby* も明所において可視光照射線量 3.0 mW·min/cm² で 0.1 log 程度の増加しか見られなかった．また，両菌株とも暗所での細菌数の増加も見られなかった．すなわち，*S. anatum* と *S. derby* では回復も再増殖もなかった．

消毒プロセスで 3 log 程度の不活化が達成されることを目標とする場合，細菌数を光回復を手順に含まない試験方法で測定すると，*S. typhimurium* で 1 log，*S. enteritidis* で 1.5 log，*S. infantis* では 2 log 程度の光回復が生じることになる．*S. infantis* が光回復後でも 3 log 以上の不活化が達成されるような消毒を行うには，9 log もの不活化を行う必要がある．この時，細菌数は，通常の光回復を含まない細菌培養方法では，10^{-6} CFU/mL となり，これもまた腸管出血性大腸菌の場合と同様で，実用的には測定不可能な小さな値となってしまう．実際に消毒効果を確認するには，細菌の検出方法に光回復を手順として含める方向で検討する必要があるだろう．

S. infantis の 90% 不活化に必要な紫外線照射線量は光回復を考慮すると光回復も再増殖も考慮しない場合の 3 倍の値となった．不活化に必要な紫外線照射線量が 3 倍に増加するということは，従来からの直接プレーティング/暗所での培養法と比較してみると，紫外線処理における必要照射量の再評価をうながす必要があるだろう．この照射量の増加は細菌試験方法の再評価にもつながる．手順の中に光回復を含むような細菌試験方法が紫外線消毒された水の微生物学的水質を評価するにあたって用いられるべきである．

サルモネラ属菌の回復は 60 mW·s/cm² の紫外線照射と 24 時間の培養では見られなかったという報告がある (Baron, 1997)．回復が見られなかったのは，消毒前の供試下水処理水中のサルモネラ菌数が少なかったということと紫外線照射線量が大きかったということが原因である可能性がある．*S. infantis* の 3.5 log の不活化後に 2 log の光回復が見られた．サルモネラ菌の大規模な流行が生じた場合，通常よりも高濃度のサルモネラ菌が含まれた下水が下水処理場に流入して来る可能性がある．したがって，サルモネラ菌の流行している場合，紫外線消毒処理水を河川や湖のような開放系に放流するならば，紫外線照射線量を増加させることを考慮する必要がある．

c. VRE および緑膿菌の回復 (Tosa *et al.*, 2003)　　VRE の光回復を検討した研究では，VRE の光回復が観察された．光回復を考慮した 90% 不活化に必要な紫外線照射線量は，24.2 mW·s/cm² であった．紫外線を 20 mW·s/cm² 照射し，4.5 log 不活化された VRE は，2 mW·min/cm² の可視光線照射により，3.9 log の光回復が生じた．紫外線照射した VRE を暗所に置いた場合，生残菌数は

ほぼ一定，または，減少する傾向があった．腸球菌は，環境中ではあまり増殖しないことが知られている．暗回復もしくは再増殖が観察されなかったのは，このような既知の性質と一致する．

緑膿菌の回復を検討した研究では，緑膿菌の光回復および暗回復（または再増殖）が観察された．緑膿菌の光回復を考慮した90%不活化に必要な紫外線照射線量は，$5.2\ mW\cdot s/cm^2$であった．緑膿菌においても，紫外線照射直後の生残率が低いものほど回復後の生残率も高くなった．紫外線を$4.0\ mW\cdot s/cm^2$照射し，3.0 log 不活化された緑膿菌は，暗所に420分間放置すると，1.7 log の菌数の増加が観察された．一方，紫外線未照射のものを同条件下においた場合，生残率が減少した．このため，紫外線を照射された緑膿菌の暗所における菌数の増加は，再増殖ではなく，暗回復であることが示唆された．

d. その他の細菌の回復　　Oguma et al.(2004b)は，低圧水銀ランプまたは中圧紫外線ランプ照射後，大腸菌および *Legionella pneumophila* の光回復が生じるかどうかを培養法および Endonucelase Sensitive Site(ESS)法により検討した．レジオネラは，低圧水銀ランプまたは中圧水銀ランプによる3 log の不活化の後，光回復により，不活化率で0.5または0.4 log にまで回復した．これに対し，大腸菌は，中圧ランプ照射後，光回復が抑制された．

Knudson(1985)は，*Legionella penumophila* および他のレジオネラ属6種の紫外線による不活化と光回復について検討した．これらの細菌は低線量の紫外線にきわめて感受性が高いことが示された．しかし，レジオネラは，光照射により光回復し，効果的に紫外線に抵抗できることも示された．

Hassen et al.(2000)は，下水処理パイロットプラントおよび室内実験による紫外線消毒について検討した．パイロットプラントにおいて，大腸菌群および連鎖球菌は，紫外線透過率45%の水で，$100\ mW\cdot s/cm^2$の照射により3 log 減少した．同条件下で，緑膿菌の除去率は，1.1 log 未満であった．室内実験では，6種の細菌について検討した．実験から，紫外線に耐性のある *Pseudononas aeruginosa* ATCC 15442 および *Bacilllus subtilis* 6633，耐性の低い *Escherichia coli* ATCC 11229，中程度の耐性の *Enterococcus faecalis* ATCC 19433，*Serratia marcescens* ATCC 8100 および *P. aeruginosa* S21 に分類された．また，*P. aeruginosa* ATCC 15442 および *Enterococcus hirae* ATCC 10541 を除く他の細菌はすべて紫外線照射後，可視光照射により光回復した．

Das et al.(1981)は，*Vibrio cholerae* の紫外線による DNA 障害の修復について検討した．Inaba または Ogawa に属する3株はどれも紫外線に感受性があった．試験した細菌株は，光回復を示したが，十分な暗回復システムは存在しなかった．

Liltved and Landfald(2000)は，紫外線を照射された魚の病原細菌に対する光の影響について検討した．*Aeromonas salmonicida* は，105 lx の太陽光の照射により，2時間で99.9%が不活化されたが，28 000 lx の人工光では不活化率はより低いものであった．また，紫外線消毒により0.08%に減少させられた細菌は，20分の太陽光照射で160倍にまで回復した．しかし，2時間後には，0.07%まで減少させた．フミン酸の存在は，光回復を促進した．*Vibrio anguillarum* は3時間で97.5%に減少した．一方，UV-C の照射後，最大回復率の19倍に達するには3時間を要した．

Alonso et al.(2004)は，紫外線照射およびオゾン処理された排水中における微生物の再増殖について検討した．亜硫酸還元性クロストリジウムおよび病原性真菌は，紫外線照射およびオゾン処理に対して強い耐性を示した．

Emitazi et al.(2004)は，ろ過および紫外線消毒された飲料水中において形成された生物膜について検討した．非定型的マイコバクテリアおよびレジオネラ属菌が生物膜中に検出され，また，*Pseudomonas aeruginosa* が散発的に検出された．腸球菌は生物膜中には検出されなかった．この結果は，紫外線に対する耐性と水中における増殖能力の複合効果によるものであると推察される．

(3) 照射線量率依存性

照射線量率依存性とはどのようなものであろうか．紫外線平均照射線量と生残率（対数）の関係をグラフに描いてみると，両者の関係が直線とならない場合がある．例えば，低照射線量率では生残率の低下が小さく，高照射線量率において生残率が大きく低下することが観察される．これは，一見，細菌の不活化が照射線量率に依存しているように見える．しかしながら，上述のケースでは，紫外線照射線量と生残率の間に一定の関係が存在していることが多い．データが，ワンヒットモデルをベースにした Chick-Watson のモデルに適合しなくても，マルチヒットモデルをベースにしたモデルによる曲線には適合するのであれば，細菌の生残率は紫外線照射線量で決定されており，照射線量率に依存しているわけではないとみなされる．

では，照射線量率依存性が見られるとするのはどのような場合であろうか．照射線量率依存性が見られるのは，同じ照射線量に対して様々な生残率が示される場合である．この場合，照射線量率が異なると，不活化速度定数が異なる．筆者らの経験でも，これに類似する現象が観察されたことがある．

照射線量率依存性が生じる原因としては，細菌細胞が水中で凝集したり，懸濁物質に付着するなどして，紫外線の照射から守られている場合が考えられる．凝集塊や懸濁物質への付着割合の分布によっては，照射線量率依存性が生じるかもしれない．照射線量率依存性が生じる他の理由としては，細菌細胞内の生理学的状態が関係していることが考えられる．照射線量率が低い場合には，細胞内において，遺伝子の損傷を修復することができるような何らかのメカニズムが存在するのかもしれない．

照射線量率依存性がどのような原因に基づくものであるにせよ，処理としては，より効率的な方法をとるほかない．照射線量率依存性が存在する場合，紫外線消毒装置の設計では，低照射線量率でより長時間の照射を行うか，より高照射線量率で短時間の照射を行うかを，現場の状況に応じて判断すればよいだろう．

4.3 細菌に対する紫外線消毒法の有効性と限界

4.3.1 紫外線消毒の細菌消毒に対する有効性

本章で取り扱ってきた情報では，紫外線は細菌の消毒にきわめて有効に作用し，各種の水質基準を満たすような消毒が可能であることが示されてきた．細菌の不活化に必要とされる紫外線照射線量は，一部の紫外線耐性の高い芽胞等を除くと，$10 \text{ mW} \cdot \text{s/cm}^2$ 程度である．

金子（1997）は，紫外線消毒の有効性を，①簡単に利用できる，②維持管理が容易である，③物質を添加しない，その物質による副生成物が存在しない，④比較的短時間で消毒できる，⑤過剰照射はエネルギーのロスであるが，薬剤のような害はない，の5点にまとめた．これらの特性は，結局のところ，薬剤を用いないというところから導かれている．現在，市民の環境への関心は非常に高くなっており，中でも，化学物質使用への懸念は非常に強い．水道水のように残留塩素が必須と思われるような水であっても，残留塩素が健康に悪影響をもたらすと信じ，浄水器で残留塩素を除去する人々が多数いる．また，下水処理水を環境水，修景用水，親水用水等として再利用するにも，水の安全性だけでなく，水の快適性が重要な要素となる．残留塩素がもたらす臭気は，飲料水のみならず多くの市民には不快要因となってしまっている．紫外線消毒は，これらの感情的・感覚的な水の快適性に対する回答ともなるであろう．

4.3.2 紫外線消毒の限界

金子(1997)は，紫外線消毒の限界を，①*Giardia lamblia* のような原虫シストに対する不活化力が弱い，②SS，濁度，色度および溶存有機物濃度の高い水には不向きである，③紫外線照射線量を正確に求めるのが難しい，④残留効果がない(排水処理では長所となる)，⑤エネルギー消費量が多く，電気代がかさむ，⑥紫外線によって不活性化されても致死的でない場合，光によって活性を取り戻すことがある，の6点にまとめた．ここでは細菌を対象としているため，①に関する議論は省略する．②および③は結局は同じ問題である．純粋な水のみに低濃度の細菌が均一に浮遊しているような理想的な系では問題ではないが，現実の消毒対象となる水における問題である．しかし，これらの問題は，吸光度測定による補正および現場における実証試験等の過程を経ることで解決可能であろう．④の残留性がないことは，浄水への適用において問題である．現在，わが国の水道水は給水栓水における残留塩素の保持が義務付けられており，このためにも，浄水場で，最後に塩素を添加する必要が生じる．一方，残留性がないことは，金子も示したように，排水処理では長所となる．残留塩素，特にクロラミンは，水中の種々の生物に対する毒性がきわめて強いことが知られている．塩素消毒された排水が河川などの環境に放流される場合，クロラミンが放流先の生態系に悪影響を及ぼす可能性がある．このため，米国では，塩素消毒を行った排水の放流前に，脱塩素が行われている地方もある．⑤は地球環境を考慮して省エネルギーが環境問題の重要問題となった現在ではきわめて重要である．現状では，小規模処理場での適用がコスト的に有効とされ，実機が全国各地で稼動している．小規模処理施設における紫外線消毒法の採用は，今後，さらなる広がりをみせるものと思われる．紫外線消毒処理水を川や湖のような開放系に放流する場合は，⑥の細菌の光回復を考慮する必要がある．この場合，紫外線消毒プロセスの設計において紫外線照射線量の数倍程度の増加を考慮しなければならない．また，紫外線照射した水の微生物学的な水質を評価するにあたっては，光回復を培養操作手順に含む細菌試験方法を導入すべきである．

参考文献

- Alonso, E., Santos, A., Riesco, P.(2004): Micro-organism re-growth in wastewater disinfected by UV radiation and ozone: a micro-biological study, *Environmental Technology*, 25(4), pp.433-41.
- American Public Health Association(1992): Standard Methods for the Examination of Water and Wastewater 18th edition, American Public Health Association.
- 安藤茂，清水五郎訳(1995): カリフォルニア州における排水再生利用のための紫外線消毒のガイドラインおよび必要とする研究の確認，用水と廃水，37(3), pp.46-58
- Baron, J.(1997): Repair of wastewater microorganisms after ultraviolet disinfection under semi-natural condition, *Water Environement Research*, 69, pp.992-998.
- Butler, R.C., Lund, V. and Carlson, D.A.(1987): Susceptibility of *Campylobacter jejuni* and *Yersinia enterocolitica* to UV radiation, *Applied and Environmental Microbiology*, 53(2), pp.375-378.
- Chang, J.C., Ossoff, S.F., Lobe, D.C., Dorfman, M.H., Dumais, C.M., Qualls, R.G. and Johnson, J.D. (1985): UV inactivation of pathogenic and indicator microorganisms, *Applied and Environmental Microbiology*, 49(6), pp.1361-1365.
- Chick, H.(1908): An Investigation of the Laws of Disinfection, *Journal of Hygiene*, 8, pp.92-158.
- Das, G., Sil, K. and Das, J.(1981): Repair of ultraviolet-light-induced DNA damage in *Vibrio cholerae*, Biochimica et Biophysica Acta(BBA)-Nucleic Acids and Protein Synthesis, 655(3), 27, pp.413-420.
- Dukan, S., Levi, Y. and Touati, D.(1997): Recovery for culturability of an HOCl-stressed population of *Escherichia coli* after incubation in phosphate buffer: resuscitation or regrowth?, *Applied and*

参考文献

- *Environmental Microbiology*, 63, pp.4204-4209.
- 遠藤圭子訳，清水潮監訳(2004)：培養できない微生物たち―自然環境中の微生物の姿，学会出版センター．
- 遠藤卓郎他(2003)：レジオネラ汚染とその対策，環境技術，32(6)，pp.29-33.
- Emtiazi(??), F., Schwartz, T., Marten, S.M., Krolla-Sidenstein, P. and Obst, U.(2004)：Investigation of natural biofilms formed during the production of drinking water from surface water embankment filtration, *Water Research*, 38(5), pp.1197-1206.
- Gehr, R., Wagner, M., Veerasubramanian, P. and Payment, P.(2003)：Disinfection efficiency of peracetic acid, UV and ozone after enhanced primary treatment of municipal wastewater, *Water Research*, 37(19), pp.4573-4586.
- Gregory, B.K.(1985)：Photororeactivation of UV-irradiated *Legionella pneumophila* and other Legionella species, *Applied and Environmental Microbiology*, 49, pp.975-980.
- Harris, G.D., Adams, V.D., Sorensen, D.L. and Curtis, M.S.(1987)：Ultraviolet inactivation of selected bacteria and viruses with photoreactivation of the bacteria, *Water Research*, 21, pp.687-692.
- Hassen, A., Mahrouka, M., Ouzaria, H., Cherifb, M., Boudabousc, A. and Damelincourtd, J.J.(2000)：UV disinfection of treated wastewater in a large-scale pilot plant and inactivation of selected bacteria in a laboratory UV device, *Bioresource Technology*, 74(2), pp.141-150.
- 金子光美監訳(1992)：飲料水の微生物学，技報堂出版．
- 金子光美(1997)：水の消毒，日本環境整備教育センター．
- 金子光美編著(1996)：水質衛生学，技報堂出版．
- Kashimada, K., Kamiko, N., Yamamoto, K. and Ohgaki, S.(1996)：Assessment of photoreactivation following ultraviolet light disinfection, *Water Science and Technology*, 33(10/11), pp.261-269.
- Kazuhiro Kogure and Ushio Simidu and Nobuo Taga(1978)：A tentative direct microscopic method for counting living marine bacteria, *Canadian Journal of Microbiology*, 25, pp.415-420.
- Keller, R., Passamani-Franca, R.F., Passamani, F., Vaz, L., Cassini, S.T., Sherrer, N., Rubim, K., Sant'Ana, T.D. and Goncalves, R.F.(2004)：Pathogen removal efficiency from UASB + BF effluent using conventional and UV post-treatment systems, *Water Science and Technolgy*, 50(1), pp.1-6.
- 厚生省生活衛生局食品保健課編(1996)：食中毒統計 平成7年，財団法人厚生統計協会．
- Knudson, G.B.(1985)：Photoreactivation of UV-irradiated *Legionella pneumophila* and other *Legionella* species, *Applied and Environmental Microbiology*, 49(4), pp.975-980
- Kwan, A., Archer, J., Soroushian, F., Mohammed, A. and Tchobanoglous, G.(1996)：Factors for selection of a high-intensity UV disinfection system for a large-scale application, Proceedings Disinfecting Wastewater for Discharge and Reuse, WEF, 8-1-12.
- Laura, Torrenteraa, Roberto, M. Uribeb, Romana R.Rodriguez a and Ricardo, E.Carrilloc(1994)：Physical and biological characterization of a seawater ultraviolet radiation sterilizer, *Radiation Physics and Chemistry*, 43(3), pp.249-255.
- Liltved, H. and Landfald, B.(2000)：Effects of high intensity light on ultraviolet-irradiated and non-irradiated fish pathogenic bacteria, *Water Research*, 34(2), pp.481-486.
- Morteza, Abbaszadegan, Michaela, N.Hasan, Charles, P.Gerba, Peter, F.Roessler, Barth, R.Wilson, Roy, Kuennen and Eric, Van Dellen(1997)：The disinfection efficacy of a point-of-use water treatment system against bacterial, viral and protozoan waterborne pathogens, *Water Research*, 31(3), pp.574-582.
- 日本水道協会(2000)：上水試験方法 2000，日本水道協会．
- 日本水道協会(2002)：水道用語辞典 第二版，日本水道協会．
- Obiri-Danso, K., Paul, N. and Jones, K.(2001)：The effects of UVB and temperature on the survival of natural populations and pure cultures of *Campylobacter jejuni*, Camp. coli, Camp. lari and urease-

positive thermophilic campylobacters(UPTC) in surface waters, *Applied and Environmental Microbiology*, 90(2), pp.256-267.
・小熊久美子，片山浩之，大垣眞一郎(2002)：ピリミジン二量体の定量による中圧紫外線ランプの光回復特性の評価，第36回日本水環境学会年会講演集，p.390.
・Oguma, K., Katayama, H., Mitani, H. and Ohgaki, S.(2004a)：Repressive effects of yeast extract on photoreactivation of *Escherichia coli*, *Water Science and Technology*, 50(1), pp.33-38.
・Oguma, K., Katayama, H. and Ohgaki, S.(2004b)：Photoreactivation of *Legionella pneumophila* after inactivation by low- or medium-pressure ultraviolet lamp, *Water Research*, 38(11), pp.2757-2763.
・及川和男(1997)：使用水による事故事例，水，39(4)，pp.89-95.
・大瀧雅寛，奥田敦子，田嶋恵子，木下忍，岩崎達行(2002)：流通型パルスキセノンランプ装置の高濁排水における消毒効率評価，第36回日本水環境学会年会講演集，p.389.
・坂崎利一編(1991)：食水系感染症と細菌性食中毒，中央法規出版.
・坂崎利一監訳(1993)：医学細菌同定の手びき第3版，近代出版.
・Severin, B.F., Suidan, M.T. and Engelbrecht, R.S.(1983)：Effects of Temperature on Ultraviolet Light Disinfection, *Environmental Science and Technology*, 17(12), pp.717-721.
・Severin, B.F., Suidan, M.T. and Engelbrecht, R.S.(1984)：Series-Event Kinetic Model for Chemical Disinfection, *Jounal of Environmental Enginerring*, 110(2), pp.430-439.
・Tosa, K., Hirata, T. and Taguchi, K.(1995)：Chloramine Induced Injury of Enterotoxigenic *Escherichia coli*, *Water Science and Technology*, 31(5/6), pp.135-138,
・Sobsey, M.D.(1989)：Inactivation of Health Related Microorganisms in Water by Disinfection Process, *Water Science and Technology*, 21(3), pp.179-195.
・土佐光司，平田強，田口勝久(1996)：塩素及びクロラミンによる毒素原性大腸菌の損傷，水環境学会誌，19(5)，pp.381-387.
・土佐光司，平田強，竹馬大介，古畑勝則，福山正文(1997)：下痢原性大腸菌の紫外線による不活化と光回復，水環境学会誌,, 20(9), 610-615.
・土佐光司(1998)：水中における腸管系病原微生物の損傷に関する研究，東京大学大学院博士論文.
・Tosa, K. and Hirata, T.(1999)：Photoreactivation of Enterohemorrhagic *Escherichia coli* Following UV Disinfection, *Water Research*, 32(2), pp.361-366.
・土佐光司，平田強(2000)：サルモネラ菌の紫外線による不活化および光回復，浄化槽研究，12(1)，pp.15-21.
・Tosa, K., Yasuda, M. and Hirata, T.(2003)：Photoreactivation of Enterohemorrhagic *E. coli*, VRE and P.aeruginosa Following UV Disinfection, *Journal of Water and Environment Technology*, 1, pp.119-24.
・土屋悦輝，中室克彦，酒井康行編(1998)：水のリスクマネジメント実務指針，サイエンスフォーラム.
・Water Environment Federation(1996)：Wastewater disinfection, Water Environment Federation.
・Watson, H.E(1908)：A Note on the Variation of the Rate for Disinfection with Change in the Concentration of the Disinfectant, *Journal of Hygiene*, 8, pp.536-542.

5. 紫外線によるウイルスの不活化

5.1 はじめに

　ウイルスは，その遺伝情報である核酸（DNA もしくは RNA）を，タンパク質または脂質タンパク質で包まれただけの非常に単純な構造をしている．そのサイズは 12～500 nm と非常に小さく，光学顕微鏡での観察は不可能であり，電子顕微鏡での観察に頼らざるを得ない．しかも特定の生細胞内でのみ増殖が可能であるため，細菌や寄生虫に比べると，その発見や検出方法についての研究が大きく遅れた．水系感染症の原因となる病原ウイルスは，ヒトや動物を宿主とする動物ウイルスの一種である．ヒトへの主な感染経路は汚染された水との直接接触である．感染者からは主に糞便とともに排泄されるので，この病原ウイルスによる感染症を防ぐためには，糞便汚染を受けている水の消毒を行うか，飲料用の水をあらかじめ消毒しておく必要がある．
　水系感染症を起こす病原ウイルスは，そのほとんどがピコルナウイルス科，カリシウイルス科，レオウイルス科，アデノウイルス科の 4 科に含まれるウイルスである．また，ヒトから糞便中に排出される腸管系ウイルスは 100 種類以上あるといわれているが，ポリオウイルス等の実験室での培養が可能な一部の例外を除き，前述のように培養法が非常に困難な場合が一般的であり，検出方法が確立しているウイルスは数少ない．今後，様々な病原ウイルスの検出方法の開発に伴って，多くの水系感染症の原因が病原ウイルスであると証明されると考えられる．
　このように今後も注目されるであろう病原ウイルスについて，効果的な消毒方法を開発する意味は大きく，塩素消毒に限らず様々な消毒方法が研究・検討されている．一般的に多くの消毒処理においては，ウイルスは細菌や原虫に比べて，その耐性が強く処理が厄介である．消毒耐性が高いウイルスに合わせて，消毒剤の追加投入が検討されることになるが，例えば，塩素処理等では過度の注入は，トリハロメタン生成等の負の効果がしばしば問題になる．その点，紫外線照射は過剰照射しても副生成物はほとんど発生せず，負の効果も小さいと考えられることから，有効性は高いと考えられる．
　以上のように，本章においてはウイルスに対する紫外線の効果について，様々な報告を紹介するとともに，ウイルスの現状についても紹介していく．

5.2 水系のウイルス汚染状況

　水系感染する多くのウイルスは，飲食等によって経口的に感染し，糞便に含まれて排泄されると

5. 紫外線によるウイルスの不活化

いう特徴を持っている．また，これらのウイルスは，遺伝子(DNAもしくはRNA)とタンパク質のカプシドのみで形成され，エンベロープを持たないため，環境条件に対して比較的強く，水中で容易に分解されない．代表的なものとして，エンテロウイルス[ポリオウイルス(Poliovirus)やエコーウイルス(Echovirus)等を含む]，ロタウイルス(Rotavirus)，アデノウイルス(Adenovirus)，ノロウイルス(Norovirus)等があげられる．多くは胃腸において症状があり，多くは下痢症を引き起こし，健常人は1週間程度で治癒することが多い．ただし，A型肝炎ウイルス(Hepatitis A virus)やポリオウイルス等は，経口的に感染するが，発病部位は胃腸にとどまらず，重篤な症状を引き起こすことがあるので注意が必要である．

1970年代から水中ウイルスに関する研究が欧米を中心に行われ，時には水中から検出されることもあった．しかし，少数の特別な事例を除いて，ウイルスが水系感染している疫学的な証拠は得られないことから，特に水道等において対策がとられることがなかった．これはウイルスが水系感染しないことを意味するわけではなく，実際にはウイルスの水系感染が生じていても疫学的に検知できるほどの大きな流行に至っていないということであろう．しかしながら，水中のウイルスについては，社会的に問題として認知されないままその感染リスクが放置され，その流れは1980年代も同じであった．一方で，病原微生物のリスクよりも化学物質による健康リスクが取り上げられるようになり，塩素の消毒副生成物の発がん性に関する懸念から，塩素使用量を低減することが推奨されるようになってきた．

そして，1990年代後半から先進諸国において，塩素に対して高い耐性を持つ原虫 *Cryptosporidium* による大規模な感染流行が引き起こされ，病原微生物対策が改めて必要であることが明らかとなってきた．

一方，直接の水系感染症ではないが，生ガキを介したウイルスの感染流行の実態が明らかになってきた．つまり，下水由来のウイルスが魚介類の鰓や腸管等の体内に蓄積し，まるごと生で食されるカキの場合に特に感染が成立しやすいという感染経路である．培養法による検査が主流であった1970年代にも，A型肝炎ウイルスを含めて様々なウイルスが二枚貝類から検出された．近年では，ノロウイルスによる食中毒が公衆衛生分野で広く注目を集めている．このウイルスは，ヒト以外の動物で感染が成立せず，また培養可能なあらゆる細胞に対して感染が成立しない．そのため，発見されるには，分子生物学的検査技術の発展を待たねばならなかった．ウイルスの呼称についても様々な提案があり，最終的には2002年に国際ウイルス分類委員会(ICTV)によってノロウイルスという属名に確定した．一方で，環境中のノロウイルスに関する研究は既に進んでおり，カキ等の魚介類，下水をはじめとして世界で広く検出されている．ノロウイルスの水系感染事例も欧米で報告されているが，大規模な浄水場ではなく，リゾート地やキャンプ場の簡易水道がウイルス排出源に汚染された場合がほとんどである．

水中のウイルス濃度については，知見が限られている．ウイルスは，環境中で増殖することはなく，また腸管系ウイルスに限れば，人畜共通感染症は知られていない．つまり，ウイルス感染者の体内でのみ増殖し，排出された後は単調減少するという単純な生活環を持っていると考えてよい．その様子を模式的に**図-5.1**に示した．ロタウイルスの場合，ウイルス感染したヒト

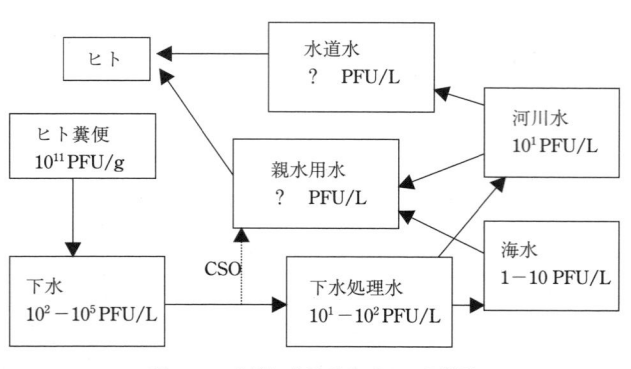

図-5.1 水系におけるウイルスの挙動

ヒト糞便 10^{11} PFU/g
下水 10^2–10^5 PFU/L
下水処理水 10^1–10^2 PFU/L
河川水 10^1 PFU/L
海水 1–10 PFU/L
水道水 ? PFU/L
親水用水 ? PFU/L

糞便中に 10^{11} PFU/g 程度含まれている．感染者の割合やウイルスの到達率にもよるが，下水処理場への流入水としては 10^5 PFU/mL 程度まで濃度が高くなることもありえる．下水処理水では 10^1〜10^2 PFU/mL 程度であり，下水汚泥には 10^3 PFU/Kg 程度である．下水処理水の放流先である河川や海域では，10^1 PFU/mL 程度は存在すると見積もっている(Schwartzbrod, 1995)．

以上の推計は，1980 年代に行われた欧米における調査をとりまとめたものであるので，実験手法上の問題で過小評価している可能性がある．一つはウイルス検出試験において培養法が用いられており，水中のウイルスが濃縮過程で失活した可能性があること，濃縮の回収率が必ずしも高くないことがその理由としてあげられる．近年は分子生物学的手法を用いたウイルス検出法が開発されており，それぞれのウイルスに特異的な遺伝子配列を増幅する PCR 法によってウイルスの存否を調べる手法が広く用いられている．培養法と PCR 法の検出結果を単純に比較することはできないが，少なくともウイルス粒子の数としては図-5.1 の数字よりも大きい事例が報告されてきている(ただし，その感染力については不明)．

例えば，流入下水および初期沈殿池処理水 2.5 mL 相当からノロウイルスおよびエンテロウイルスが多く検出され，ウイルス濃度の高い冬季には二次処理水 2.5 mL 相当からもノロウイルスが検出された(Katayama et al., 2003)．東京湾沿岸域で，50〜300 mL の海水からノロウイルスおよびエンテロウイルスが検出されることがあった(Katayama et al., 2002)．また，飲料水からの検出例としては，感染流行が生じた地域の飲料水を調査した事例(Boccia et al., 2002)が欧米で蓄積されてきている．それ以外では，ヨーロッパのブランドのミネラルウォーター 1 L からノロウイルスの遺伝子配列を検出した(Beuret et al., 2002)ことから，PCR 法によるウイルスゲノムの検出と水中ウイルスの感染リスクに関する議論が巻き起こっている(Gassilloud et al., 2003 ; Allwood et al., 2003)．さらに，日本においても水道水からノロウイルスのゲノムが検出されており(Haramoto et al., 2004)，今後ますます重要な因子として認識されると考えられる．

ただし，現在の技術を用いても水中ウイルスの総数を測定する手法はない．そのため，特定のウイルスの濃度を測定して，それぞれの感染リスクを足し合わせることで総合的なウイルスの感染リスクを推定することが考えられるが，すべての水系感染性ウイルスを測定することは事実上困難であろう．

5.3 紫外線のウイルス不活化力

5.3.1 ウイルス不活化力の評価法

ウイルスの不活化を評価する手法としては，疫学的な方法，ウイルスをヒトに摂取させる方法，培養細胞に対する感染価を定量する方法，培養細胞と PCR 法を組み合わせる方法等がある．一方，ある水処理装置において実際に消毒が有効であったかを確認する手法として，測定しやすいモデル微生物の不活化率を実測することによりウイルスの不活化率を推定する方法がある．

疫学的な方法は，19 世紀の微生物学の黎明期にとられた手法である．ゼンメルワイズの産褥熱対策としての手の塩素消毒が名高い．ウイルス疾患でいえば，天然痘に対する牛痘の予防接種等があるが，これは消毒ではなくワクチン接種の効果を疫学的に見たものである．現在では，RO 膜処理水の給水区域と通常の給水区域における下痢症の発症割合の違いを調べる疫学的研究等がある(Payment, 1997)．

培養法を用いた研究は多数報告されている．ウイルスの不活化において，ほとんどの場合は 1 次反応的に減少することが知られている(Battigelli et al., 1993)．そのため，不活化速度係数や 99 %

の不活化に必要な紫外線照射線量等のパラメータを比較することにより不活化力を評価することが可能である．また，一般的に遺伝子の長さの短いウイルスの方が不活化されにくいという傾向が見られる．また，DNAのチミンダイマーの方がRNAのウラシルダイマーよりも生成されやすいという知見（Jagger, 1967）もあり，MS2とφX174ファージの不活化速度の比較からも，一本鎖DNAウイルスは，一本鎖RNAウイルスに比べて不活化されやすいとされている（Battigelli, 1993）．

同じ線量率，すなわち単位面積当りに紫外線が当たる量が同じである場合，微生物の大きさが小さければそれだけ紫外線が当たる量は小さくなる．そのため，非常に小さいという特徴を持つウイルスは，紫外線による損傷を比較的受けにくいと考えられる．事実，リスク評価の観点から紫外線照射線量を規格化する欧米における試みの中で，ウイルス学的安全性を確保するために照射量が大きく設定されている．紫外線消毒の施設基準等を検討する場合には，ウイルスの消毒をどの程度まで保障する必要があるのかを決めれば必要な線量が決定し，細菌や原虫の不活化は十分に達成されるものと予想される．例えば，米国の紫外線のガイドライン値の決定において，A型肝炎ウイルスの不活化率が参照されている（USEPA, 1989）．2 log 不活化のために 21 mJ/cm²，3 log 不活化のために 36 mJ/cm² を必要としている．また，米国水道協会（AWWA）では，透過性を確保するためのろ過が必要であるとしており，ろ過をしないで紫外線を用いる場合には 40 mJ/cm² の照射線量が必要であるとしている（Masschelein, 2002）．

最近になって，二本鎖DNAを遺伝子として持つアデノウイルスが紫外線に対して最も抵抗力があることがわかってきた（Meng et al., 1996）．99.99％不活化するためには，アデノウイルス41型は 111.8 mJ/cm²，同 40 型は 124 mJ/cm² の紫外線照射線量が必要であるとしている．しかしながら，二本鎖DNAを遺伝子として持つPRD-1ファージは，RNA一本鎖ファージのMS2よりも不活化されやすく，遺伝子だけでは不活化速度が決定されない．99.9％の不活化を達成するために必要な紫外線照射線量は，エコーウイルス1型，同11型，コクサッキーウイルス（Coxsackievirus）B3型，同 B5 型，およびポリオウイルス1型に対して，それぞれ 25，20.5，24.5，27，23 mJ/cm² であったのに対し，アデノウイルス2型を99.9％不活化するためには 119 mJ/cm² を要したと報告している（Gerba et al., 2002）．

モデル微生物を用いた処理性能評価というアプローチは，装置全体としての評価が可能であり，実用的には非常に重要である．この場合は，紫外線照射線量の測定という意味合いが強く，紫外線照射線量とウイルスの不活化力については別途明らかにしておく必要がある．ファージを用いた研究では，ウイルスとの性質の類似性の観点から，MS2やQβ等のF特異RNAファージが広く用いられている．一本鎖RNAを持ち，エンベロープを持たずにタンパク質からなるカプシドが遺伝子を包むという単純な構成をしており，ポリオウイルス等の腸管系ウイルスと挙動が似ていると考えられている（IAWPRC Study Group, 1991）．Qβをモデルウイルスとして水中の平均紫外線照射線量を正確に測定できることがわかっており（Kamiko et al., 1989），生物線量計として用いられている．また，工学的には，Bacillus subtilis をモデル微生物として用いる利点もある（Sommer et al., 1993）．微生物の取扱いが容易であり，大量に用意できるため，大規模な処理施設に対する投入実験においても比較的高濃度で実験を開始でき，紫外線照射線量の測定可能域が広いという利点をあげている．

なお，PCR法ではウイルスの感染価を評価せず，ウイルスに特異的な遺伝子の存在を調べているにすぎないため，不活化力を評価するにはあまり適していないので，研究例が限られている（片山他，1997；Sobsey et al., 1998）．しかしながら，ノロウイルス等のように培養系が存在しないウイルスの場合には，PCRによる検出結果とモデル微生物による結果を組み合わせて不活化力を見積もるしか手立てがないのが現状である．培養が可能で，かつノロウイルスに系統的に最も近い

ウイルスとしてネコカリシウイルス(Feline caliciviras)を用いた研究が多くなされており,紫外線による消毒についても研究例がある(Thurston‐Enriquez et al., 2003).

5.3.2 純水系におけるウイルス不活化力

ウイルスの紫外線感受性に関する研究報告は,細菌ほど早い段階から行われているわけではなく,したがって対象としているウイルスの種類も多岐にわたっているわけではない.これは近年まで病原ウイルスの検出技術やその活性力(感染力)の測定および評価技術が確立されなかったことが最大の原因である.したがって,それらの測定および評価技術が格段に進歩した1970年~80年代においては,紫外線を含む様々な消毒技術に対するウイルスの感受性に関する研究が進んだ.

また,病原ウイルスに比べて実験方法が簡単な細菌感染性ウイルス(以下,バクテリオファージ)が紫外線消毒実験においては用いられることが多い.これは,バクテリオファージの構造が病原ウイルスに似ていること,紫外線の消毒機構から考えると,ファージの不活化効果を病原ウイルスの不活化(消毒)効果に外挿することが妥当であると考えられること,などの理由による.**図‐5.2**は,バクテリオファージを形態学的および種々の特徴に基づいて分類したものである.様々な病原ウイルスをこのバクテリオファージのいずれかに相当させることによって,感染力の評価が未確立なウイルスについて,大雑把ではあるが,紫外線感受性を類推することもある.

また,紫外線に関する研究報告においては,その時代において低圧水銀紫外線ランプ(以下,低圧紫外線ランプ)が主流の技術であったため,研究報告の多くは,この低圧紫外線ランプから照射される単波長光(253.7 nm)に対する感受性に関するデータとなっている.

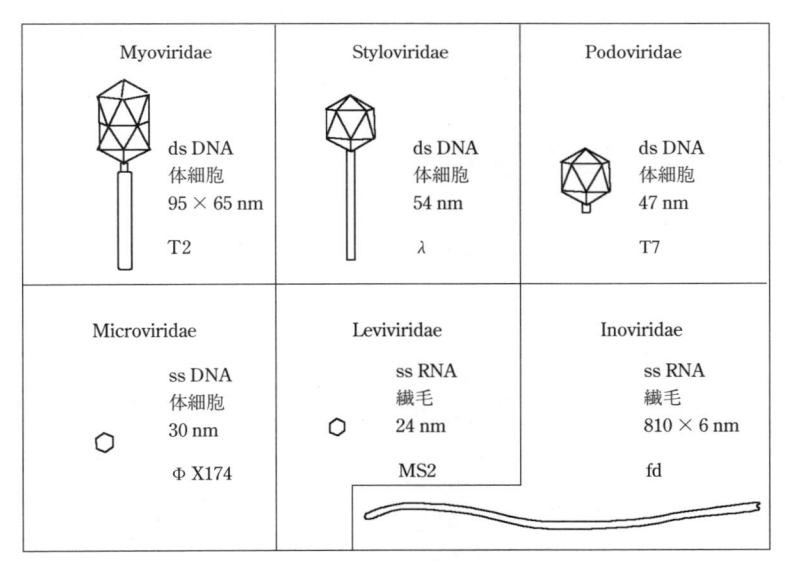

Myoviridae	Styloviridae	Podoviridae
ds DNA 体細胞 95 × 65 nm T2	ds DNA 体細胞 54 nm λ	ds DNA 体細胞 47 nm T7
Microviridae	Leviviridae	Inoviridae
ss DNA 体細胞 30 nm ΦX174	ss RNA 繊毛 24 nm MS2	ss RNA 繊毛 810 × 6 nm fd

図‐5.2 バクテリオファージの分類

(1) 低圧水銀ランプ

前述のように,これまでのウイルスの紫外線感受性に関する研究データの多くは,この低圧水銀ランプを用いたものである.**表‐5.1**は,これらの研究データをまとめたものである.

アデノウイルス(Adenovirus)のうちヒトに感染して下痢を生じるタイプは,40と41型であるといわれている(金子, 1997).近年の研究(Meng et al., 1996;Turston et al., 2003;Ko et al.,

5. 紫外線によるウイルスの不活化

表-5.1 各種ウイルスの 99 %, 99.9 %不活化に必要な紫外線照射線量 (mJ/cm^2)

ウイルス種	99 %	99.9 %	実験条件	文献
Adenovirus 2	53	80	蒸留水	Ballester et al., 2003
Adenovirus 40	60	90	蒸留水	Meng et al., 1996
	102	153	地下水	Thurston et al., 2003
Adenovirus 41	47	71	蒸留水	Meng et al., 1996
	111	167	PBS	Ko et al., 2003
Carine calicivirus	10	15	?	Husman, 2003
Feline calicivirus	14	21	地下水	Thurston et al., 2003
	16	24	?	Husman, 2003
Coxsackievirus A-9	24	36	海水中	Hill et al., 1970
Coxsackievirus B-1	31	46	海水中	Hill et al., 1970
Echovirus 1	22	32	海水中	Hill et al., 1970
Echovirus 11	24	36	海水中	Hill et al., 1970
Hepatitus A	7	11	?	Wolfe, 1990
Mouse minute virus	5	7.7	PBS	Anderle, 2003
Porcine parvovirus 5	6.8		PBS	Anderle, 2003
Poliovirus	15	23	?	HOCairn, 1002
Poliovirus 1	8	12	蒸留水	Meng et al., 1996
	10	15	?	Wolfe, 1990
	22	32	海水中	Hill et al., 1970
Poliovirus 2	24	36	海水中	Hill et al., 1970
Poliovirus 3	21	31	海水中	Hill et al., 1970
Reovirus 1	31	46	海水中	Hill et al., 1970
Rotavirus	23	34	?	Cairn, 1992
Rotavirus SA-11	16	24	?	Wolfe, 1990
MS2	28	42	蒸留水	Meng et al., 1996
	58	87	BDF	Thurston et al., 2003
PRD-1	17	26	蒸留水	Meng et al., 1996
Qβ	41	54	PBS	Kamiko et al., 1989
φX174	4	6.7	PBS	Anderle, 2003

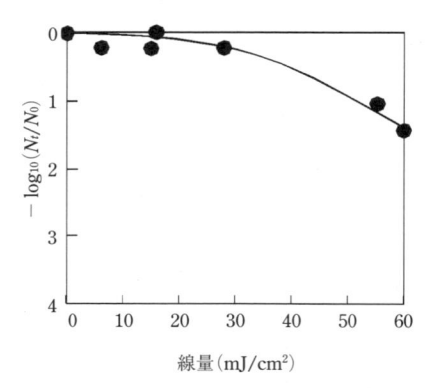

図-5.3 Adenovilus 40 の紫外線による不活化
(Thurston-Enriquez et al., 2003)

2003) によって，これらアデノウイルス 40 と 41 は，**表-5.1** で示しているウイルス種の中で最も紫外線耐性が強い部類に入ることがわかってきた．99.9 %不活化に要する紫外線照射線量は，各々 90〜153，71〜167 mJ/cm^2 と大腸菌に比べて十数倍高い．さらに Turston et al. (2003) によれば，低紫外線量域において，不活化が一次的に進行せず遅延する現象が見られている (**図-5.3** 参照)．このような遅延現象は，微生物の核酸内に紫外線によって致命的な損傷を受ける箇所が複数あるような場合 (マルチヒット理論) に見られるものである．一般的にファージも含めたウイルスでは，致命的損傷箇所を 1 箇所と仮定するワンヒットモデルで説明されることが多く，不活化は一次的に進行するが，アデノウイルスは例外のようである．これは，特に低線量の照射において予想される不活化率を過大評価することにつながってしまうため，注意が必要である．

また，アデノウイルスは，下水から高頻度に検出されることから，環境水を汚染する可能性は高いと考えられる．したがって，このウイルスの不活化に要求される紫外線照射線量が一つの基準と

して扱われる可能性も高い．ただし，ウイルス感染能力の測定法が定まっていないため，まだばらつきが大きいデータとなっている．今後のデータの蓄積が待たれる．

カリシウイルス(Calicivirus)は，ヒト感染型カリシウイルスの感染能力の測定方法が確定されていないため，ネコカリシウイルスもしくはイヌカリシウイルス(Carine calicivirus)を代替ウイルスとして UV 感受性が測定されている．実験データからは，99.9％不活化に要する紫外線照射線量は 15〜24 mJ/cm^2 とそれほど強い紫外線耐性を示していないことから，ヒトカリシウイルス(Human calicivirus)の UV 耐性も強くないことが類推される．ただし，あくまでも類推であるため，確実なデータを得るためにはヒトカリシウイルスの感染能力の評価手法の確立が望まれる．

同様にパルボウイルス(Parvovirus)もヒト感染型ウイルスの感染能力測定が確立されていない．表-5.1 には代替ウイルスとしてのマウス微少ウイルス(Mouse minute virus)とブタパルボウイルス(Porcine parvovirus)の UV 感受性を示しているが，そのどちらも 99.9％不活化線量は 6.8〜7.7 mJ/cm^2 であり，紫外線に対して相対的に弱い．

ウイルスの構造と紫外線耐性について考察してみよう．まず最も UV 耐性が強いと考えられるアデノウイルスは，二本鎖 DNA を持つ正二十面体構造を持っており，その大きさは 70〜90 nm である．一方，ファージの中で同じ二本鎖 DNA を持ち正二十面体構造である PRD-1 の紫外線耐性は，非常に低い．また，筆者の実験結果においても二本鎖 DNA を持つ T4 ファージは，紫外線耐性が非常に低いことがわかっており，二本鎖 DNA を持つウイルスということだけでは，紫外線耐性が共通であるとはいえないようである．

一本鎖 RNA を持つ病原ウイルスは，カリシウイルス，コクサッキーウイルス，A 型肝炎ウイルス，ポリオウイルスであるが，99.9％不活化に必要な紫外線照射線量は，11〜46 mJ/cm^2 と病原ウイルスの中では相対的にやや高い紫外線耐性を持っているといえる．一方，同様な構造を持つファージには MS2，Qβ があるが，これらの 99.9％不活化に必要な紫外線照射線量は，42〜87 mJ/cm^2 とアデノウイルスに次いで高い耐性となっている．

このように，同様な構造を持つ病原ウイルスとファージを比較してみても，その紫外線耐性に関する傾向は全く異なっている．ウイルスの場合，その他の微生物種に比べて紫外線照射後の光回復や暗回復を行う機構を単独では持たないと考えられるため，その不活化機構は単純であろうと考えられる．しかし，上記のような差違が生じてしまうのは，例えば紫外線耐性の高いウイルスにおいては，紫外線損傷が致命的となる核酸の箇所が三次構造的に照射されにくい場所となっているなどの理由が考えられる．しかし，妥当な説明はまだなされていない．

(2) 高圧・中圧水銀ランプ

高圧・中圧水銀ランプは，単照射波長(253.7 nm)の低圧水銀ランプとは，200 nm 以上の広い照射波長域を持っている点で大きく異なる．各波長ごとにウイルスへの消毒効率が異なることが予想される．通常，その消毒効率の違いは，核酸の吸収スペクトルをもとにした 260 nm を頂点とした不活化効果曲線(Meulemans et al., 1987)によって示されている(図-5.4 参照)．これは，紫外線による不活化の主要因が核酸損傷を伴う光吸収にあるという仮定に基づくものである．

Giese et al.(2000)は，中圧水銀ランプに特定の波長光のみを透過するフィルタを導入して，φX 174 ファージに照射し，各波長ごとの不活化速度を求めた(図-5.5)．

その結果，低圧水銀ランプの照射光(254 nm)と比較して，280 nm の光はほとんど効率が変わらなかったが，301 nm の光では，254 nm の 5％程度と非常に効率が悪くなることがわかった．これは図-5.4 に示されている不活化効果曲線が示す傾向と一致している．

Linden et al.(2000)も同様に，中圧水銀ランプに特定の波長光のみを通過させるフィルタを導入

5. 紫外線によるウイルスの不活化

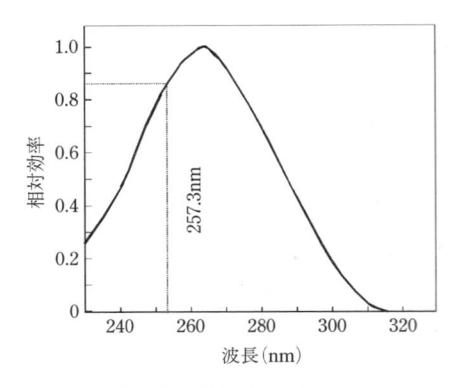

図-5.4 不活化効果曲線(Meulemans, 1987)

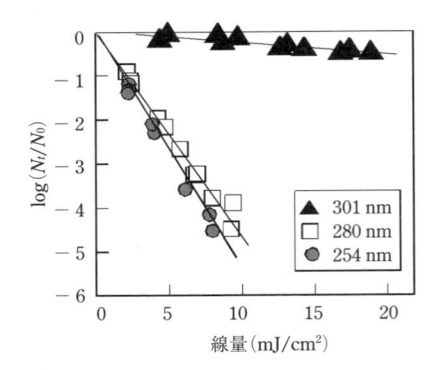

図-5.5 各波長ごとのφX-174ファージの不活化速度(Giese et al., 2000)

して，各波長ごとの不活化効率を測定している．この研究では大腸菌ファージMS2，および病原原虫のCryptosporidium parvumを対象としている．また，この研究では8種類のフィルタを導入して，200〜300 nmにおける各波長ごとの不活化効率をより詳細に示している（図-5.6参照）．

この結果から，Cryptosporidium parvumでは，各波長の不活化効率が図-5.4に示す不活化効率曲線のような傾向を示していることがわかる．すなわち，最も効率の高い260

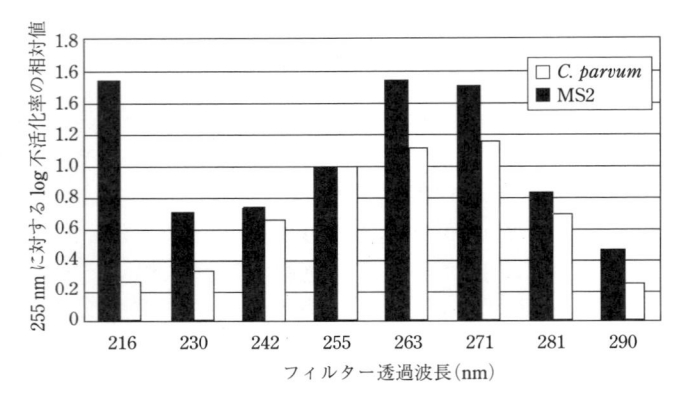

図-5.6 異なる照射波長ごとのMS2とCryptosporidium parvumの不活化率(255 nmフィルタの場合との相対値)(Linden et al., 2000)

〜270 nmに比べて，低圧水銀ランプの照射光(254 nm)においては，効率は10％前後の低下にとどまっており，かつ280 nm以上の波長光や240 nm以下の波長光においては，254 nmの場合よりも効率は低い．したがって，中圧水銀ランプのような広い波長域の照射光を同じエネルギー出力で適用したとしても，その不活化効率が改善されることは考えにくい．

一方，MS2の場合には，260〜270 nmの照射光の効率が255 nmに比べて40〜50％ほど高くなっており，その差は非常に大きい．また216 nmの照射光においても，50％以上高い不活化効率が得られている．このような生物種においては，同じエネルギー出力を適用した場合，低圧水銀ランプよりも不活化効率の高い波長光を持つランプの方が高効率の消毒を達成できる可能性がある．中圧紫外線の照射スペクトルによっては，このような効果が期待できることになる．微生物種によってこのように明らかな差が生じる理由については明確にされていない．

(3) パルスキセノンランプ

パルスキセノンランプは，主にキセノンガスを封入したランプに瞬間的に高電圧を掛けることにより発光させる．この時，発光時間は数百μsと短いものの，非常に高強度の光を照射できる．また，照射波長も200〜1 100 nmと紫外域から赤外域まで広いという特徴がある．図-5.7にこのラ

5.4 紫外線のウイルス不活化効果に影響を及ぼす要因

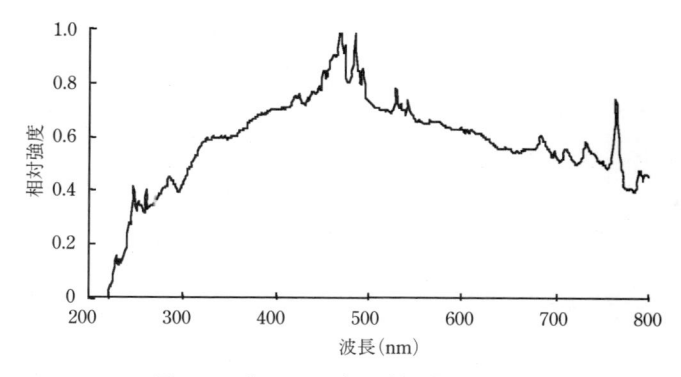

図-5.7 パルスランプの照射波長スペクトル

ンプの照射波長スペクトルを示す．これは，瞬間測光システム（大塚電子製：MPCD-2000）によって測定した結果である．この波長域に含まれる 300 nm 以下の照射波長光が消毒処理に利用されるものと考えられている．瞬間的に消毒処理が行えることから，主に医薬器具，医薬品等の消毒処理として用いられている（Roberts et al., 2003）．Roberts et al.（2003）の研究によれば，数種のウイルス（Sindbis, HSV-1, polio-1, EMC, HAV, CPV, BPV および SV40）の懸濁液にパルスキセノンランプの照射を行い，その不活化効率を測定したところ，1.0 J/cm^2 の照射光において 4.8～7.2 log 以上の不活化が可能であった．また，懸濁液中に 0.2 % w/v のプロテインが存在すると，その不活化効率は顕著に低くなり，2.0 J/cm^2 の照射においては 5.0～6.4 log 以上の不活化にとどまることがわかった．特に HSV-1, BPV, SV40 の耐性が高いことがわかったとしている．また，この研究では，ウイルスのサイズおよびゲノムサイズと UV 耐性の相関も調べており，ピコルナウイルス（Picornavirus）間においては，非常に似通った UV 耐性を示しているが，パルボウイルス（Parvovirus）では大きく異なる結果となっていると報告している．

5.4 紫外線のウイルス不活化効果に影響を及ぼす要因

5.4.1 水質の影響

紫外線照射によるウイルスの不活化に影響を及ぼす要因としては，対象水の吸光度および懸濁物質濃度といった他の微生物と同様の項目があげられる．Kamiko et al.（1989）によれば，吸光度を任意に変えた試料水に大腸菌ファージ Q β を代替ウイルスとして投入して不活化率を測定した場合，試料吸光度から算定した装置内線量率分布をもとにした理論的な不活化率と実測値の整合性がとれることが示されている．すなわち，対象水の吸光度がわかれば，ウイルス不活化効果の低減率はある程度予測可能であることが示されている．しかし，懸濁物質が高い濃度で存在している場合については，その効果が著しく落ちることが報告されている（Halim et al., 1993；Otaki et al., 2003a）．ここでは吸光度から理論的に算定される不活化の低減率よりも，さらに効率が悪化している現象が見られ，これはウイルスが懸濁物質に吸着したために，光の遮蔽効果が顕著に現れてたためだと考えられる．紫外線によるウイルスの不活化効果を高めるための前処理として懸濁物質を除去するための凝集沈殿やろ過処理等が推奨されている．

Otaki et al.（2003b）によれば，懸濁物質が高濃度に存在する試料における大腸菌ファージ Q β の紫外線不活化効果を低圧水銀ランプとパルスランプで比較した結果，低圧水銀ランプでは，懸濁物質の影響と見られるテーリング現象が見られたものの，パルスランプでは，それらの現象が見られなかったことが報告されている（図-5.8 参照）．この理由は明らかにされてはいないが，仮説としては紫外線照射がウイルスの不活化において効果を持つための何らかの閾値が存在すると考えられる．高濃度の懸濁物質存在下において，低圧水銀ランプでは，濁質によって減衰した光量がある部

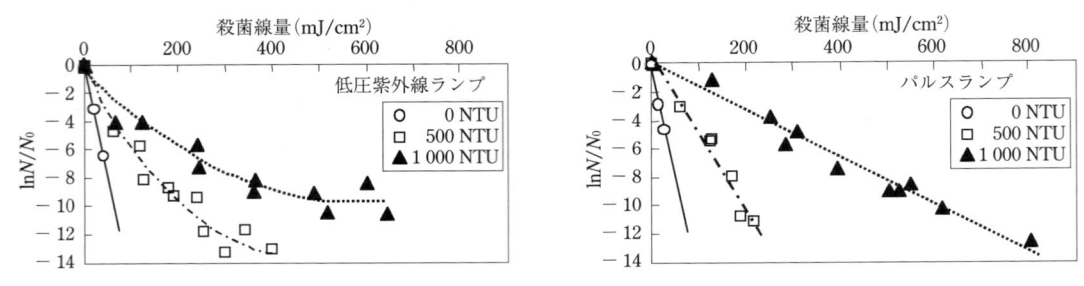

図-5.8 低圧紫外線ランプおよびパルスランプによる高濃度濁質存在下の大腸菌ファージ Qβ の不活化

分では閾値以下になるためテーリングが発生するのに対し，短時間ではあるが高強度照射を持つパルスランプにおいては，どの部分においても閾値以上の光量が保証されているためにテーリングが起こらないと考えられる．

5.4.2 回復現象

一般にウイルスは，紫外線照射の際に生じる核酸損傷を自己修復する機能を持っていないと考えられている．そのため，細菌類等で問題視される光回復や暗回復現象に関しては，考慮の対象として取り上げられていない．ただし，ウイルスの核酸損傷も特別な条件においては修復される場合もある．Weigle reactivation と呼ばれる回復現象がそれである．これはウイルスの宿主細胞を紫外線にあらかじめ曝しておけば，宿主細胞の核酸回復機能が働くため，その宿主細胞に寄生したウイルスにおいては，紫外線による核酸損傷が一緒に回復されて活性を取り戻す現象が報告されている（Yamamoto et al., 1985；Liu et al., 1990）．しかし，病原ウイルスの場合においては，その宿主細胞（ヒト細胞）がウイルスに寄生される前に紫外線に曝されているという状況はほとんど考えにくいため，この回復現象に関して考慮する必要はないものと考えられる．

5.4.3 照射線量依存性

一般的に紫外線による不活化は，線量率と照射時間の積である線量にのみ依存し，線量率の大小には影響しないと考えられている．すなわち，非常に低い線量率で非常に長い照射時間の場合と，非常に高い線量率で非常に短い照射時間の場合でも，その積である線量が同じであれば，同じ不活化率が得られることになる．Sommer et al. (1998)によれば，大腸菌3種と大腸菌ファージ3種および枯草菌の芽胞を用いて，2，0.2，0.02 W/m² の線量率下で，同じ線量になるように照射時間を設定した時の不活化率を比較したところ，大腸菌3種においては，いずれも高線量率下で短い照射時間を設定した場合の方が不活化率が高いことがわかった．これは，長い照射時間を設定する場合，何らかの核酸損傷の回復機構が同時に働き，その分不活化率の低減となって現れるためであろうと考えられる．一方，ウイルスの代替生物として用いた大腸菌ファージや枯草菌芽胞においては，いずれの場合も線量率と照射時間の違いが影響を及ぼす現象は見られていない．ウイルスの場合は，回復機能を自己で持たないため，この点においては問題ないと考えられる．しかし，前述のように（5.3.1 参照），濁質存在下においてパルスランプによる高線量率下と低圧水銀ランプによる低線量率下において，不活化現象が異なる報告もあり，極端な条件においては，線量率の影響が見られることも考えられる．

5.5 ウイルスに対する紫外線消毒法の有効性と限界

　これまで様々な種類のウイルスについて，紫外線照射への感受性に関するデータが集められてきており，病原ウイルスについての有効性が確かめられつつある．しかし，アデノウイルスの紫外線耐性がきわめて高いという報告等もあり，その他の水由来感染症の原因となっている病原ウイルスの紫外線耐性について，データが待たれるところである．

　病原ウイルスによっては，その活性試験が技術的に困難な場合が多く存在する．そのような場合は，直接紫外線耐性を求めることは実際には難しい．解決法の一つとしては，ウイルスの構造，核酸配列，核酸の3次元構造といった特徴から，理論的に紫外線感受性を予測するという方法が考えられる．そのようなデータベース作りも今後検討されるべきであろう．

　実際の消毒装置の有効性に関しては，病原ウイルスを使わなくてもモデルとなるバクテリオファージを用いて検討することが可能であり，その類の報告はこれまでも多く見られる．ただし，それらの研究においてもある特定の形状の装置や，単純なシャーレ実験にとどまっていることが多い．それらの結果を任意の形状の装置に適用していくためには，装置の形状から装置内の複雑な紫外線線量率分布を予測し，かつ装置内の流動特性を完全に把握できるシミュレーションモデルの開発が必要となる．これについては様々な検討がなされているが，完全なものには至っていないのが現状である．

　対象水の水質に関しては，懸濁物質が最も大きな問題となると考えられる．懸濁物質の存在下における不活化効率の低減効果は，細菌や原虫といった比較的サイズの大きい微生物に比べて，小さいサイズのウイルスでは，吸着されて照射光から完全に遮蔽されるといった現象も示唆されるために，その影響が大きいと考えられる．懸濁物質濃度が高いような畜産廃水や膜ろ過濃縮廃水等に適用する場合は，前処理として懸濁物質の除去処理を組み合わせる必要があると考えられる．

参考文献

- Allwood,P.B., Malik,Y.S., Hedberg,C.W. and Goyal,S.M. (2003)：Survival of F‐Specific RNA Coliphage, Feline Calicivirus, and Escherichia coli in Water: a Comparative Study. *Appl. Environ. Microbiol.*, 69, 5707‐5710.
- Anderle,H., Matthiessen,P., Spruth,M., Kreil,T., Schwarz,H.P., and Turecek,P.L. (2003)：Assessment of the efficacy of virus inactivation by UV‐C treatment of therapeutic proteins. Proc. of 2nd IUVA conference held in Vienna.
- Ballester,N.A., Malley,Jr.,J.P., North,J., Myers,T., and Duben,M. (2003)：Synergistic Disinfection of Adenovirus Type 2. Proc. of 2nd IUVA conference held in Vienna.
- Battigelli,D.A., Sobsey,M.D. and Lobe,D.C. (1993)：The inactivation of Hepatitis A Virus and Other Model Viruses by UV Irradiation. *Wat. Sci. Tech.*, 1, 27, 339‐342.
- Beuret,C., Kohler,D., Baumgartner,A. and Luthi,T.M. (2002)：Norwalk‐like Virus Sequences in Mineral Waters: One Year Monitoring of Three Brands. *Appl. Environ. Microbiol.*, 68, 1925‐1931.
- Dizer,H., Bartocha,W., Bartel,H., Seidel,K., Lopez‐Pila,J.M. and Grohmann,A. (1993)：Use of Ultraviolet radiation for inactivation of bacteria and coliphages in pretreated wastewater. *Wat. Res.*, 27, 3, 397‐403.
- EPA(1986)：Design Manual‐Municipal wastewater disinfection. EPA/625/1‐86/021.

- Gassilloud,B., Schwartzbrod,L. and Gantzer,C. (2003) : Presence of Viral Genomes in Mineral Water: a Sufficient Condition to Assume Infectious Risk. *Appl. Environ. Microbiol.*, 69, 3965-3969.
- Gerba,C.P., Gramos,D.M. and Nwachuku,N. (2002) : Comparative Inactivation of Enteroviruses and Adenovirus 2 by UV Light. *Appl. Environ. Microbiol.*, 68, 5167-5169.
- Halim,D., Bartocha,W., Bartel,H., Seidel,K., Lopez-Pila,J.M., Grohmann,A. (1993) : Use of ultraviolet radiation for inactivation of bacteria and coliphages in pretreated wastewater. *Wat. Res.*, 27, 3, 397-403.
- Haramoto,E., Katayama,H., and Ohgaki,S. (2004) : Detection of Noroviruses in Tap Water in Japan by Means of a New Method for Concentrating Enteric Viruses in Large Volumes of Fresh Water. *Appl. Environ. Microbiol.*, 70, 2154-2160.
- Husman,A.M.de R., Duizer,E., Lodder,W., Pribil,W., Cabaj,A., Gehringer,P., and Sommer,R. (2003) : Calicivirus inactivation by non-ionizing (UV-253.7 nm) and ionizing (gamma) radiation. Proc. of 2nd IUVA conference held in Vienna.
- IAWPRC study group on Health Related Water Microbiology (1991) : Bacteriophages as model viruses in water quality control". *Wat. Res.*, 25, 5, 529-545.
- International Symposium on Health-related Water Microbiology, in Capetown, 146.
- Jagger,J.H. (1967) : Introduction to Research in UV Photobiology. Prentice-Hall, Englewood Cliffs, New Jersy.
- Kamiko,N. and Ohgaki,S. (1989) : RNA coliphage Qb as a bioindicator of the ultraviolet disinfection efficiency. *Wat. Sci. Tech.*, 21, 3, 227-231.
- Katayama,H., Okuma,K., Furumai,H. and Ohgaki,S. (2003) : Series of Surveys for Enteric Viruses and Indicator organisms in Tokyo Bay after an Event of Combined Sewer Overflow, Proc. of Payment P. 1997. Epidemiology of Endemic Gastrointestinal and Respiratory Diseases: Incidence, Fraction Attributable to Tap Water and Costs to Society. *Wat. Sci. Tech.*, 35: (11-12), 7-10.
- Katayama,H., Shimasaki,A. and Ohgaki, S. (2002) : Development of a Virus Concentration Method and Its Application to Detection of Enterovirus and Norwalk Virus from Coastal Sea Water. *Applied and Environmental Microbiology*, 68, 1033-1039.
- 片山浩之, 大瀧雅寛, 大垣眞一郎 (1997) : UV照射により不活化されたRNAファージのRT-PCR法による定量, 環境工学研究論文集, 34, 83-91.
- Ko,G., Cromeans,T.L., and Sobsey,M.D. (2003) : UV inactivation of Adenovirus Type 41 Measured by Cell culture mRNA RT-PCR. Proc. of 2nd IUVA conference held in Vienna.
- Linden,K., Shin,G.A. and Sobsey,M.D. (2000) : Comparison of monochromatic and polychromatic UV light for disinfection efficacy. Proc. Of AWWA Water Quality Technology Conferecne.
- Liu,S.K., Tessman,I. (1990) : groE genes affect SOS repair in Escherichia coli. *J. of Bacteriology*, 172, 10, 6135-6138.
- Masschelein,W.J. (2002) : edited for English by Rice, R.G. Ultraviolet light in water and wastewater sanitation Lewis Publishers. CRC Press LLC, Florida, (Review).
- Meng,Q.S., and Gerba,C.P. (1996) : Comparative inactivation of enteric adenoviruses, poliovirus and coliphages by ultraviolet irradiation. *Wat. Res.*, 30, 11, 2665-2668.
- Munakata,N., Saito,M. and Hieda,K. (1991) : Inactivation Action Spectra of Bacillus subtilis Spores in Extended Ultraviolet Wavelengths (50-300 nm) Obtained with Symchrotoron Radiation. *Photochem Photobiol*, 54: (5), 761-768.
- National Water Research Instititue (1993) : UV disinfection guidelines for wastewater reclamation in California and UV disinfection research needs identification.
- Nicole,G., and Darby,J. (2000) : Sensitivity of microorganisms to different wavelengths of UV

参考文献

light: Implications on modeling of medium pressure UV systems. *Wat. Res.*, 34, 16, 4007-4013.
- Otaki,M., Okamoto,M., Yakuyama,Y. (2003a): Identification and Investigation of Influencing Factors on UV Disinfection. Proc. of Asian waterqual 2003.
- Otaki,M., Okuda,A., Tajima,K., Iwasaki,T., Kinoshita,S., Ohgaki, S. (2003b): Inactivation Differences of Microorganisms by Low Pressure UV and Pulsed Xenon Lamps. *Water Science and Technology*, 47, 3, 185-190
- Robert,P., Hope,A. (2003): Virus inactivation by high intensity broad spectrum pulsed light. *J. of Virological Methods*, 110, 61-65.
- Schwartzbrod,L. (1995): Effect of Human Viruses on Public Health Associated with the Use of Wastewater and Sludge in Agriculture and Aquaculture. WHO, Geneva.
- Shin,G.A., Linden,K. and Sobsey,M.D. (2000): Relative efficacy of UV wavelengths for the inactivation of Cryptosporidium parvum. Disinfection 2000: Disinfection of Wastes in the New Millennium.
- Sobsey,M.D., Battigelli,D.A., Shin,G.A. and Newland,S. (1998): RT-PCR Amplification Detects Inactivated Viruses in Water and Wastewater. *Wat. Sci. Tech.*, 38, 12, 91-94.
- Sommer,R., Haider,T., Cabaj,A., Pribil,W. and Lhotsky,M. (1998): Time dose reciprocity in UV disinfection of water. *Wat. Sci. Tech.*, 38, 12, 145-150.
- Sommer,R. and Cabaj,A. (1993): Evaluation of the Efficiency of a UV Plant for Drinking-Water Disinfection. *Wat. Sci. Tech.*, 27: (3-4), 357-362.
- Thurston-Enriquez,J.A., Haas,C.N., Jacangelo,J., Riley,K. and Gerba,C.P. (2003): Inactivation of Feline Calisivirus and Adenovirus Type 40 by UV Radiation. *Appl. Envir. Microbiol.*, 69, 577-582.
- US EPA(1989): Guidance Manual for Surface Water Treatment Rule(SWTR).
- Water Environment Federation(1996): Wastewater disinfection. Manual of Practice FD-10.
- Yamamoto,K., Shinagawa,H. (1985): Wigle reactivation of phage lambda in a recA mutant of Escherichia coli: Dependence on the excess amount of photoreactivating enzyme in the dark. *Mutation Research*, 145, 137-144.

6. 紫外線消毒の適用上の留意点

6.1 上水処理への適用

　一般に，紫外線は細菌やウィルスの不活化に有効であることが知られている．しかし，日本において，紫外線は『水道法』で消毒剤として認められていない．消毒効果に残留性がないことがその理由である．

　一方，海外においては，紫外線は消毒剤としての導入が進んでいる．消毒として使用している場合，さらに塩素で消毒している所もある．一例として，ヘルシンキの水道では，凝集沈殿ろ過の後にオゾン・活性炭吸着を行い，紫外線照射，クロラミン注入を行っている(Tovanen, 2000)＊．

　また，紫外線照射は，病原性原虫類(*Cryptosporidium*)の不活化に有効であることが知られている．米国においては，USEPAにより2006年11月に『Ulteaviolet Disinfection Guidance Manual for The Final Long Term 2 Enhanced Surface Water Treatment Rule』が制定され，上水処理への紫外線による*Cryptosporidium*対策が進行している．

　厚生労働省は，2007年4月1日に『水道施設の技術的基準を定める省令』の一部を改正し，施行した．「原水に耐塩素性病原生物が混入するおそれがある場合にあっては，これらを除去することができるろ過等の設備が設けられていること」にただし書きが加えられた．原水が地表水でない場合(地下水)，紫外線照射が耐塩素性病原生物(*Cryptosporidium*)の対策として認められた．

　本節では，上水処理に紫外線照射が組み込まれるフローについて，既に実施されているもの，実施される可能性のあるものの構成例を示す．

6.1.1 上水システムでの構成例
(1) 消毒のみの浄水処理の浄水場の場合(図-6.1)
原水：深井戸，浅井戸，伏流水．
　消毒のみで配水している水道で，*Cryptosporidium*汚染のおそれがある場合はろ過設備，または紫外線処理設備により*Cryptosporidium*を不活化することができる．

塩素消毒のみ

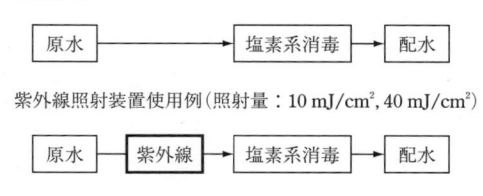

原水 → 塩素系消毒 → 配水

紫外線照射装置使用例(照射量：10 mJ/cm², 40 mJ/cm²)

原水 → 紫外線 → 塩素系消毒 → 配水

図-6.1

＊ ただし，栄養源である有機物が除去されれば，残留消毒剤は必要なくなると考えられる．水道の理想の一つはここにある．現にヨーロッパの一部（オランダ等）では，オゾン処理，活性炭処理等を十分行うことにより無塩素が実現されている．

6. 紫外線消毒の適用上の留意点

（2） 凝集ろ過による浄水処理の浄水場の場合（図-6.2）

原水：浅井戸，伏流水，表流水．

　原水濁度が安定的に低い場合，凝集ろ過で濁度で 0.1 度以下にする．これで *Cryptosporidium* 対策は十分であるが，さらに紫外線処理設備を設置することで，*Cryptosporidium* 対策の安全性が高

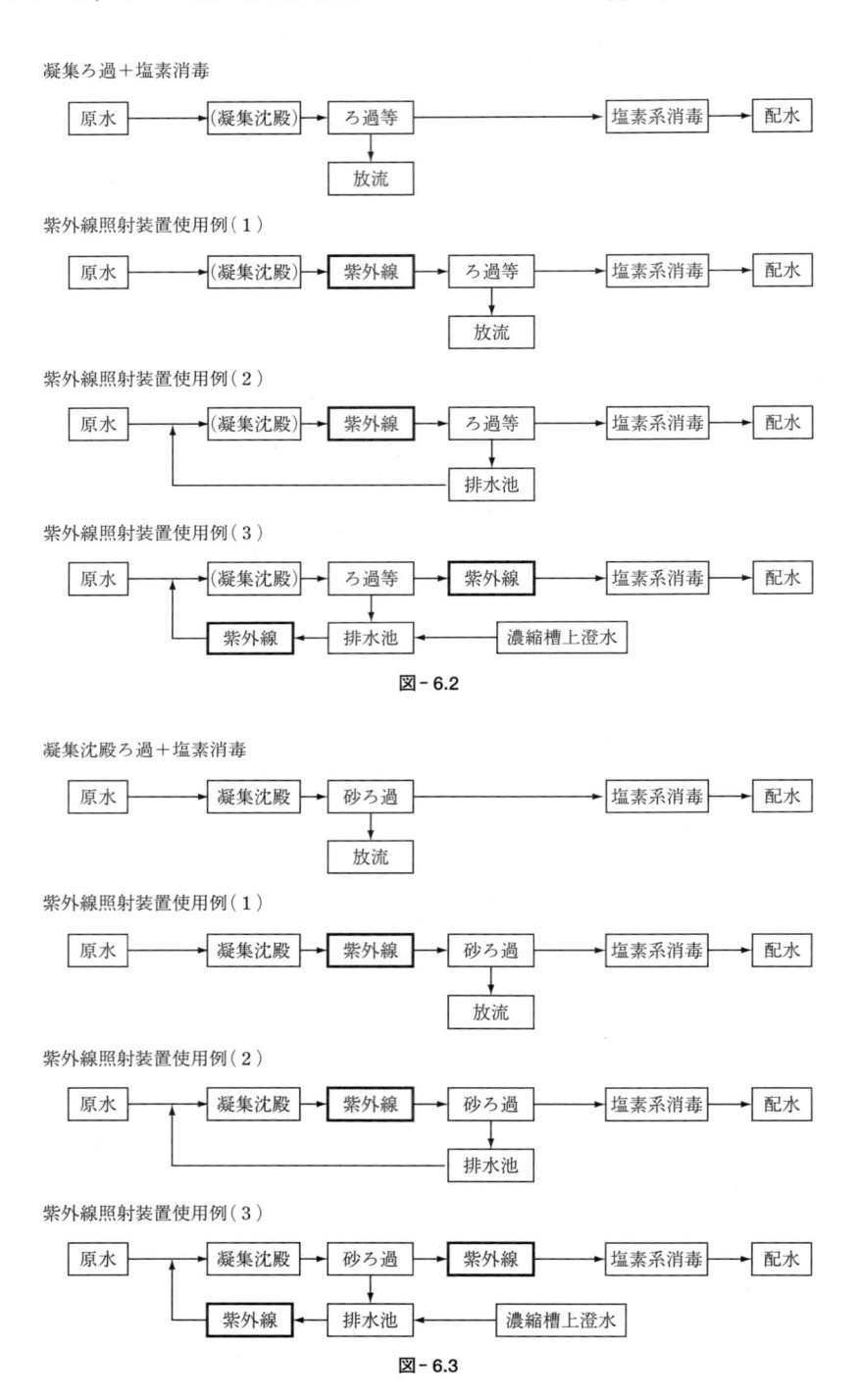

凝集ろ過＋塩素消毒
原水 → (凝集沈殿) → ろ過等 → 塩素系消毒 → 配水
　　　　　　　　　　↓
　　　　　　　　　放流

紫外線照射装置使用例（1）
原水 → (凝集沈殿) → 紫外線 → ろ過等 → 塩素系消毒 → 配水
　　　　　　　　　　　　　　　↓
　　　　　　　　　　　　　　放流

紫外線照射装置使用例（2）
原水 → (凝集沈殿) → 紫外線 → ろ過等 → 塩素系消毒 → 配水
　↑　　　　　　　　　　　　　　↓
　└──────────── 排水池

紫外線照射装置使用例（3）
原水 → (凝集沈殿) → ろ過等 → 紫外線 → 塩素系消毒 → 配水
　↑　　　　　　　　　　↓
　紫外線 ← 排水池 ← 濃縮槽上澄水

図-6.2

凝集沈殿ろ過＋塩素消毒
原水 → 凝集沈殿 → 砂ろ過 → 塩素系消毒 → 配水
　　　　　　　　　↓
　　　　　　　　放流

紫外線照射装置使用例（1）
原水 → 凝集沈殿 → 紫外線 → 砂ろ過 → 塩素系消毒 → 配水
　　　　　　　　　　　　　　↓
　　　　　　　　　　　　　放流

紫外線照射装置使用例（2）
原水 → 凝集沈殿 → 紫外線 → 砂ろ過 → 塩素系消毒 → 配水
　↑　　　　　　　　　　　　↓
　└──────────── 排水池

紫外線照射装置使用例（3）
原水 → 凝集沈殿 → 砂ろ過 → 紫外線 → 塩素系消毒 → 配水
　↑　　　　　　　↓
　紫外線 ← 排水池 ← 濃縮槽上澄水

図-6.3

まる．10 000 m³/d 以下の処理量の場合，排水は河川放流が可能であるが，砂ろ過の前に紫外線照射すると，洗浄排水中に集められた *Cryptosporidium* は不活化しているので，放流しても安全性である．また，洗浄排水を返送しても安全である．

（3）ろ過等による浄水処理の浄水場の場合（図-6.2）

原水：浅井戸，伏流水．

原水濁度が安定的に低い場合は，ろ過等（ストレーナ等）により簡易な除濁を行うことで水質基準を満足するが，紫外線処理設備を設置することで *Cryptosporidium* への安全性が高まる．

（4）凝集沈殿ろ過による浄水処理の浄水場の場合（図-6.3）

原水：表流水（有機物少）．

凝集沈殿ろ過による浄水処理の浄水場の場合は，（2）と同様である．

（5）高度処理による浄水処理の浄水場の場合（図-6.4，6.5）

原水：表流水（有機物多）．

高度処理でオゾン処理を行うと，*Cryptosporidium* の不活化が行えるが，低水温時には不活化効果が著しく低下する．低水温時に紫外線照射を併用して安全性を高めることは有効である．

オゾン処理で細菌等は低減するが，活性炭吸着池では再増殖することが知られている．これらは一般細菌や従属栄養細菌等であり，水質基準的には問題ないが，水質の安全性をより高めるために，塩素とは違う消毒機構を持っている紫外線照射による消毒を行うことは大いに有効である．

また，活性炭ろ過池からは不快生物である線虫や輪虫等が流出することがある．照射強度を上げて不快動物の運動能力を抑制してから砂ろ過すると，砂ろ過からの流出が少なくなるとの報告がある（水道技術研究センター，2002）．

また，排水池には洗浄排水の他に濃縮槽の上澄水が流入してくるが，濁度が数十度と高くなることが考えられるので，濁度に影響されないで不活化できる方法や紫外線照射の強度を濁質による透

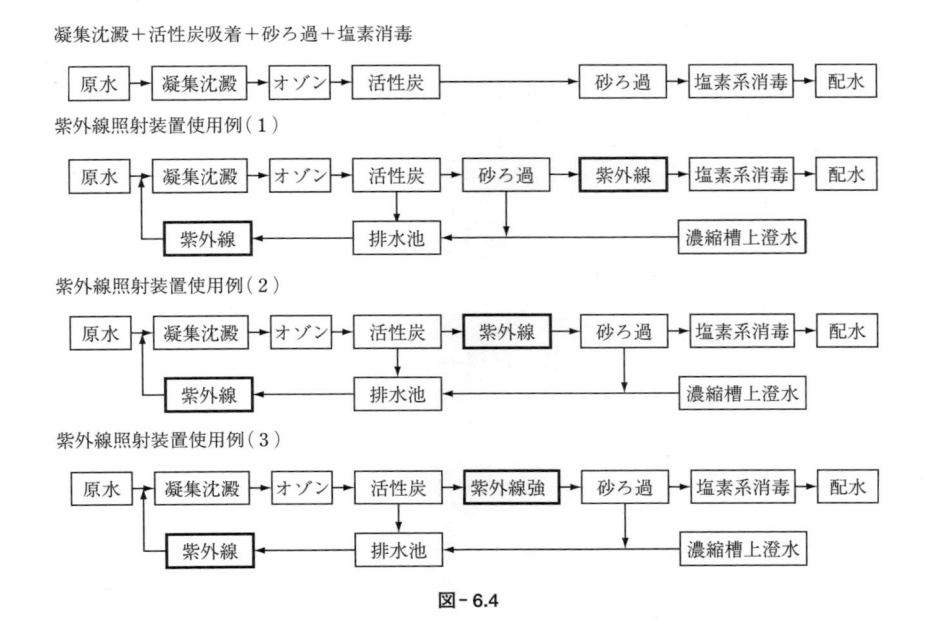

凝集沈殿＋活性炭吸着＋砂ろ過＋塩素消毒

原水 → 凝集沈殿 → オゾン → 活性炭 → 砂ろ過 → 塩素系消毒 → 配水

紫外線照射装置使用例（1）

原水 → 凝集沈殿 → オゾン → 活性炭 → 砂ろ過 → 紫外線 → 塩素系消毒 → 配水
　　　　↑　　　　　　　　　　　　　　↓
　　　紫外線 ← 排水池 ← 濃縮槽上澄水

紫外線照射装置使用例（2）

原水 → 凝集沈殿 → オゾン → 活性炭 → 紫外線 → 砂ろ過 → 塩素系消毒 → 配水
　　　　↑　　　　　　　　　　↓
　　　紫外線 ← 排水池 ← 濃縮槽上澄水

紫外線照射装置使用例（3）

原水 → 凝集沈殿 → オゾン → 活性炭 → 紫外線強 → 砂ろ過 → 塩素系消毒 → 配水
　　　　↑　　　　　　　　　　↓
　　　紫外線 ← 排水池 ← 濃縮槽上澄水

図-6.4

6. 紫外線消毒の適用上の留意点

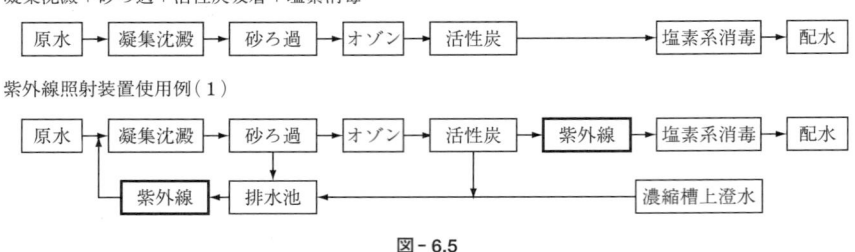

凝集沈澱＋砂ろ過＋活性炭吸着＋塩素消毒

原水 → 凝集沈澱 → 砂ろ過 → オゾン → 活性炭 → 塩素系消毒 → 配水

紫外線照射装置使用例（1）

原水 → 凝集沈澱 → 砂ろ過 → オゾン → 活性炭 → 紫外線 → 塩素系消毒 → 配水
紫外線 ← 排水池 ←（砂ろ過）／（活性炭）／濃縮槽上澄水

図-6.5

過率の低下を考慮した強い照射強度とすることで安全性を確保できる．

（6）高度処理に紫外線照射を付加して促進酸化による浄水処理に変更する場合（図-6.6）

原水：表流水（有機物多）．

オゾン処理に紫外線照射を付加して促進酸化とすることで，低オゾン注入率で有機物の処理効果が改善される．

凝集沈澱＋活性炭吸着＋砂ろ過＋塩素消毒

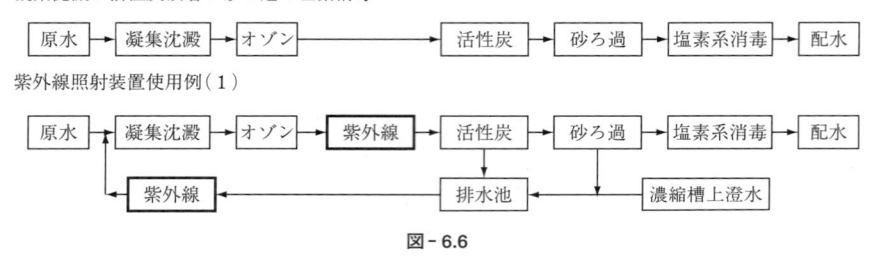

原水 → 凝集沈澱 → オゾン → 活性炭 → 砂ろ過 → 塩素系消毒 → 配水

紫外線照射装置使用例（1）

原水 → 凝集沈澱 → オゾン → 紫外線 → 活性炭 → 砂ろ過 → 塩素系消毒 → 配水
紫外線 ← 排水池 ← 濃縮槽上澄水

図-6.6

（7）膜ろ過による浄水処理の浄水場の場合（図-6.7）

原水：深井戸・浅井戸・伏流水・表流水（有機物少）．

紫外線照射後に膜ろ過を行うことで，膜間差圧の上昇を抑制できるとの報告がある．

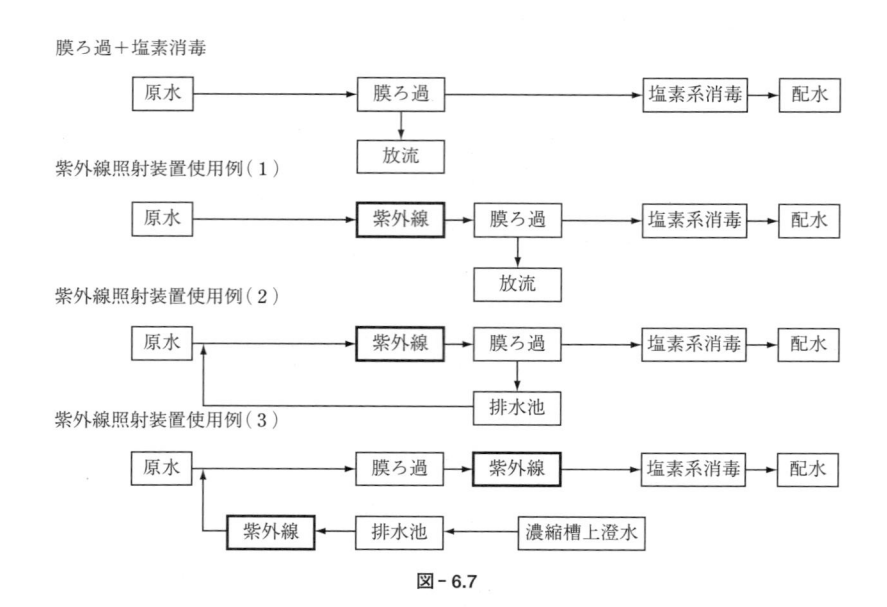

膜ろ過＋塩素消毒

原水 → 膜ろ過 → 塩素系消毒 → 配水
　　　　↓
　　　放流

紫外線照射装置使用例（1）

原水 → 紫外線 → 膜ろ過 → 塩素系消毒 → 配水
　　　　　　　　↓
　　　　　　　放流

紫外線照射装置使用例（2）

原水 → 紫外線 → 膜ろ過 → 塩素系消毒 → 配水
　　　　　　　　↓
　　　　　　　排水池

紫外線照射装置使用例（3）

原水 → 膜ろ過 → 紫外線 → 塩素系消毒 → 配水
紫外線 ← 排水池 ← 濃縮槽上澄水

図-6.7

6.1 上水処理への適用

(8) 排水処理に適用する場合(図-6.8)

除去した *Cryptosporidium* を紫外線照射で不活化して放流している例もある．

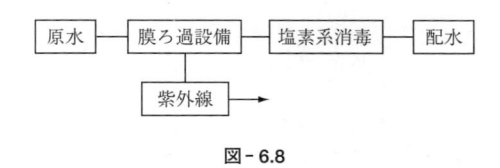

```
原水 → 膜ろ過設備 → 塩素系消毒 → 配水
         ↓
        紫外線 →
```

図-6.8

6.1.2 対象微生物と要求値

(1) 細 菌

表-6.1 に例示するように微生物種によって紫外線に対する感受性が異なるため，詳細には対象とする微生物に応じた照射量の設定が必要であるが，一般に大腸菌等のグラム陰性細菌は比較的不活化されやすい．

紫外線照射直後の不活化率ばかりでなく，前述したように光回復を考慮した照射量を設定することが望ましい．

表-6.1 紫外線による細菌類不活化事例(99.9％不活化)（日本下水道事業団技術開発部，1997）

		供試菌種	253.7 nm 照射線量 (mJ/cm^2)
グラム陰性菌	変形菌	*Proteus vulgaris* Hau.	3.8
	赤痢菌(志賀菌)	*Shigella dysenteriae*	4.3
	赤痢菌(駒込BⅢ菌)	*Shigella paradysenteriae*	4.3
	チフス菌	*Eberthella typhosa*	4.4
	大腸菌	*Escherichia coli* communis	5.4
グラム陽性菌	溶血連鎖球菌(A群)	*Streptococcus shemolyticus* (Group A - Gr.13)	7.4
	白色ブドウ球菌	*Staphylococcus albus*	9.1
	黄色ブドウ球菌	*Staphylococcus aureus*	9.3
	溶血連鎖球菌(O群)	*Streptococcus shemolyticus* (Group D.C - 6 - D)	10.6
	腸球菌	*Streptococcus fecalis* R	14.9
	馬鈴薯菌	*Bacillus mesentericus* fascus	17.9
	馬鈴薯菌(芽胞)	*Bacillus mesentericus* fascus (spores)	28.1
	枯草菌	*Bacillus subtilis* Sawamura	21.6
	枯草菌	*Bacillus subtilis* Sawamura (spores)	33.2

(2) ウイルス

ウイルスは，細菌と異なり，培地中で培養することができず，増殖にあたっては特定の宿主を必要とする．バクテリオファージ等の細菌に寄生するウイルスは，環境中に宿主細菌が存在する状態では増殖する可能性はあるが，水道上で問題視されるヒトの腸管系ウイルスは環境中で生残するものの，増殖することはない．したがって，原水水系がウイルスに汚染されている場合は，下水や畜産排水等に起因した汚染が疑われる．

ウイルスは，DNAやRNA等の核酸がタンパク粒子に包まれた形態であり，一般に紫外線照射によって核酸やタンパク質が光化学的に変性して効果的に不活化できると考えられている(**表-6.2**)．

ウイルスは，細菌と異なり，自律的に増殖することができず，少なくとも宿主細胞外においては光回復や暗回復の問題はないと考えられる．

ところで，ヒトからし尿中に排出される腸管系ウイルスは，100種類以上が知られている

(Taylor, 1974). また，表流水に関する欧米の検出事例では，1 L 当り 0.06～620 個のウイルスが検出されたとの報告があるが，ウイルスの種ごとに評価系が異なるため，現状ではウイルス検出方法に限界があり，これを考慮すると，表流水中に存在する真のウイルス量は，前述した値の 10～1 000 倍程度多いとの見方もある(McFeters, 1992)．そこで，ウイルスの代替指標としてバクテリオファージをモニタリングすることが提案されている(大垣, 1992)．

表-6.2 紫外線によるウイルス不活化事例(99.9 %不活化)

供試菌種		253.7 nm 照射線量 (mJ/cm^2)	文献
アデノウイルス	Adenovirus type Ⅲ	4.5	Kaufman, 1972
コサッキーウイルス	Coxsachievirus A2	4.8	
ポリオウイルス	Poliovirus Type Ⅰ	6.0	
インフルエンザウイルス	Influenzavirus	6.6	
ポリオウイルス	Poliovirus Type Ⅰ	21	Sobsey, 1989
〃	〃	29	
ロタウイルス	Rotavirus SA11	25	
レオウイルス	Reovirus 1	45	
大腸菌ファージ Q β	coliphage Q β	40.8	神子他, 1987

(3) 原 虫

Cryptosporidium，*Giardia* 等は，環境中においては，感染性虫体(スポロゾイト)が殻に包まれたオーシスト（*Giardia* ではシスト）として存在するため，塩素剤に対して耐性があり，これに替わる対策技術の確立を目指した取組みが活発化している．原虫対策技術としては，膜分離除去法やオゾン処理，ないしはオゾン/紫外線処理の適用が検討されているが，最近，紫外線消毒により原虫類を不活化できることが報告され，注目を集めるようになった．

Cryptosporidium のような寄生性の原虫に対する消毒を考える場合，水中の存在量ばかりでなく，生育活性の不活化についても評価する必要がある．さらに生育活性については，生存性(脱嚢試験や活性染色試験等)と感染性(動物実験や培養細胞実験等)とを区別して論じる必要がある．

過去には，原虫類の消毒法として紫外線消毒は必ずしも効果的な手段ではないとの報告もあった(Lorenzo‐Lorenzo *et al.*, 1993)が，最近，米国の複数のグループから数 mJ/cm^2 程度の低照射量の紫外線照射によって，死滅はしないが，*Cryptosporidium* オーシストの感染性を 99 %程度以上不活化できることが報告された(Shin *et al.*, 2000；Huffman *et al.*, 2000)．

消毒の目的を病害の防除に求めるとすれば，病原微生物を死滅させなくとも感染能力を消失させることができれば，この目的を達成していると考えられる(志村他, 2001)．この水質衛生学上の観点から原虫対策技術として紫外線消毒の適用が大いに期待されている．

原虫類の光回復現象については今後の検討が待たれるが，*C. parvum* オーシストへの紫外線照射によって生じた DNA のピリミジン塩基の二量体化は，光回復や暗回復によって修復されるが，感染力の回復は確認されていない(Oguma *et al*, 2001；Morita *et al.*, 2001；平田他, 2002b)．ただし，DNA 修復の程度は，光回復よりも暗回復の方が 1.5～2.5 倍程度高いと報告されている(浪越他, 2002)．また，紫外線照射線量が 25 mJ/cm^2 以下の場合は，宿主の体内で再活性化する可能性があるが，60 mJ/cm^2 以上の紫外線を照射した場合には再活化しないとの報告もある(Belosevic *et al.*, 2001)．

以上のように，*Cryptosporidium* オーシストは，低照射線量の紫外線照射によって死滅はしないが，感染性が消失し，光回復や暗回復によって DNA 傷害は修復されるものの感染性の回復は認められていない．

6.1　上水処理への適用

表-6.3　紫外線による原虫類(オー)シスト不活化に関する報告例

原虫類	使用ランプ	紫外線照射線量 (mJ/cm^2)	不活化率	評価手法		文献
C. parvum	低圧	80 120	99 % 99.9 %	生存性	脱嚢試験	Ransome *et al.*, 2000
〃	低圧	8 748	99 %	生存性	バイタル染色 脱嚢試験	Campbell *et al.*, 1995
〃	低圧・中圧	10 25	99 % 99.9 %	感染性	動物実験	Craik *et al.*, 2001
〃	低圧	1.0	99 %	感染性	動物実験	平田他, 2003a
〃	低圧	10	90 %	感染性	細胞実験	加藤他, 2001
G. muris	中圧	5	99 %	感染性	動物実験	Craik, 2000
G. lamblia		180	99 %	生存性	脱嚢試験	Karanis, 1992

　表-6.3に示した紫外線照射線量と不活化効果との結果にある程度の乖離が見られるのは，評価方法が異なること，*Cryptosporidium*の種や分離株の違いによって紫外線に対する感受性が異なることが理由として考えられる．

　しかしながら，細菌類の殺菌を主たる目的とした従来装置の設定照射線量（25〜50 mJ/cm^2）以下で原虫類の不活化が可能であり，さらに1桁程度低い照射線量であっても十分に原虫対策となりうる可能性がある．WHOは，log不活化率で，*Cryptosporidium*は10 mJ/cm^2の照射で－3，*Giardia*は5 mJ/cm^2の照射で－2となることを示している．

(4) 藻　　類

　湖沼等の水源の保全や浄化を目的として紫外線消毒の適用が検討・提案されている．*Microcystis aeruginosa*に関する基礎的な研究例（Alam *et al.*, 2001）では，75 mJ/cm^2の紫外線照射で死滅が観測され，また，37 mJ/cm^2の紫外線照射した後に7日間培養を継続しても増殖が観察されなかったと報告されている．さらに，紫外線照射によって藻類細胞の浮遊力が消失し沈降性が高まる傾向があったとも報告されている．

　このように殺藻を目的とした紫外線処理は，有効と考えられ，照射後に残留した細胞の死骸は，凝集沈殿等によって容易に沈降分離できる可能性があり，浄水プロセスへの紫外線消毒の適用が期待される．ただし，実用上は，原水の濁度成分等の影響（透過紫外線量の低下等）を考慮する必要がある．

(5) その他の微生物

　その他の微生物については，酵母やカビ等の糸状菌に関する不活化事例を**表-6.4**に示した．糸状菌は，細菌と異なり，細胞壁を有しているため，一般的には細菌類よりも不活化されにくい傾向がある．

6.1.3　上水水質と付帯洗浄設備

　原水系統ごとにUV適用位置と入口水質および付帯洗浄設備の選定基準例を**表-6.5**に示す．

　原水を井水とする場合は，入口水質の中で保護管汚染を引起す可能性が高い因子は，鉄，マンガン，カルシウム，シリカ等の金属イオンである．これらの無機スケールの発生の対策としては，日単位（周期頻度）でのワイパ等による物理洗浄，また週から月単位での定期的な酸，アルカリ洗浄，また有機物による汚れに対しては，洗剤等を用いた洗浄を考慮しておくことが望ましい．入口水質が凝集，沈殿，砂ろ過処理を行った従来処理水レベルの場合は，長期間の使用においては有機物，

6. 紫外線消毒の適用上の留意点

表-6.4 紫外線によるその他の微生物不活化事例（99.9％不活化）（日本下水道事業団技術開発部，1997）

供試菌種			253.7 nm 照射線量 (mJ/cm^2)
酵母類	日本酒酵母	*Saccharomyces sake*	19.6
	ビール酵母	*Saccharomyces cerevoae* Untergar. Munchen	18.8
	パン酵母	*Zygo - Saccharomyces Barkeri*	21.1
	ウイリア属酵母	*Willia anomala*	37.8
	ピヒア属酵母	*Pichia miyagi*	38.4
カビ類		*Penicillim roqueforti*	26.2
		Penicillim expansum	22.2
		Penicillim digitatum	88.2
		Aspergillus niger	264
		Asperigillus flavus	120.0
		Asperigillus glaucus	88.2
		Oospora lactis	10.2
		Mucor racemosus	35.4
		Phizopus nigricans	222.0

表-6.5 UV適用位置と入口水質および付帯洗浄設備の選定基準

原水系統	原水水質	膜・高度処理併用		適用位置	入口水質/保護管汚染因子				付帯洗浄設備
					Fe, Mn	Si	有機物	SS	
深井戸	—	—		原水	○	○	—	—	定期に物理，酸・アルカリ洗浄
浅井戸伏流水	—	—		凝集後	○	—	△	○	定期に物理，酸・洗剤洗浄
				砂ろ過後	—	—	△	△	定期に物理，定検時，洗剤・酸洗浄
表流水	有機物少	—		凝沈後	○	—	△	○	定期に物理，酸・洗剤洗浄
				砂ろ過後	—	—	△	△	定期に物理，定検時，洗剤・酸洗浄
	有機物多	高度処理	中オゾン	砂ろ過後	—	—	—	—	定検時，洗剤・酸洗浄
				活性炭後	—	—	△	—	定期に物理，定検時，酸洗浄
			後オゾン	活性炭後	—	—	—	—	定検時，洗剤・酸洗浄
				後砂ろ過後	—	—	—	—	
		膜処理		原水	○	○	○	○	定期に物理，酸・アルカリ・洗剤洗浄
				膜ろ過後	—	—	△	—	定検時，洗剤・酸洗浄

○：入口水に存在し，短期で保護管への汚染が進む可能性が高い．定期対策が必要．
△：長期で保護管への汚染が進む可能性がある．定検時対策が必要．
—：長期で保護管への微弱な汚染が生じる場合がある．定検時対策を行うことが望ましい．

SS等の付着汚染が発生することを考慮して定期的な物理洗浄，さらにランプ交換等の定検時に洗剤・酸洗浄を採用することが望ましい．高度処理を採用した処理システムでは，オゾンの適用箇所により，後オゾンの場合は，定検時の洗剤・酸洗浄，中オゾンでは，定期的な物理洗浄，定検時の酸洗浄が最低限必要な付帯設備となる．

なお，UV装置では物理洗浄設備を採用しないものもある．その場合は，定期的に汚れ具合に応じ，薬品洗浄を適切な頻度で行うことにより物理洗浄に代替することも可能である．

6.1.4 上水処理への適用例

UV消毒は，その効果が残留しないため，その後段で塩素またはクロラミン等の後消毒用の消毒剤を併用し，後段での細菌等の再増殖の防止を考慮する必要がある．適用位置は，現行の後消毒剤注入点の前後が好ましく，オゾン・活性炭等の高度処理の場合は，後砂ろ過池の前段でUV，後消毒処理を加え，後砂ろ過池に通水することにより砂ろ過池での後生動物の除去，ろ層内での汚染防

6.1 上水処理への適用

止効果を期待できる(松本他,2000；水道技術研究センター,2002).その実施において留意すべき点は,消毒剤の注入点であり,可能な限りUV装置の直後,もしくは直前に設置する必要がある.

松本他は,凝集沈殿,砂ろ過処理の従来処理水を対象とした実験で,消毒剤の注入方式,UV処理との組合せによる消毒効果と塩素化合物を主体とする消毒副生成物の関係について検討している.従来法に比べ,低濃度の追加塩素方式では,**表-6.6**のように従属栄養菌数が最大1桁程度上り,特にアルカリ寄りで消毒効果が不安定化すること,これに対してUVを併用した場合は,従来法並みの生残菌数まで消毒効果を改善できることを示している.また,消毒副生成物に関しては**表-6.7**のように塩素を用いた従来法,追加方式ではトリハロメタン類やジクロロ酢酸,トリクロロ酢酸,ブロモクロロ酢酸,ブロモジクロロ酢酸,ジクロロアセトニトリル,抱水クロラールが低濃度で検出されるが,UV・クロラミン併用では,いずれも 0.001 μg/L 以下となり,トリハロメタン類を生じにくいことを示している(松本他,2001).なお,UV,クロラミンの併用処理の消毒効果については,相乗効果は見られなかったとする報告がある(水道技術研究センター,2002).

活性炭・オゾン処理の高度処理水を対象とした実験例を**表-6.8**に示す.低圧UVランプ回分試験による一般および従属栄養細菌の D_{10} 値(90％不活化必要照射線量)は,一般細菌が 10.1〜10.7 mJ/cm^2,従属栄養細菌で 8.60〜10.1 mJ/cm^2 であり,不活化率と処理線量との関係を示す不活化曲線は,99〜99.9％以内の領域では直線関係が得られたが,高不活化率側では必要線量が増加する傾向を示し,不活化効率は低下したことが報告されている(水道技術研究センター,2002).

また,連続処理試験では,設定不活化率−7.5 log(設定処理線量 75 mJ/cm^2)に対し,通常,運転

表-6.6 一般細菌および従属栄養細菌の不活化効果

温度(℃)	pH	塩素添加条件		一般細菌数(n/mL) 最少〜最大	従属栄養細菌数(n/mL) 最少〜最大
		濃度(mg/L)	追加の有無		
25	7.0	0.3	有	< 0.02〜0.30	0.18〜1.10
		1.0	無	< 0.02〜0.18	< 0.02〜0.16
	7.5	0.3	有	< 0.02〜0.30	0.06〜1.50
		1.0	無	< 0.02〜0.22	< 0.02〜0.28
	8.0	0.3	有	0.02〜0.40	0.24〜142
		1.0	無	< 0.02〜0.30	0.04〜0.24
10	7.5	0.3	有	< 0.02〜0.28	0.10〜0.28
		1.0	無	< 0.02〜0.26	0.02〜0.20
25	7.5	UV・塩素併用[*1]		< 0.02〜0.28	0.06〜0.22
		UV・クロラミン併用[*2]		< 0.02〜0.34	< 0.02〜8.90
		初発菌数(n/mL)		110	596

[*1] UV 15 mJ/cm^2 + 遊離塩素 0.3〜0.4 mg/LasCl$_2$
[*2] UV 15 mJ/cm^2 + クロラミン 0.5〜0.7 mg/LasCl$_2$

表-6.7 トリハロメタン生成量(mg/L)

温度(℃)	pH	塩素添加条件		クロロホルム	ブロモジクロロメタン	ジブロモクロロメタン	ブロモホルム	総THM
		濃度(mg/L)	追加の有無					
25	7.0	0.3	有	0.016	0.008	0.003	< 0.001	0.027
	7.5	0.3	有	0.019	0.009	0.003	< 0.001	0.031
		1.0	無	0.021	0.009	0.003	< 0.001	0.033
	8.0	0.3	有	0.020	0.009	0.003	< 0.001	0.033
10	7.5	0.3	有	0.009	0.006	0.002	< 0.001	0.017
25	7.5	UV・遊離塩素併用		0.018	0.010	0.004	< 0.001	0.032
		UV・クロラミン併用		< 0.001	< 0.001	< 0.001	< 0.001	< 0.001
実施設		中継ポンプ所		0.024	0.012	0.004	< 0.001	0.040

6. 紫外線消毒の適用上の留意点

表-6.8 霞ヶ浦における上水高度処理水でのUV試験結果一覧

回分試験系列		99％不活化時の Ct 値もしくは D_{10} 値			
試験系	試験条件	一般細菌	従属栄養細菌	カビ	酵母
夏季 Ct 値試験[*1]	クロラミン単独	10.0〜12.5	28.7〜33.8	—	—
	クロラミン・UV併用	11.8〜13.1	29.1〜30.0	—	—
D_{10} 値試験[*2]	B-2系・活性炭処理水	10.1〜 10.7 mJ/cm²	8.60〜 10.1 mJ/cm²	—	—
連続実験系列		log 不活化率（−）			
B-2系中圧UV[*3]	CIPなし	−1.78±0.95	−2.01±1.21	−1.00	−2.04±0.77
	CIPあり	−4.30	−6.15	−2.70	−5.00
B-1系低圧UV[*4]	クロラミン単独	−1.67±1.49	−1.77±1.61	—	−2.85
	クロラミン・UV併用	−1.72±1.34	−2.63±0.83	—	−2.85

[*1] UV処理線量 15 mJ/cm² ＋クロラミン 1.0 mg/L
[*2] 低圧UVランプ回分試験
[*3] 設定不活化率 − 7.5 log（設定処理線量 75 mJ/cm²）
[*4] 設定不活化率 − 1 log（設定処理線量 10 mJ/cm²）

時の実測不活化率は99％前後にとどまり，その原因が装置出口サンプリングラインに二次汚染を生じたためであることがCIP（Cleaning in Place；定置洗浄殺菌）処理後の性能から確認されている．ちなみにCIP処理後の不活化率は，細菌類で4〜6桁，真菌類で3〜5桁に達したとしている．このような二次汚染に対する対策としては，CIP処理の適用，もしくは消毒剤注入点をUV装置直後に配置するなどの配慮が必要と指摘している（水道技術研究センター，2002）．

上水の工程は，凝集沈殿，ろ過処理，さらにオゾン処理等を組み合わせた場合が多く，*Cryptosporidium* 等の工程内で増殖することがない微生物に対しては，その安全率，除去効果の予測では，各工程等の微生物の増減の収支をまとめるマルチプルバリア的な手法が適用できる（佐々木他，2000）．また，高度処理における活性炭処理等，細菌類等が再増殖する処理については，その変動幅を実験データ等を活用することにより類似の予測が可能である（松本他，2000）．

図-6.9（山根他，2002）に凝集・沈殿，砂ろ過を基本フローとする浄水場における *Cryptosporidium* の収支例を示す．浄水場では，一般的に凝集・沈殿の汚泥をさらに濃縮・分離した際に出る上澄みを原水に戻すため，処理系内に *Cryptosporidium* が濃縮される．図-6.9（山根他，2002）および表-6.9（平田他，2002）では，その対策として返送水にUV消毒を適用した場合の有効性を示している．また，図-6.10，6.11（佐々木他，2000）は，高度処理にオゾン，活性炭処理を採用している阪神水道

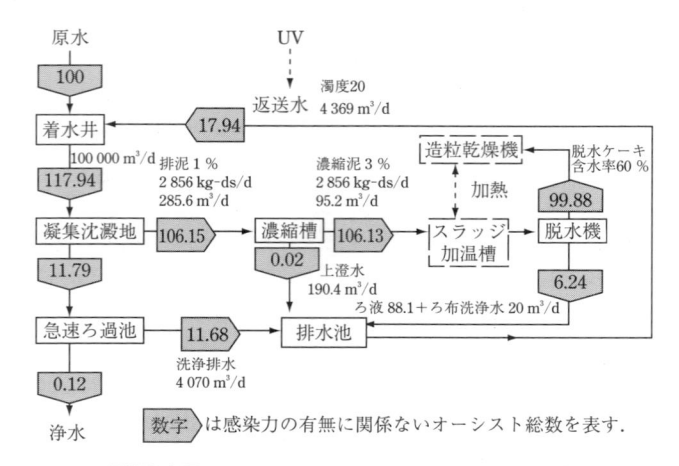

図-6.9 10万 m³ 規模浄水場フローと *Cryptosporidium* オーシスト存在割合（山根他，2002）

6.1 上水処理への適用

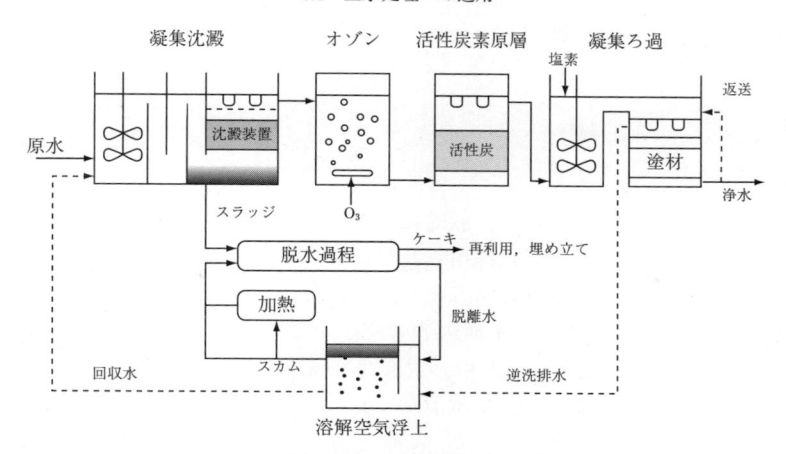

図-6.10 新尼崎浄水場の処理法方式(佐々木他, 2000)

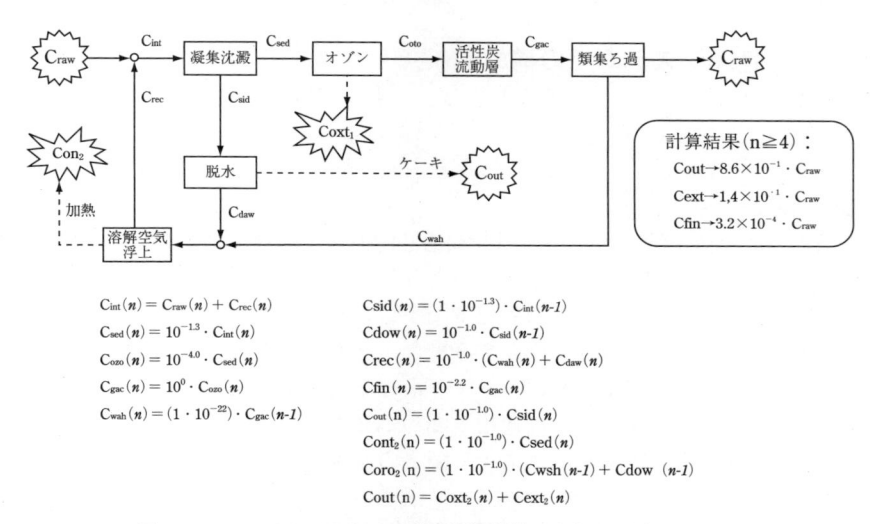

計算結果(n≧4):
$C_{out} = 8.6 \times 10^{-1} \cdot C_{raw}$
$C_{ext} = 1.4 \times 10^{-1} \cdot C_{raw}$
$C_{fin} = 3.2 \times 10^{-4} \cdot C_{raw}$

$C_{int}(n) = C_{raw}(n) + C_{rec}(n)$
$C_{sed}(n) = 10^{-1.3} \cdot C_{int}(n)$
$C_{ozo}(n) = 10^{-4.0} \cdot C_{sed}(n)$
$C_{gac}(n) = 10^{0} \cdot C_{ozo}(n)$
$C_{wah}(n) = (1 \cdot 10^{-22}) \cdot C_{gac}(n\text{-}1)$

$C_{sid}(n) = (1 \cdot 10^{-1.3}) \cdot C_{int}(n\text{-}1)$
$C_{dow}(n) = 10^{-1.0} \cdot C_{sid}(n\text{-}1)$
$C_{rec}(n) = 10^{-1.0} \cdot (C_{wah}(n) + C_{daw}(n))$
$C_{fin}(n) = 10^{-2.2} \cdot C_{gac}(n)$
$C_{out}(n) = (1 \cdot 10^{-1.0}) \cdot C_{sid}(n)$
$C_{ont_2}(n) = (1 \cdot 10^{-1.0}) \cdot C_{sed}(n)$
$C_{oro_2}(n) = (1 \cdot 10^{-1.0}) \cdot (C_{wsh}(n\text{-}1) + C_{dow}(n\text{-}1))$
$C_{out}(n) = C_{oxt_2}(n) + C_{ext_2}(n)$

図-6.11 *Cryptosporidium* の挙動と収支(佐々木他, 2000)

表-6.9 10万m³規模浄水. クローズドシステムでの不活性化システムの比較(山根他, 2002)

不活化処理プロセス	乾燥設備	浄水中漏出活性オーシスト(原水中に対する)(%)	ケーキ中残存活性オーシスト(原水中に対する)(%)	加熱処理 エネルギー (mJ/d)	加熱処理 コスト*1 (ガス代)(千円/d)	UV処理 エネルギー (mJ/d)	UV処理 コスト*2 (電気代)(千円/d)	不活性化処理コスト計(千円/d)	コメント
なし(ブランク)	無	0.12	99.88	—	—	—	—	—	
返送水UV	無	0.10	84.69	—	—	26	0.1	0.1	ケーキに残存
スラッジ加温+返送水UV	無	0.10	0.00	17.136	36	26	0.1	36.1	脱水性能向上
ケーキ乾燥+返送水UV	有	0.10	0.00	7.211	15	26	0.1	15.1	ケーキ有効利用

*1 必要熱量を都市ガス換算し, 80円/Nm³とした.
*2 必要熱量を電気換算し, 15円/kWhとした(ただし, 紫外線照射量 2.0 mJ·s/cm²の場合).

企業団 新尼崎浄水場での *Cryptosporidium* の収支例である. *Cryptosporidium* のように薬剤に対する耐性が高い微生物を対象としてバリアを構築する場合, 各単位操作での効果を積算するマルチプル

バリアの概念が有効であることを示している．

6.2　下水処理への適用

下水道における消毒の手段としては，一般的に塩素(次亜塩素酸ナトリウム)が広く用いられているが，最近ではオゾンや紫外線も一部に採用されている．

塩素の代替技術として UV 消毒を導入するのと同時に，近年では下水処理水の親水，修景利用の高まりがあり，トリハロメタン等の副生成物の考慮が不要で，塩素臭や残留オゾンの影響のない UV 消毒に対する期待は大きい．また，近年，病原性大腸菌 O157 や *Cryptosporidium* 等の病原性原虫類による健康被害が発生しているが，塩素消毒では *Cryptosporidium* に効果がない(下水道実務研究会，2000)．

下水処理システムにおける UV 消毒を組み込んだ処理の構成例を述べる．

6.2.1　下水処理システムでの構成例

下水処理方法は，沈殿処理，活性汚泥法および生物膜法の 3 種類に分類される(建設省都市局下水道部，1994)．

(1) 活性汚泥法

活性汚泥処理は，標準活性汚泥法，回分式活性汚泥法，高速エアレーション沈殿法があるが，広く用いられているのは標準活性汚泥法である．施設としては，標準活性汚泥法では反応タンクと最終沈殿池，回分式活性汚泥法としては反応タンク，高速エアレーション沈殿法としては高速エアレーション沈殿池があり，UV 消毒を導入する場合，そのプロセスの後に設置することになる．標準活性汚泥法，またはその後の高度処理水に UV 消毒を適用する場合として下記が考えられる．

① 下水二次処理水への UV 消毒の適用：**図-6.12** 参照．
② 下水高度処理水(ろ過処理水)への UV 消毒の適用：**図-6.13** 参照．
③ 下水高度処理水(活性炭処理水)への UV 消毒の適用：**図-6.14** 参照．

①は，一般的な標準活性汚泥法の塩素消毒代替技術としての UV 消毒利用の例である．紫外線透

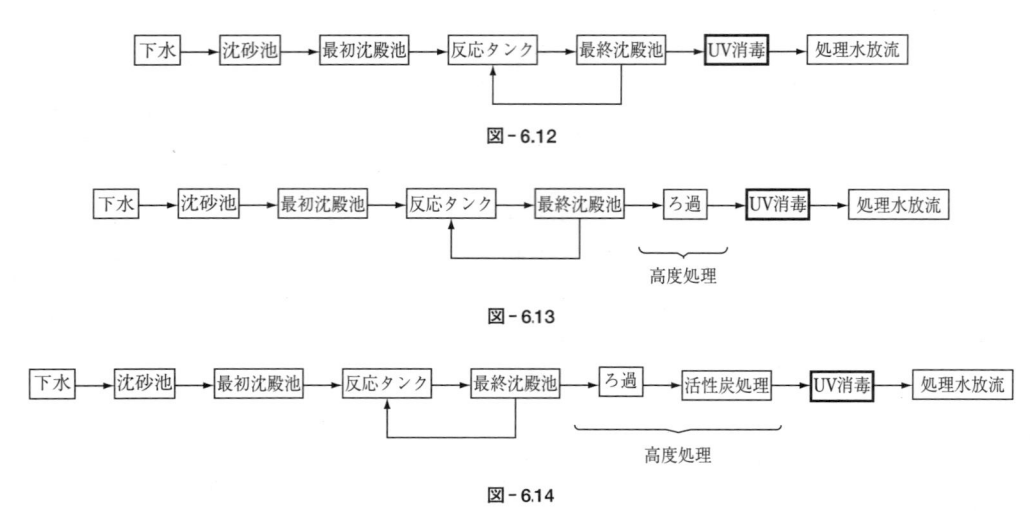

下水 → 沈砂池 → 最初沈殿池 → 反応タンク → 最終沈殿池 → UV消毒 → 処理水放流

図 - 6.12

下水 → 沈砂池 → 最初沈殿池 → 反応タンク → 最終沈殿池 → ろ過 → UV消毒 → 処理水放流
（ろ過～UV消毒：高度処理）

図 - 6.13

下水 → 沈砂池 → 最初沈殿池 → 反応タンク → 最終沈殿池 → ろ過 → 活性炭処理 → UV消毒 → 処理水放流
（ろ過～UV消毒：高度処理）

図 - 6.14

6.2 下水処理への適用

過率が重要な因子となるため，②のようにろ過等により SS 成分を捕捉し，紫外線透過率を高めてから UV 消毒を施すのが効率的である．③における活性炭処理は，下水処理水の一部をさらに活性炭で高級処理するものであり，処理水全体への適応とは異なる面で，他のフローとは異なる．高度処理としてオゾン処理を行っている場合，放流地点において残留オゾンがない場合，大腸菌群の再増殖を考慮して UV 消毒をオゾン処理の後段に導入することも考えられる．

ある浄化センターにおいて中圧水銀ランプを導入した実施例がある(高橋他，1999)．ここでは，ドライピット型，中圧ランプ 1 ブロック 12 本を直列に 2 ブロック 24 本を配置したものを 1 基予備として 2 基設置した．高度処理として生物膜ろ過設備が導入されているので，処理水に含まれる SS 成分が捕捉され，紫外線透過率が高まることで消毒効率を高めている．設計条件として水処理量は 20 000 m³/d，大腸菌群数の平均殺菌率は SS ＝ 7 mg/L 以下，紫外線透過率 70 ％以上で 99.9 ％以上または 10 個/mL 以下である．消毒原水の大腸菌群数 20〜1 500 個/mL に対して，消毒処理水の大腸菌群数は未検出〜9 個/mL で仕様値を満足している．

運転管理の状況としては延べ運転時間 3 000 時間を経過後も出力レベルの低下は認められなかった．6 箇月点検時には，ランプから 20 cm 離れた周辺に薄く一様に藻類が付着した．これは中圧式ランプに含まれる多量の可視光の影響であるが，大腸菌群数を含めて処理水への影響は特に認められなかった．

また，近年，特に小規模下水道として注目を集めるオキシデーションディッチ法に UV 消毒を組み込んだ例を図-6.15 に示す．

下水 → 前処理施設 → 反応タンク → 最終沈殿池 → UV消毒 → 処理水放流

図-6.15

ある町で実施した連続実験の結果が報告されている(佐藤他，1997)．ここでは，既設塩素混和池に低圧ランプを備えた紫外線消毒装置を導入した．処理水の流れに対しランプを垂直に 4 列 6 本ずつ配列し，保護管の洗浄は自動で行う方式である．

消毒原水の大腸菌群数は平均 1 830 個/mL(最大 19 030 個/mL)で，消毒処理水は平均 15.6 個/mL となった．また，処理水の一般細菌数は原水平均で 20 400 個/mL に対し，処理水で 160 個/mL，糞便性大腸菌群数は原水平均で 515 個/mL に対し，処理水で 1 個/mL であった．また，水銀ランプに付着するスケールとしてカルシウム，アルミニウムおよびリンが大部分であったことも報告している．この時，スクレーパによる 3 時間に 1 回の自動クリーニングによって 4 000 時間は薬品洗浄は不要であった．

農業集落排水について，日本農業集落排水協会では，紫外線消毒設備運用指針を作成している．農業集落排水の処理フローは，処理人口および処理水質によって型式が定められている．紫外線消毒設備は，処理水放流の前段に設置されるもので，原則として紫外線消毒装置および塩素消毒装置と消毒槽を備えた副水路等により構成される(図-6.16 参照)．

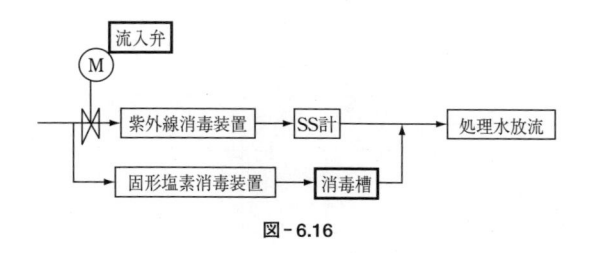

図-6.16

SS計を処理水の放流側に設置し，処理水のSS濃度を連続して計測する．処理水のSS濃度が15 mg/Lを超えた場合，流入弁を全閉させ，自動的に副水路へ処理水を流入させ，固形塩素にて処理水する仕組みとなっている．ただし，SS濃度15 mg/L以下を安定維持できる協会-XⅡ$_{G96}$型，XⅢ$_{96}$型，XⅤ$_{96}$型についてはSS計を省略することができる．紫外線消毒装置は，消毒装置の設置方式により開水路浸漬型紫外線消毒装置と密閉流型紫外線消毒装置に分類される．

(2) 生物膜法

生物膜法としては，回転生物接触法，高速散水ろ床法，接触酸化法および好気性ろ床法等がある（建設省都市局下水道部，1994）．施設としては，回転生物接触法では反応タンク（回転円板）＋最終沈殿池，高速散水ろ床法（散水ろ床）＋最終沈殿池，接触酸化法では反応タンク（接触タンク）＋最終沈殿池，好気性ろ床法では反応タンク（好気性ろ床）となる．UV消毒の導入は，先述の活性汚泥法と同様にこのフローの後になる．

① 接触酸化法へのUV消毒の適用：**図-6.17**参照．
② 好気性ろ床法へのUV消毒の適用：**図-6.18**参照．

生物膜法にUV消毒を適用する場合も，処理水を対象としてフローに組み込むのが最も有効である．

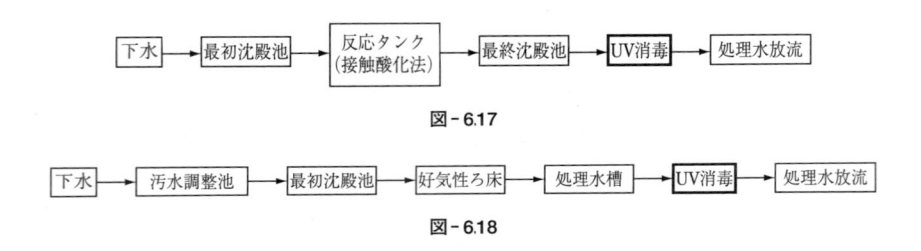

下水 → 最初沈殿池 → 反応タンク（接触酸化法） → 最終沈殿池 → UV消毒 → 処理水放流

図-6.17

下水 → 汚水調整池 → 最初沈殿池 → 好気性ろ床 → 処理水槽 → UV消毒 → 処理水放流

図-6.18

(3) 親水・修景用としての利用

下水処理水の親水，修景利用は，年々活発に行われている．修景・親水用水の目標水質としては，**表-6.10**のように定められている．

ある処理場の砂ろ過施設で高度処理した処理水を利用して，3つの河川の放流口まで長距離送水を行い，清流復活を目的に修景利用を実施した（五十嵐他，1995）．この時，長距離の輸送による水質変化を考慮し，低圧紫外線消毒装置による滅菌処理を施した．この処理場の処理水を各河川ごとに分岐し，各々の放流域直近にある児童遊園や学校グランド内に紫外線処理装置を導入し処理を行

表-6.10 修景用水利用・親水用水利用に関わる目標水質（建設省高度処理会議，1990；建設省，1980）

項目	修景用水利用	親水用水利用	雑用水	
大腸菌群数	1 000個/100 mL以下（最確数法）	50個/100 mL以下（最確数法）	10個/mL以下（平板法）	検出されないこと（平板法）
BOD	10 mg/L以下	3 mg/L以下	—	—
pH	5.8〜8.6	5.8〜8.6	5.8〜86	5.8〜8.6
濁度	10度以下	5度以下	—	—
臭気	不快でないこと	不快でないこと	不快でないこと	不快でないこと
色度	40度以下	10度以下	不快でないこと	不快でないこと
残留塩素	—	—	保持されていること	0.4 mg/L以上
使用例	用水路，小川，滝，池（流水形）；ただし噴水のような親水的な用途を除く	じゃぶじゃぶ池，親水水路，噴水	水洗便所用水	散水用水

った．各河川への放流水量は，D川で0.23 m³/s，E川で0.35 m³/s，F川で0.42 m³/sとし，合計1.0 m³/sとした．また，処理水の長距離輸送によって配管内で硝化菌が増殖し，処理水中に微量に存在するアンモニア性窒素を硝化するN-BODが検出され，これがT-BODを高めることがある．紫外線による硝化菌の殺菌によって，硝化反応を抑制することでN-BOD低減効果も期待される．処理条件として，紫外線透過率80％以上において，大腸菌群殺菌率98％以上，N-BOD低減率80％以上とした．

6.2.2 下水処理での対象微生物と要求値

下水放流水の衛生上の消毒効果の確認には，一般的に大腸菌群が用いられている．これを指標として用いる理由は，人畜の糞便中に多量に存在し，消化器系由来の病原性細菌と比べて水中でかなり長時間生存できることなどによる．すなわち，大腸菌群が検出されるということは，消化器系由来の病原性細菌が存在する可能性を示すものである．これらのことから『水質汚濁防止法』で処理場から公共用水域に排出される放流水中の大腸菌群数は，3 000個/mL以下と定められている(下水道実務研究会，2000)．親水，修景利用における目標水質は，**表-6.10**を参照されたい．

下水処理で基準とされる微生物は，大腸菌群のみである．『下水試験方法』(日本下水道協会，1997)では，細菌学試験として，一般細菌，大腸菌群，糞便性大腸菌群，腸球菌群の項目があげられている(建設省土木研究所，1990)．このうち，大腸菌群の定量試験方法としてデソキシコール酸塩平板培養法，最確数法(MPN法)，MF-エンドウ培地法がある．下水の排水基準に係る公定法は，平板培養法となっており，水質汚濁に係る環境基準は，最確数法となっている．

下水処理水に紫外線処理を行う場合，懸濁物質による紫外線透過率の減少を考慮する必要がある．SS濃度の不活化率に与える影響度合いは，浮遊物質の質と量により異なるため，以下に一例を示す．この実験例(日本下水道事業団，1995)は，下水二次処理水の大腸菌群を対象とし，余剰汚泥を添加してSSを調整したものである．この時，SS約1 mg/Lの時の紫外線照射線量は42 mJ/cm²，紫外線透過率は83％であった．

SS 10 mg/Lでの不活化率低下　　　$\log(N_{SS}/N) = 0.09$
SS 30 mg/Lでの不活化率低下　　　$\log(N_{SS}/N) = 0.41$

ここで，N；不活化直後の大腸菌群数，N_{SS}；SSを添加した場合における不活化後の大腸菌群数．

これらの消毒性能の低下は，浮遊物質による遮光や浮遊物に取り込まれた大腸菌群が未照射のまま流出することに起因すると考えられる．

この他，参考となるものではMunincipal Wastewater Disinfection, Design Manual(USEPA, 1986)に記載されたポートリッチモンド処理場での事例，モデル実験系で濁度との関係を調べた大垣らの報告書(大垣他，1988a；大垣他，1988b)等がある(土木学会，2004)．

紫外線消毒による不活化効果を阻害する現象として，太陽光(可視光)による光回復現象が知られており，処理水が太陽光に曝される下水処理水に適用する場合は，その影響を考慮する必要がある(土木学会，2004)．

下水処理水を対象とした光回復に関する実験として，低圧ランプを用い糞便性大腸菌群を対象とした大垣らの詳細な報告がある(大垣他，1987)．不活化効果が見かけ上，1ヒット性1標的のカイネティクスに従う場合，最大光回復値(S_+；可視光照射60分後の生存率)は，紫外線処理後の生存率(S)より線量軽減率k(糞便性大腸菌群では4.5)を用いて次式で計算できるとしている．

$$S_+ = S^{1/k} = S^{0.22}$$

低圧ランプと波長分布の異なる中圧ランプでは，log不活化率で-3以上の不活化を加えると，光回復は生じないことが実験的に証明されている(大垣他，2002)．

6. 紫外線消毒の適用上の留意点

　また，経験的に実際の下水処理水や装置系での実証実験では，3 log 以上不活化した後の光回復は 1 log 以内である．参考として，以下に低圧ランプを用いた実装置系で大腸菌群を対象とした場合の光回復率を示す（日本下水道事業団，1995）．

$$\text{光回復率} = \log(N_R/N) = 0.45$$

ここで，N；不活化直後の大腸菌群数，N_R；太陽光線 1 時間照射後の大腸菌群数．

　指標菌によるモデル実験と実際の下水処理水での相違の原因については明らかにされていない．

　下水処理水再利用にあたって現行での指標は，大腸菌群数のみであるが，衛生学的安全性の面から基準のあり方の整理について検討されている（建設省土木研究所，1990）．

　下水中に存在する可能性のある細菌，寄生虫，ウイルスとして報告されているものを**表-6.11，6.12** にまとめる．

　下水処理再生水利用の高度化に伴い，安全性に対する要望も年々高まっている．特にウイルス感染症についての問題は大きい．ウイルス代替指標として検討されているのがバクテリオファージである．ファージは，病原性ウイルスより一般に耐性があり，短時間で容易に測定ができる．

　宿主菌として *E.Coli* を用いて 4 箇月にわたるある処理場で行った調査で，下水中の全大腸菌ファージは，10^4 PFU/mL オーダーで，全体の 19～53 % が F 特異 RNA 大腸菌ファージであったことが報告されている（大垣，1988）．この時，エアレーションタンク内の大腸菌ファージはほとんど活性汚泥に付着しており，その 77～97 % が F 特異 RNA 大腸菌ファージであった．

表-6.11　存在の可能性のある細菌，寄生虫 (Stretton, 1979)

生物	病名	主として感染する器官
(1) 細菌		
Salmonella typhi *	腸チフス	胃腸管
Salmonella choleraesuis		
Salmonella enteritidis と他のセロタイプ	腸チフス，胃腸炎	胃腸管
Shigella sp.（赤痢菌）*	赤痢	胃腸管
Vibrio cholerae *	コレラ	腸
腸内病原性大腸菌*	胃腸炎	胃腸管
Francisella tularensis	ツラレミア症	呼吸器官，胃腸管，リンパ腺
Leptospira icterohemorrhagiae	レプトスピラ症	広範
Mycobacterium tuberculosis	結核	肺や他の器官
(2) 原生動物		
Entamoeba histolytica *	アメーバ症	胃腸管
Giardia lamblia	ランブル鞭毛虫症	胃腸管
Naegleria gruberi	髄膜脳炎	中枢神経
(3) 寄生虫		
Taenia saginata *	ウシさなだ虫症	胃腸管
Ascaris lumbricoides *	回虫症	小腸
Schistosoma mansoni *		
S. japonica	住血吸虫症	膀胱
S. haematobuim		
Necatos americanus		
Ancylostoma duodenale	十二指腸虫病	胃腸管
Diphylobothruim latum	魚さなだ虫症	胃腸管
Echinococcus granulosus	イヌさなだ虫症	肝臓，肺臓
Anisakis sp.	アニサキス症	胃腸管

*　よく起こる病気．

表-6.12 存在の可能性のあるウイルス(善養寺他，1986)

ウイルス	発病器官	症状
（エンテロウイルス67） Poliovirus 1，2，3型 Coxsackieviruses A，B群 Echovirus	鼻，口，腸管	神経系，呼吸器 腸管障害，発疹
Reovirus 1，2，3型	呼吸器，腸	あまりない
Adenovirus 各型	呼吸器，扁桃腺	呼吸器病，咽頭炎
Infection hepatitis virus	肝臓	伝染性肝炎
Hepatitis B. antigen virus	肝臓	伝染性肝炎
伝染性下痢症ウイルス	腸管，神経系	腸管障害
泉熱ウイルス	腸管	発熱，発疹，下痢
仮性小児コレラウイルス	呼吸器，神経系，腸管	乳児急性胃腸炎，発疹

6.2.3 下水水質と付帯洗浄設備

処理系統ごとにUV適用位置と入口水質および付帯洗浄設備の選定基準例を**表-6.13**に示す．

下水処理水に適用した際，保護管汚染で最も注意すべき点は，鉄，マンガン酸化物による汚れである．基本的に保護管の材質にはオゾン発生線を除去するものが用いられるが，長期使用時には汚れが進行する．そのための付帯設備としては，定期的な物理洗浄を，またランプ交換等の定検時に薬品洗浄を行うことが基本となる．定検時の薬品洗浄は，中圧ランプの場合はランプ本数が少ないため手洗浄で対応できるが，低圧ランプの場合はランプ本数が多いので，手洗浄では対応できない．そのため，設備的には酸洗浄に対応できる設備を設けておく．また，高度処理後に適用する場合でも汚染度合いは緩和されるが，汚れは進行するため，汚れ度合，汚れの質を考慮した適切な薬品洗浄を行う必要がある．下水の場合，受入れる原水水質の変化等の不確定因子の影響を受けるため，最終的な回生手段として薬品洗浄は考慮しておく必要がある．

表-6.13 UV適用位置と入口水質および付帯洗浄設備の選定基準

| 二次処理 | 高度処理 | 適用位置 | 入口水質/保護管汚染因子 | | | 付帯洗浄設備 |
			鉄，マンガン	有機物	SS	
標準活性汚泥法 活性汚泥法変法	—	二次処理後	○	△	○	定期に物理，定検時，酸・洗剤洗浄
	砂ろ過	砂ろ過後	△	△	—	
	好気性ろ床	好気性ろ床後	△	—	—	
	砂ろ過＋オゾン	オゾン後	—	—	—	定期に物理，定検時，必要に応じ薬品洗浄
生物膜法	好気性ろ床	—	二次処理後	△	△	—	定期に物理，定検時，酸・洗剤洗浄
		オゾン	オゾン後				定期に物理，定検時，必要に応じ薬品洗浄
	回転生物接触 高速散水ろ床 接触酸化	—	二次処理後	○	△	△	定期に物理，定検時，酸・洗剤洗浄
		砂ろ過 砂ろ過＋オゾン	砂ろ過後 オゾン後	△〜—	△〜—	—	

○：入口水に存在し，短期で保護管への汚染が進む可能性が高い．定期対策が必要．
△：長期で保護管への汚染が進む可能性がある．定検時対策が必要．
—：長期で保護管への微弱な汚染が生じる場合がある．定検時対策を行うことが望ましい．

6.2.4 下水処理への適用

下水の二次処理以降の工程で消毒手段を多段で利用するケースは稀であるが，脱色，COD除去等の水質面の向上を目的とした三次処理でオゾン処理を行い，さらにその後段で最終消毒としてUV消毒が適用される場合がある．この場合のUV適用は，前段でオゾンや塩素処理等の消毒効果

を持つ薬剤で処理しても，短時間で薬剤が下水処理水中に含まれる残存有機物に反応消費されて残留消毒効果が消失し，実際に水を使用するユースポイントまでの送水工程で二次汚染を生じるためである．特にオゾンの場合は，装置出口で残留オゾンが消失していることが多く，AOC が増加により有機物の生分解性も上がり，二次汚染を生じやすくなることが知られている（宗宮，1998）．そのため，下水処理水では，再増殖しない生物を除き，多段で消毒処理が組まれたシステムの消毒効果予測を行う場合，上水のようなマルチプルバリア的な予測法を適用することは望ましくない．

このように下水処理水は，基本的にリグロースポテンシャルが高いため，UV を適用する場合は，経験則的に放流口，ユースポイントの近傍に設置することが望ましい．また，用途面からは，要求値が高い親水・修景の場合，できる限り利用箇所の近傍に設置する必要がある．

下水処理水に UV 処理を適用して消毒副生成物が形成されたという報告は稀であるが，単独処理ではわずかにアルデヒド類が生成したという報告が 1 例ある．実験で併用処理を検討した例では，酸化チタン系光触媒との組合せにおいてアルデヒド類が増加することが知られている．

6.3 各種産業における適用

紫外線による殺菌は，水産業等の生鮮素材加工業をはじめ各種の食品工場，半導体や医薬品製造工場などで広く使用されている．アメニィティ施設関係では水族館やプール水の浄化や，消毒用途以外ではゴミ滲出水等の難分解性物質を多く含む排水処理に化学酸化手段として用いられつつある．ここでは，その代表的な用途における適用例を示す．

6.3.1 食品工場

食品製造においては，食中毒細菌はもとより，食品を腐敗・変敗させる微生物を管理・制御することはきわめて重要である．微生物制御の対象は，原材料，用水，製造機械，容器や包材，空中や建築物等の環境，作業員等の多岐にわたる．

紫外線は，食品工場では，空気の殺菌，原料水，工程用水等の水の殺菌，糖液等の液状食材の殺菌，さらに製品や包装材等の表面殺菌に使用されている．

(1) 空気の殺菌

外部からの混入空気と室内の空中浮遊菌や落下菌による汚染を防止する方式としては，HEPA フィルタ等で除菌する方法や，オゾン，薬剤や紫外線によって殺菌する方法がある．

紫外線殺菌法は，冷蔵庫内の殺菌や，製造工程と包装工程の上層空間の殺菌に多く使用される．上層空間殺菌用の殺菌灯の所要本数は，以下の式で求めることができる（好井他，1999）．

$$N = 0.05\,V / HF$$

ここで，N：必要灯数，V：室容積(m^3)，H：灯具と天井との距離(m)，F：器具係数(15 W 吊下げ型 = 1.5)．

(2) 水の殺菌

欧米のビールメーカー等では製造工程用水以外に仕込み用水や製造工程の至る所で従来の加熱殺菌の補助手段として UV が多用されている．ミネラルウォーターの製造工程では，加熱処理による味覚の変化を防止するため，UV 単独もしくは異物除去用の MF フィルタと UV を組み合わせたシステムが用いられることが多い．微生物に対する規格が厳しい清涼飲料，ビール等の食品，医薬

6.3 各種産業における適用

分野の用水処理では，従来，塩素消毒，加熱消毒が用いられてきたが，水処理系で塩素耐性，熱耐性を獲得した細菌類を中心とした微生物が繁殖することがある．その微生物の多くは，塩素，熱に対して耐性が高い胞子細胞を形成する *Bacillus* 属等の細菌類，食品成分を腐敗するカビや酵母であるが，特にフラットサワー菌として嫌われる *Bacillus* 属の胞子細胞は，生細胞に比べ処理線量は高目となるが，UVでは比較的容易に消毒できる．これらの分野でUVを適用する場合，水処理の最終段に設置されることが多く，その消毒効果の予測では上水と同様にマルチプルバリア的な予測法が適用される．また，産業分野により水に求められる商業的無菌レベルは異なり，その水処理システムも異なる．カット野菜等のような単に素材を洗浄する場合には，水道水をUV処理しただけの水が用いられる．要求水質が厳しい清涼飲料，ビール等の製造用水の場合は，活性炭やNF，RO膜等による有機物除去や，イオン交換処理による塩分調整処理を行った後，最終段でUVが適用されることが多く，消毒副生成物の原因となる有機物は，UVの前段までに十分に除去されており，消毒副生成物が問題になることは少ない．

一般に食品工場で最も消費される用水は，水道水である場合が多い．水道水は，塩素消毒により，通常，細菌等の微生物数はmL当り数個以下に低減されている．さらに無機イオンや微量有機物を軽減する目的で水処理を加える場合は，二次汚染に対する注意が必要である．脱塩素のために活性炭ろ過を行う場合やイオン交換樹脂やRO膜により水を精製する場合は，活性炭ろ層内や膜等の処理装置自体が微生物の温床となる場合があるため注意を要し，防菌防黴対策を施した装置が採用されることが多い．

図-6.19 に適用例を示す．全用水への適用は，原水由来の微生物を元から絶とうとする場合や，用水が多岐にわたって工場内に分配される場合に実施される（全国清涼飲料工業会，1991）．

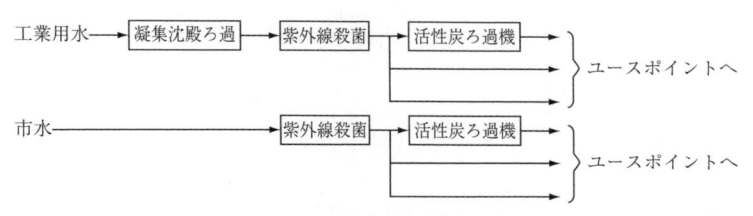

図-6.19 全用水への適用例

図-6.20 は，膜による除菌を採用したフローである．製品の原料，仕込み用水等の重要なユースポイントで使用される場合に用いられる方法で，1段のMF膜で粒子を除去し，生残菌を紫外線で殺菌した後，その死骸を2段膜で除去する（全国清涼飲料工業会，1991）．紫外線殺菌の目的は，膜面で微生物が増殖して発生する生物ファウリングにより膜の透過水量の低下を防止することである．

図-6.20 MF膜処理との併用例

通常の食品工場における水の紫外線殺菌では，製品の最終的な加熱滅菌工程で対象となってきた枯草菌等 *Bacillus* 属の生細胞もしくは胞子細胞を指標菌とする場合が多いが，より厳密な殺菌を行う場合は，より必要線量の高いカビ等の真菌類を指標菌とする場合もある．

その他，**図-6.21** に製造用水への適用例，**図-6.22** に水槽内の殺菌の適用例を示す．初期化を行う定置洗浄殺菌（CIP：Cleaning in Place）において残留塩素水による製品の変質を嫌う場合は，UVで滅菌した最終リンス水が用いられている．

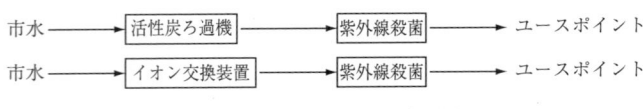

市水 → 活性炭ろ過機 → 紫外線殺菌 → ユースポイント
市水 → イオン交換装置 → 紫外線殺菌 → ユースポイント

図-6.21　製造用水への適用例

　水槽の汚染は，水槽の空気抜き等から侵入する微生物によるもので，対策として水槽内に紫外線殺菌装置を設置する方法と，紫外線殺菌装置を備えた循環ラインによる方法がある．水槽内に設置する方法は，空気中の浮遊菌・落下菌の殺菌を主な目的としている（全国清涼飲料工業会，1991）．

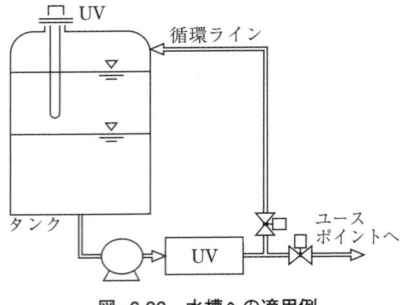

図-6.22　水槽への適用例

(3) 液状食品等の殺菌

　紫外線は，薬や加熱処理を嫌う缶飲料等の原料である液糖や砂糖の溶液で問題になる耐熱性の細菌（$Bacillus\ coagulans$，$B.stearothermophilus$，$B.circulans$ 等）にも有効で用いられている（藤井，2001）．液糖は，紫外線の透過率が低く，無色透明であっても紫外線の透過率が0％というケースもあるので注意を要する（全国清涼飲料工業会，1991）．また，マカロニ等の製麺製品の製造工程では，加熱殺菌の補助として併用されている．

(4) 食品等の表面殺菌

　かまぼこやウィンナー等の練り製品，肉や魚，野菜果実等の食品の表面，あるいはシート，容器やボトル，キャップや王冠等の包装材の表面の殺菌に紫外線が利用されている．殺菌の効果を高めるため過酸化水素水と併用する方法が無菌充填包装システムに採用され，実用化されている（藤井，2001）．

6.3.2　水産業・水族館

　魚類，貝類等の水産種苗用水や洗浄水，水族館等の塩素消毒よる環境および生物への影響，製品の味覚の影響を嫌う施設では，UVを単独の消毒手段として使用する例も増加している．これらの施設では，UVの前段に生物ろ過処理を置き，SS成分やアンモニア成分等のUVにとって妨害となる物質を除去した後，UVを適用する処理フローを採用することが多い．また，これらの用途でUVの適用件数が増加している理由は，他の消毒手段に比べ相対的に消毒副生成物等の水への悪影響が少なく，なおかつ大量の水を低コストで理化学的性質を変えることなく殺菌できることから広く使用されている．

　飼育用水の殺菌では，細菌やウイルス等の病原体から種苗や養魚等を護ることを目的として原水や循環水に対して行っている．また，近年，飼育用水のみならず，沿岸海域への病原菌伝播防止の観点から飼育排水の殺菌も行われている（**図-6.23**）（吉水他，2002）．

海 → ポンプ → ろ過 → 紫外線殺菌装置
海 ← 紫外線殺菌装置 ← 飼育水槽 ← ポンプ ← ろ過等 ← 紫外線殺菌装置

図-6.23　水産物の飼育施設における適用例

　漁港に水揚げされた魚介類は海水で洗浄されるが，魚介類による食中毒の多くは，この洗浄水に

6.3 各種産業における適用

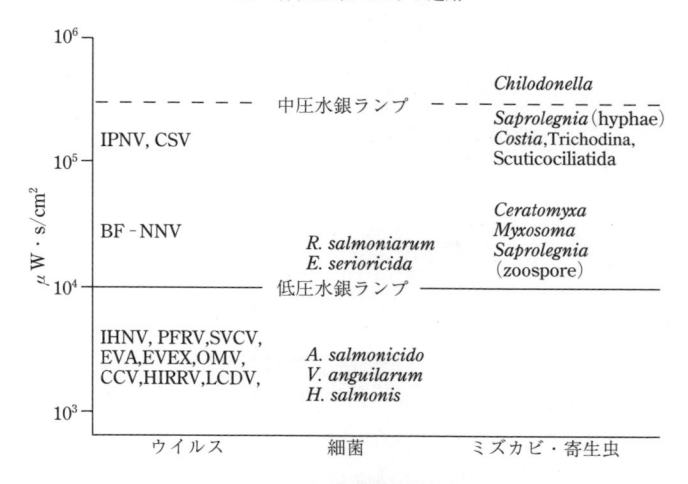

図-6.24 魚類病原微生物の紫外線感受性

よる汚染が原因とされている(藤原, 1985；藤原他, 1985). 紫外線は, カキ浄化用の洗浄水の殺菌(坂井, 1956)をはじめに, 魚介類洗浄用水の殺菌に古くから使用されている(**図-6.24**).

一般への適用と同様に, 適用にあたっては, 以下の点に注意が必要である(吉水他, 2002).
① 水中に懸濁物質が存在すると, その裏面や影には紫外線が及ばないため殺菌効果が減少する. 著しい場合は, ろ過等によって除去する.
② 水中の溶存有機物や鉄イオンの存在は, 紫外線の透過率に著しく影響するため, あらかじめ紫外線の透過率を測定しておく.
③ 紫外線照射によってオゾンが発生する場合がある. オゾンが好ましくない場合は, オゾンを発生させない装置を選択する.
④ 低圧の紫外線ランプは, 紫外線の照射強度が水温に影響を受けるため, 水温を考慮した設計をする必要がある.
⑤ 光回復をする細菌があるため, これを考慮した照射線量とする必要がある.

6.3.3 海浜や湖沼の閉鎖水域系の環境浄化

海水浴場の水質改善を目的とした海水浄化実験で適用を検討している例がある. 設備は, 生物膜ろ過装置でSS, アンモニア等を除去した後, 紫外線殺菌装置で糞便性大腸菌群を消毒する構成で, 環境省が定めた「水浴場の水質判定基準」を参考にし, **表-6.14**に示す水質を目標としている. また,

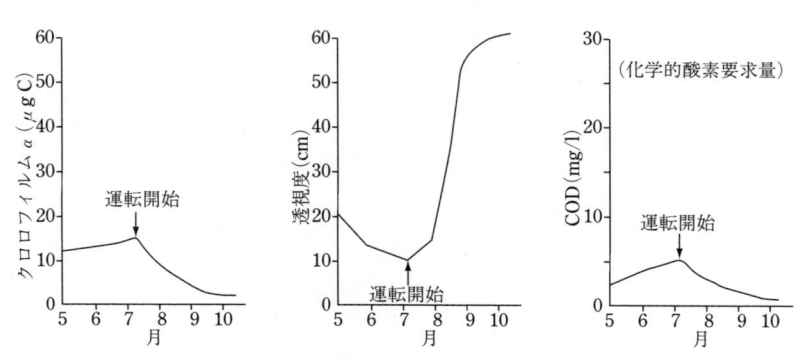

図-6.25 横浜公園池の浄化(1987年)(織他, 1991)

6. 紫外線消毒の適用上の留意点

表-6.14 目標水質（浄化区域内）

水質項目	糞便性大腸菌群数	CODMn	透明度	油膜の有無
目標区分	A以上 (100個/100 mL以下)	B以上 (5 mg/L以下)	A以上 (1 m以上)	A以上 (認められない)

水質の悪化した湖沼やダム水の浄化にも採用されている．図-6.25の実施例（織他，1991）では，アオコ等の殺藻・増殖防止を紫外線で，有機物分解をオゾンで行った後，アオコ等の死骸やSSをろ過して除去している．

6.3.4 医薬品・半導体製造用水および医療分野における殺菌

これらの産業分野の工場では，活性炭，イオン交換，RO膜やUF膜処理等を組み合わせた設備で純水や超純水，無菌水を製造し使用している．細菌は，純水，超純水等の有機物濃度がきわめて低い水中でも増殖する．しかも，活性炭やRO膜，イオン交換樹脂には，その性質上，有機物や栄養塩類が濃縮されているため，これらが細菌増殖の温床となる．紫外線殺菌は，これらの後や前後，あるいはユースポイントなど様々な箇所で行われている．水の純度を低下させることなく殺菌できる紫外線殺菌装置は，用水製造に欠くことのできないものとなっている．また，病院等の医療分野では，結核菌等の病原菌に加え，HIV，B型肝炎等のウイルス感染病が大きな社会問題となって以来，UVの適用が進んでいる．村山らによれば医療界で実際に使われているものは，手術用手洗水の処理，経尿道前立腺切除術用水の処理，人工透析用水処理等があるが，普及率はまだ低いとしている．これらの用途水は，かつては蒸留水を貯留したものが使用されていたが，貯留槽の蛇口や空気口から汚染を受けやすく，UVに代替もしくは併用され，その装置では汚染を防止する作りが施されているものが多い．図-6.26の装置では，紫外線照射後の汚染がしにくいように不使用時にはコックを閉じ，ドレーンのコックから留水を抜き取って水が溜まるのを防ぎ，乾かすことにより菌の増殖を防いでいる（村山他，1989）．

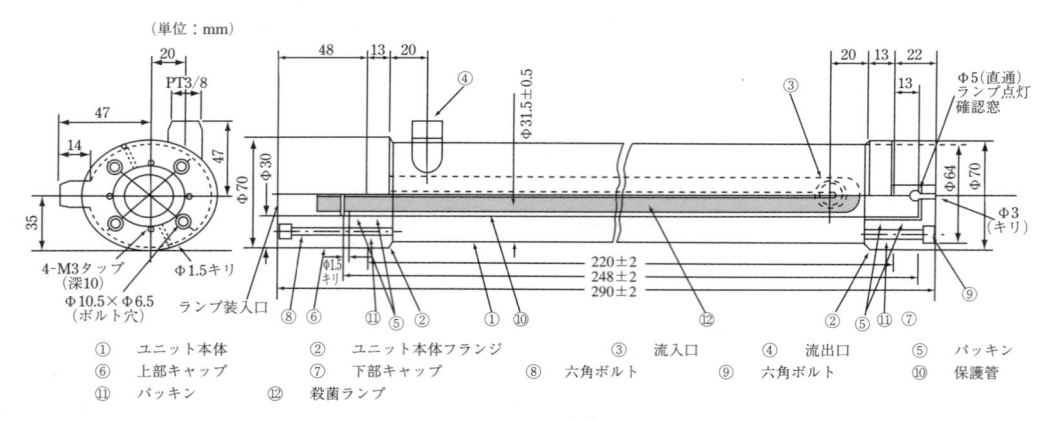

図-6.26 医療用蒸留水製造装置へのUV適用例

6.3.5 プール水等のアメニティ施設の浄化

近年，集団感染が取り沙汰されてから遊泳プール，温泉等の公共浴場やアメニティ施設では従来の塩素消毒にUVを併用する方式が増えている（図-6.27）．なお，紫

図-6.27 紫外線照射処理のフロー

外線をプール水の処理に用いる主な目的は，クロラミンの分解である．プールでのクロラミンは，人由来のアンモニアと消毒剤として添加された塩素とが反応して生成される．プール水が目や鼻，皮膚を刺激したり，プール特有の臭いがあるが，この原因物質の代表がこのクロラミンである．

クロラミンには，モノクロラミン，ジクロラミン，トリクロラミンがあり，それぞれ以下のように紫外線によって窒素ガスと塩酸に分解される（加藤，1989）．

$$2\,NH_2Cl + HOCl \rightarrow N_2 + 3\,HCl + H_2O$$
$$NHCl_2 + OH^- \rightarrow Cl_2N^- + H_2O$$
$$Cl_2N^- + NHCl_2 \rightarrow Cl_2N\text{-}NHCl + Cl^-$$
$$Cl_2N\text{-}NHCl \rightarrow Cl\text{-}N=N\text{-}Cl + HCl$$
$$Cl\text{-}N=N\text{-}Cl \rightarrow N_2 + 2\,Cl^-$$
$$2\,NCl_3 + 6\,OH^- \rightarrow N_2 + 4\,OCl^- + 2\,HCl + 2\,H_2O$$

これらクロラミンを分解する紫外線には特有の波長があり（大瀧，1990），モノクロラミンは245 nm，ジクロラミンは297 nm，トリクロラミンは340 nmの波長が寄与しているとされる（加藤）．

プール水の紫外線照射による処理では，クロラミンの低減の他にCOD等の有機物の分解・低減効果もあり，補給水量の削減が可能である．

表-6.15 紫外線照射法による運転データ（月刊スクールサイエンス，No.211）

項目	UV設置前	UV設置後
補給水量（m^3/d）	23～28	15～20
結合塩素（mg/L）	0.5～0.8	0.2～0.4

注）遊泳人数　500～700人

6.3.6　有機物の分解

紫外線による水中有機物の分解は，紫外線単独で行う方法と，酸化力を高めるためにオゾン，過酸化水素，塩素あるいは金属イオンや酸化チタン等と併用する方法がある．前者は純水等の低濃度の有機物をさらに低減する場合に，後者は比較的高濃度のものや分解困難なものに用いられる（促進酸化法またはAOP：Advanced Oxidation Processes）．紫外線照射によって水分子また酸化剤からヒドロキシラジカル（・OH）を生成させ，ヒドロキシラジカルが持つ高い酸化力を利用して分解を行う．ヒドロキシラジカルの生成モデル，酸化剤との反応モデルを以下に示す（本山，2002a；小山，1980；西山）．

・水分子からの生成　　　$H_2O + h\nu \rightarrow \cdot OH + H\cdot$
・塩素との反応　　　$HClO + h\nu \rightarrow \cdot OH + \cdot Cl$
・過酸化水素との反応　　　$H_2O_2 + h\nu \rightarrow 2\cdot OH$
・オゾンとの反応
　　　$O_3 + h\nu \rightarrow O_2 + O(^1D)$
　　　$O(^1D) + H_2O \rightarrow 2\cdot OH$
　　　$H_2O + h\nu \rightarrow \cdot OH + H\cdot$
　　　$H\cdot + O_3 \rightarrow \cdot OH + O_2$

(1) 紫外線単独処理

図-6.28は，1次純水をイオン交換樹脂で処理する際の紫外線処理を開始する前と後のTOCの

変化を示したものである(今岡，1989)．この例では，分解による低減の他に，有機物が有機酸となり，これがイオン交換樹脂に吸着除去されて低減したと報告されている．

(2) 酸化剤との併用処理
本方式の主な適用分野と事例を以下に示す(小山，1980)．
① 界面活性剤含有排水の高度処理：
  UV/Cl_2 による界面活性剤の分解（小山，1980）．
② 金属キレート含有排水の高度処理：キレート剤の分解による金属イオンの遊離・除去（小山，1980）．
③ 有機農薬，有機塩素化合物等の含有排水の処理：UV/Cl_2 によるパラチオン等の有機リンやチオカルパメート系有機農薬の分解(小山，1980)．
  UV/H_2O_2 または UV/O_3 によるシマジンの分解(本山，2002a)．
  UV/Cl_2 による PCB の分解(本山，2002a)．
  UV/O_3 または UV/H_2O_2/O_3 によるダイオキシン類の分解(穴田，2002；中川他，1998)．
  UV/H_2O_2 によるトリクロロエチレンの分解(本山，2002b)．
④ 有機物による着色排水の脱色．
⑤ 子部品製造工程排水の再利用処理：UV/H_2O_2 による TOC の分解(西山)．
本方式の特徴と問題点を以下に示す(小山，1980)．
ⅰ 強力な酸化力が得られ，有機物の完全分解が可能であり，高度処理に適する．
ⅱ スラッジが発生しない．
ⅲ TOD(COD_{Cr})に対して理論量の酸化剤が必要であり，COD_{Mn}だけの選択的な酸化ができない．
ⅳ 紫外線透過率の悪い排水には前処理が必要になる．または適用できない場合がある．
ⅴ ランニングコストが高いケースが多い．
ⅵ 万能な処理方法がなく，処理対象物によって最適な方法が異なる

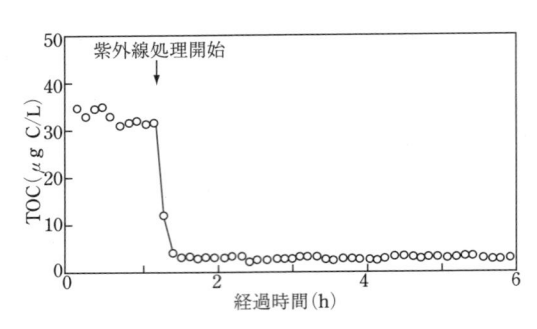

図-6.28 紫外線による TOC 除去例

参考文献
- Alam,Z.B. et al.（2001）：Direct and indirect inactivation of *Mycrocystis aeruginosa* by UV-radiation. *Wat.Res.*, 35(4), pp.1008-1014.
- 穴田健一(2002)：流下液膜式紫外線照射装置を用いたオゾン／紫外線法によるダイオキシン類の分解．環境技術，31(2)．
- Belosevic,M. et al.（2001）：Studies on the resistance/reactivation of *Giardia muris* cysts and *Cryptosporidium parvum* oocysts exposed to medium-pressure ultraviolet radiation. *FEMS Microbiol.Lett.*, 204(1), pp.197-203.
- Campbell,A.T. et al.（1995）：Inactivation of oocysts of *Cryptosporidium parvum* by ultraviolet irradiation. *Wat.Res.*, 29(11), pp.2583-2586.
- Craik,S.A. et al.（2000）：inactivation of *Giardia muris* cysts using medium-pressure ultraviolet radiation in filtered drinking water. *Wat.Res.*, 34(18), pp.4325-4332.

参考文献

- Craik,S.A. et al.（2001）： Inactivation of *Cryptosporidium parvum* oocysts using medium - and low - pressure ultraviolet radiation. *Wat. Res.*, 35(6), pp.1387 - 1398.
- 土木学会(2004)：環境工学古式のモデル・数値集．
- 藤井建夫(2001.2)：食品の保全と微生物．幸書房．
- 藤原喜久夫(1985)：海水による魚介類洗浄とビブリオ汚染の関係について．食品衛生研究，35(7)．
- 藤原喜久夫他(1985)：本邦水産物の汚染源調査(第3報)－食中毒防止に関する基礎研究．第18回腸炎ビブリオシンポジウム．
- 月刊スクールサイエンス，No.211．
- 下水道実務研究会編(2000)：処理場・ポンプ場の設計・施工．山海堂．
- 平田強他(2002a)：紫外線による *Cryptosporidium parvum* オーシストの不活化に及ぼす濁質の影響．第53回全国水道研究発表会論文集，pp.648 - 649.
- 平田強他(2002b)：紫外線を照射した *Cryptosporidium parvum* の光回復・暗回復．第36回日本水環境学会講演集，p.465．
- Huffman,D.E. *et al*.（2000）： Comparison of cell culture and animal infectivity analysis of low and medium pressure UV treated *Cryptosporidium parvum* oocysts. 10th Health - Related Water Microbiology Symposium, pp.52 - 53.
- 五十嵐他(1995)：清流復活用水への紫外線滅菌装置の適用について．第32回下水道研究発表会講演集，pp.637 - 639.
- 今岡孝之(1989)：超純水製造プラントにおける紫外線処理．造水技術，15(1)．
- 神子直之他(1987)：下水処理水の紫外線消毒効果に及ぼす光回復影響．土木学会第42回年次学術講演会講演概要集，Ⅱ - 374.
- Karanis,P. *et al*.（1992）： UV sensitivity of protozoan parasites. *Aqua*, 41(2), 95 - 100.
- 加藤益雄(1989)：遊泳プールの環境改善．荏原インフィルコ時報，第100号．
- 加藤益雄：遊泳プール水質向上技術の新動向．月刊スクールサイエンス，No.196．
- 加藤敏明他(2001)：紫外線による *Cryptosporidium parvum* オーシストの不活化に関する ELISA を用いた評価．第52回全国水道研究発表会論文集，pp.162 - 163.
- Kaufman,J.E.（1972）： IES Lighting Handbook,5th Edition.
- 建設省(1980)：下水処理水循環利用技術指針(案)．
- 建設省土木研究所(1990.3)：下水処理水の滅菌及び消毒に関する研究報告書．土木研究所資料．
- 建設省高度処理会議(1990)：下水処理水の修景・親水利用水質検討マニュアル(案)．
- 建設省都市局水道部監修(1994)：下水道施設計画・設計指針と解説．
- 小山稔(1980)：光酸化法の適用とその問題点．用水と廃水，22(10)．
- Lorenzo - Lorenzo,M. *et al*.（1993）： Effect of ultraviolet disinfection of drinking water on the viability of *Cryptosporidium parvum* oocysts. *J.Parasitol*., 79(1), pp.67 - 70.
- 松本直秀他(2000)：富栄養化湖沼水を原水とした高度浄水処理システムにおける塩素代替消毒剤実用化技術に関する研究(Ⅲ)－活性炭より漏出する後生動物の不活化について，第51回水道研究発表会講演集，pp.178 - 179.
- 松本直秀他(2001)：高濃度(5%)生成次亜塩素酸ナトリウムによる消毒に関する研究に関する研究(Ⅲ)－配水系における追加塩素方式の検討，第52回水道研究発表会講演集，pp.194 - 195.
- McFeters,G.A.eds.（1990）： Dribking Water Microbiology － Progress and recent development. Springer - Verlag[金子光美監訳(1992)：飲料水の微生物学．技報堂出版]．
- Morita,S. et al.（2001）： Proc.2nd World Water Congress of Int. *Wat.Assoc*., 7, pp.433 - 441.
- 本山信行(2002a)：促進酸化法．環境産業技術，66(6)．
- 本山信行(2002b)：促進酸化法．化学工学，66(6)．
- 村山良介他(1989)：医療における紫外線照射処理．造水技術，15(1)，pp.20 - 27.

- 中川創太他(1998)：AOP法による浸出水中のダイオキシン類の分解除去に関する研究．エバラ時報，No.181.
- 浪越淳他(2002)：紫外線処理した*Cryptosporidium parvum*オーシストの光回復・暗回復のESS法による評価．第53回全国水　道研究発表会論文集．
- 日本下水道事業団(1995)：民間開発技術審査証明報告書．第606号，pp.74-79.
- 日本下水道事業団技術開発部編(1997)：最近の消毒技術の評価に関する報告書．
- 日本下水道協会(1997)：下水試験方法．
- 日本農業集落排水協会：日本農業集落排水協会型設計指針．
- 西山建之：紫外線と酸化剤を用いた各種水処理の高度処理．
- 大垣眞一郎他(1987)：下水処理水の紫外線消毒効果に及ぼす光回復の影響．土木学会第42回年次学術講演会講演要旨集，Ⅱ-437.
- 大垣眞一郎(1988)：下水処理水の消毒．水質汚濁研究，111(5)，12-16.
- 大垣眞一郎他(1988a)：紫外線消毒に及ぼす濁質の影響．土木学会第43回年次学術講演会講演概要集，Ⅱ-437.
- 大垣眞一郎他(1988b)：濁質による反射が紫外線消毒効率に及ぼす影響．環境科学会環境シンポジウム-1988年会，p.108.
- 大垣眞一郎(1992)：ウイルス指標としてのバクテリオファージ．水道協会雑誌，62(10)，pp.22-27.
- 大垣眞一郎他(2002)：ピリミジン二量体の定量による中圧紫外線ランプの光回復特性の評価．第36回日本水環境学会年次講演集，p.390.
- Oguma,K. *et al.*(2001)：Determination of pyrimidine dimmers in *Escherichia coli* and *Cryptosporidium parvum* during UV light inactivation,photoreactivation,and dark repair. Appl.Environ.Microbiol., 64(19), pp.4630-4637.
- 織宏介他(1991)：光酸化分解法による湖沼や池の浄化システム．用水と廃水，33(11).
- 大瀧雅寛(1990)：下水処理における紫外線照射と塩素注入との併用処理．土木学会第45回年次学術講演会講演概要集．
- Ransome,M.E. et al.(1993)：Effect of disinfectants on the viability of *Cryptosporidium parvum*. Wat.Suppl., 11(1), pp.103-117.
- 坂井稔(1956)：牡蠣に関する公衆衛生学的研究-特に細菌汚染とその浄化に就いて．広島衛研報．
- 佐々木隆他(2000)：新尼崎浄水場の微生物リスク管理に関する事前評価，土木学会第55回年次学術講演会講演概要集，pp.154-155.
- 佐藤他(1997)：下水二次処理水への紫外線消毒の適用について．第34回下水道研究発表会講演集，pp.725-727.
- 志村有通他(2001)：塩素の*Cryptosporidium parvum*オーシスト不活化効果とその濃度依存性．水道協会雑誌，70(1)，pp.26-33.
- Shin,G.A. *et al.*(2000)：Inactivation of *Cryptosporidium parvum* oocysts and *Giardia lamblia* cysts by monochromatic UV radiation. 10th Health-Related Water Microbiology Symposium, pp.51-52.
- Sobsey,M.D.(1989)：Inactivation of health-related microorganisms in water by disinfection process. Wat.Sci.Tech., 21(3), pp.179-195.
- 宗宮功編著(1998)：オゾン利用水処理技術．公害対策技術同友会，pp.112-113.
- Stretton,Dart R.K.(市川邦介他訳)(1979)：環境問題と微生物，講談社．
- 水道技術研究センター(2002)：高効率浄水技術開発研究(ACT21)，代替消毒剤の実用化に関するマニュアル，pp.113-297.
- 高橋他(1999)：横須賀市西浄化センターにおける紫外線消毒の適用について．第36回下水道研

参考文献

究発表会講演集，pp.688-690.
- Taylor,F.B.（1974）： Viruses － What is their significance in water supplies. *J.JAWWA*., 66(5), p.306.
- Tovanen,Eira（2000）： Experiences with UV Disinfection at Helinki Water, IUVA NEWS.
- 辻幸男（1992）：オゾン酸化による水処理(7)．月刊地球環境，6月号．
- USEPA（1986）： Munincipal Wastewater Disinfection,Design Manual. EPA-625/1-86-021.
- 山根陽一他（2002）：浄水場排水のクリプト対策技術の探索(Ⅵ)－クリプトスポリジウムオーシスト不活化トステムの提案，第53回水道研究発表会講演集，pp.648-649.
- 吉水守他（2002）：種苗生産施設における用水及び排水の殺菌．工業用水，第523号．
- 好井久雄他著（1999）：食品微生物ハンドブック．技報堂出版．
- 社団法人全国清涼飲料工業会（1991）：ソフトドリンク技術資料，No.97，第2号．
- 善養寺他編（1986）：腸炎－成因と臨床．納谷書店．

7. 紫外線消毒のガイドラインと実施例

7.1 消毒に関するガイドライン

7.1.1 上水道

上水道での紫外線による消毒は,ヨーロッパでは古くから実施されており,その歴史は古い.一方,米国やカナダについては,*Giardia* や *Cryptosporidium* 等の原虫の不活化を主目的に昨今実施されるようになってきたのが現状である.

紫外線を公共飲料水の消毒に適用するための基準を設けたのはオーストリアで,基準として $400\,\mathrm{J/m^2}(40\,\mathrm{mJ/cm^2})$ を規定している(Austria National Standard Oenorum M 5873-1).

また,ドイツでは,German Association of Manufacturers of Equipment for Water Treatment (FIGAWA)がガイドラインとして $250\,\mathrm{J/m^2}(25\,\mathrm{mJ/cm^2})$ の最小紫外線照射線量の適用を推奨しているが,ドイツガス水道技術科学協会(Deutsche Vereinigung des Gas- und Wasserfaches e.V. - Technisch wissenschaftlicher Verein(DVGW)も $400\,\mathrm{J/m^2}$ の最小線量を推奨している.また,ヨーロッパの他の国の最小基準値は,従来は異なっていたが,現在はオーストリアやドイツの $400\,\mathrm{J/m^2}(40\,\mathrm{mJ/cm^2})$ が欧州共同体の基準になってきている.

米国,カナダでは,*Giardia*,*Cryptosporidium* やその他の病原微生物によるリスク(汚染)に対応するために,USEPA は,長期第2段階強化表流水処理規則(Long Term 2 Enhanced Surface Water Treatment Rule:LT2-ESWTR)を施行し,*Cryptosporidium* および *Giardia* のリスクレベルに応じた対策を示し,その対策の一つとして紫外線処理が実施可能となった.

Cryptosporidium と *Giardia* の検査方法(公定法)は,既に USEPA1622 法および 1623 法(*Giardia* を含む)として定められている.上述の規則は,表流水処理システムにおける病原微生物リスクに対応するためのもので,*Cryptosporidium* のリスクに無防備な浄水処理システムが対応しなければならない付加すべき処理法は,原水のモニタリング結果から決められる.

表-7.1 汚染レベルと付加処理

Bin 番号	*Cryptosporidium* 平均個数	IESWTR/LT1 以上の付加処理
1	*Cryptosporidium* < 0.075/L	付加処理は不要
2	0.075/L < *Cryptosporidium* < 1.0/L	1 log
3	1.0/L < *Cryptosporidium* < 3.0/L	2.0 log(消毒による 1 log を含む)
4	3.0/L < *Cryptosporidium*	3.0 log(消毒による 1 log を含む)

注)Bin の区分け法は,以下による.
① 12箇月の最高値,または2年間の48サンプルの平均値.
② オーシストの総数.ただし,回収率補正はしない(Method1623).

汚染レベル(Bin Risk)の評価は，**表-7.1** に示した．検水量は 10 L であり，検水は，浄水場の水源を代表するものであることとなっている．

1万人以上のろ過設備を有する大規模浄水場では，月1回か半月1回の原水の *Cryptosporidium* と大腸菌および濁度の監視を24箇月実施し，リスクのクラス分けを行い，さらに6年間の監視を行う．浄水処理で 5.5 log の除去ができれば免除される．1万人以下のろ過設備を有する小規模浄水場では，2週間に1回の大腸菌試験を1年間続け，限界値(trigger value)を超えたら，月2回の *Cryptosporidium* 検査を1年間続ける．限界値は，湖沼系で平均大腸菌数 10/100 mL 以上，河川系で 50/100 mL 以上である．分析は認定機関で実施する．

また，要求される付加処理の選択肢を**図-7.1** に示した．

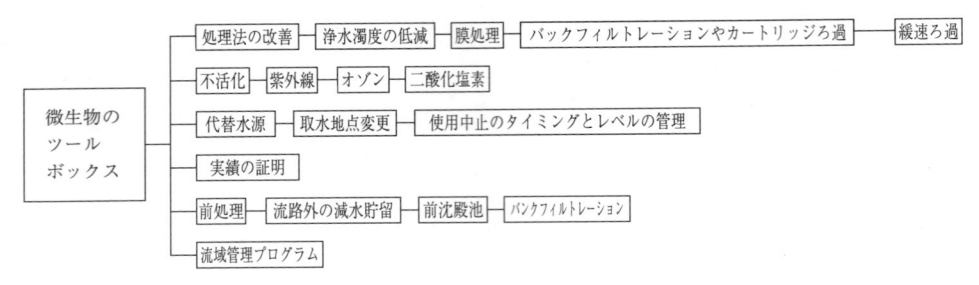

図-7.1 微生物のツールボックス(信頼を得るための付加処理選択肢)

ろ過施設のない浄水場では，月2回の *Cryptosporidium* 検査を1年間続け，1 L に 0.01 個以上の *Cryptosporidium* が検出されたら，3 log 以上の処理が必要である．それ以下の場合は 2 log の処理を実施する．消毒剤は，塩素，二酸化塩素，オゾンおよび紫外線の中から2種類選択する．対象微生物は，*Cryptosporidium*，*Giardia* とウイルスである．

紫外線処理は，USEPA の紫外線消毒ガイダンスマニュアル[Ultraviolet Disinfection Guidance Manual(2006年11月)]に基づき実施されている．照射線量は，*Cryptosporidium* 99.9 %の不活化率で 40 mJ/cm² としている．

世界保健機構(WHO)では，飲料水質ガイドライン(Guidelines for Drinking-water Quality, 3rd Edition, 2004)で微生物の不活化のための紫外線照射線量(ベースライン)を**表-7.2** のように設定している．

表-7.2 微生物の不活化のための紫外線照射線量(ベースライン)

微生物	紫外線照射線量
細菌	99 %不活化率で 7 mJ/cm²
ウイルス	99 %不活化率で 59 mJ/cm²
Giardia	99 %不活化率で 5 mJ/cm²
Cryptosporidium	99.9 %不活化率で 10 mJ/cm²

国の放流水中の Cryptosporidium の濃度基準の標準値を**表-7.3** に示す．

表-7.3 放流水中の *Cryptosporidium* の濃度基準の標準値

利用対象	監視強化基準値 L1 *Cryptosporidium* 濃度(個/L)	緊急対応基準値 L2 *Cryptosporidium* 濃度(個/L)	基準上限値 *Cryptosporidium* 濃度(個/L)
水道	2.8	4.1	6.6
水浴			6.0

この放流標準値を勘案して，下水道管理者が基準値 L1、L2 および基準上限値を算出して設定する．なお，算出が困難な場合は，この標準値を用いる．

各下水処理場は，下水処理水の水系リスク管理計画に基づいて，処理水中の *Cryptosporidium* 濃度を毎月1回以上測定し，年間感染リスク管理目標が維持されていることを確認する．下水処理水から監視強化基準値を超えて検出された場合，速やかに再測定を行うとともに測定頻度を月1回以

上として監視を強化し，関係部局との情報交換を実施する．緊急対応基準値を超えた場合は，処理水中の *Cryptosporidium* 濃度を低減するために必要な緊急対応として凝集剤の添加等による除去を実施するとともに，公衆への情報提供を行う．緊急対応を実施しても基準上限値を超える場合，または超えると想定される場合は，情報提供の継続等の必要な措置を講ずる．

月1回以上の測定値の年間の算術平均値が基準上限値を超えており，年間感染リスクの管理目標の達成が困難と考えられる場合には，恒久的な *Cryptosporidium* 対策施設（凝集剤の添加，紫外線，オゾン等）の導入を行うものとする．紫外線，オゾン等による処理を実施している施設においては，紫外線の照度、オゾンの濃度等の管理を徹底する．

現在，下水の放流水の消毒に用いられている紫外線消毒装置は大腸菌を対象としているが，紫外線照射量は $20\ mJ/cm^2$ 程度で設計されていることから，*Cryptosporidium* の不活化にも有効であると考えられる．

7.1.2 下水道

ヨーロッパ各国の環境基準は，欧州共同体(European Community ： EC)の支配下にあり，水浴のための指示規則(Directive 76/160 EWG ： Quality of Bathing Water)における条件に示されており(**表-7.4**)，紫外線処理もこの規則に準じている．

表-7.4 欧州共同体における水浴のための細菌等の指針値

項目	指針値	規則値
全大腸菌(100 mL 中)	500(80 %)	10 000(95 %)
糞便大腸菌(100 mL 中)	100(80 %)	2 000(95 %)
糞便連鎖球菌(100 mL 中)	—	100(95 %)
サルモネラ菌(1 L 中)	—	0(95 %)
エンテロウイルス (10 L 中)	—	0(95 %)

日本の下水の放流水質基準は大腸菌群数 3 000 個/mL 以下となっており，消毒の設計のためのJIS基準として，大腸菌群殺菌率99.9 %以上，または処理水大腸菌群数 10 個/mL 以下を目標として紫外線消毒を実施できる．この場合の照射線量については特に定めてはいないが，目標値をクリアできているかの確認が必要となっている．また，*Cryptosporidium* については，放流先が水道水源となっているか，水浴等の利用がある場合には，国の放流基準値を勘案して事業体で独自に基準値を設定することになっている．

1996年の埼玉県越生町で発生した水道における日本最初の *Cryptosporidium* 症の集団感染事故を契機にして，『水道におけるクリプトスポリジウム等暫定対策指針』が策定(1998，2001年に改定)され，原水に耐塩素性病原微生物が混入するおそれがある場合にはろ過等の設備を設置すべきことを規定し，対策の推進を図ってきた．しかしながら，水道施設における対策の進捗は十分とはいえず，水道水の安全に万全を期するため，方策の一層の強化を目指し，*Cryptosporidium* 対策の見直しを行い，『水道におけるクリプトスポリジウム等対策指針』を策定し，2007年4月より実施された．その中で地表水以外の水を水道の原水としており，当該原水から指標菌（大腸菌あるいは嫌気性芽胞菌）が検出されたことがある施設で，*Cryptosporidium* および *Giardia* の不活化のために紫外線処理を行うことができるようになった．

紫外線処理導入のための主な要件は以下のとおりである．

① 紫外線照射槽を通過する水量の95 %以上に対して，常時 $10\ mJ/cm^2$ 以上の照射量を確保できること．

② 処理対象とする水が以下の水質を満たすものであること．
　・濁度：2度以下であること．
　・色度：5度以下であること．
　・紫外線(253.7 nm 付近)の透過率が 75 % を超えること．
③ 十分に紫外線が照射されていることを常時確認可能な紫外線強度計を備えていること．
　その他，導入や維持管理にあたっての留意点が示されている．
　日本では，水道の消毒は塩素で行うことが『水道法』で規定されており，この紫外線処理の水道での導入はあくまでも *Cryptosporidium* と *Giardia* という耐塩素性病原微生物を対象に限定したものであり，塩素での消毒を補完する意味合いものである．

7.2　紫外線処理の現状

　紫外線照射の発達は，1801年にRitterにより太陽光に目に見えない短波長の光線が存在することが発見され，その光線が細菌に効果があることがわかってから始まった(Downs and Blunt, 1877；Raum, 1889)．さらにArons(1892)やHereus *et al.* (1905)が水銀蒸気ランプにより人工的に紫外線を発生させることが可能になってから発達した．CourmontとNogier(1909)が水の消毒を紫外線照射により行う試みが行われ，1910年にフランスのマルセイユの水道に紫外線照射装置が導入されたのが最初であるが，ランプの信頼性，エネルギーの不安定さや運転時間の制限等の技術的な問題が報告されている．1920年に工業的に塩素の製造が始まり，低圧および中圧水銀蒸気ランプの工業的生産が始まった1940年代まで紫外線による水の消毒は行われなかったが，1955年にスイスとオーストリアで公共水道に低圧水銀ランプを用いた紫外線殺菌装置が導入され，1975年には塩素によるトリハロメタン(THM)生成の問題を解決するためにノルウェーで紫外線による水道の消毒が導入され，1980年にはオランダの9箇所で紫外線殺菌装置がバンクフィルトレーションされた水の消毒のため導入された．
　表-7.5 に2001年までに適用された公共水道での概数を示す．
　これらの適用は，主に低圧水銀ランプを用い，地下水を水源とするものであり，最大規模はヘルシンキの水道の 12 500 m³/h (3 000 000 m³/d, 80 MGD) である．
　一方，米国およびカナダでは，細菌，ウイルスを含む *Giardia* および *Cryptosporidium* を対象としたもので，数十箇所の実施設を用いた実験が行われている．そのうち2003年までに把握できた

表-7.5　公共水道での紫外線消毒の適用数(ヨーロッパ)

国　名	給水人口(百万人)	システム数	ランプ	主水源
オーストリア	8.1	1 500	低圧	地下水
チェコ	10.3	1	中圧	地下水
デンマーク	2.2	2	—	地下水
フィンランド	5.1	55	主に低圧	地下水・表流水
フランス	58.0	200	低圧	主に地下水
ドイツ	81.6	1 500	低圧	地下水
		15	中圧	表流水
ノルウェー	4.0	500	主に低圧	表流水
スウェーデン	8.8	約 500	低圧	地下水
スイス	7.2	2 000	低圧	地下水
オランダ	15.4	15	低圧・中圧	主に地下水
英国	58.3	40	低圧・中圧	地下水・表流水

7.2 紫外線処理の現状

表-7.6 米国，カナダおよびオーストラリアでの実施例

プラント名	所在地	ランプ出力×本数×基数	日最大処理水量	メーカー
ウエストビュー	ペンシルバニア	20 kW×6×1	40 MGD (150 000 m³)	Calgon
グロッセポイント	ミシガン	4 kW×4×1	14 MGD (53 000 m³)	〃
ボーリンググリーン	オハイオ	4 kW×4×1	12 MGD (45 000 m³)	〃
イーエルスミス	エドモントン	20 kW×6×3	95 MGD (360 000 m³)	〃
キャンモア	アルバータ	4 kW×4×2	2.2 MGD (8 300 m³)	〃
キャンモア	アルバータ	4 kW×4×1	3.4 MGD (13 000 m³)	〃
マンハイム	オンタリオ	20 kW×6×2	20 MGD (76 000 m³)	〃
ムーンタウンシップ	ペンシルバニア	4 kW×2×4	5.5 MGD (20 000 m³)	〃
オリリアウオーター	オンタリオ	4 kW×8×3	11 MGD (41 600 m³)	〃
デアコン	マニトバ	20 kW×9×6	174 MGD (659 000 m³)	〃
ロスデール	アルバータ	10 kW×3×9	79.3 MGD (300 000 m³)	〃
ラックラビシェ	アルバータ	4 kW×8×2	4.4 MGD (16 600 m³)	〃
ハルトン	ペンシルバニア	4 kW×4×2	10 MGD (38 000 m³)	〃
ローデンカントリー	バージニア	10 kW×6×1	12 MGD (45 000 m³)	〃
ウールナーウエルス	オンタリオ	4 kW×6×1	3 MGD (11 000 m³)	〃
ノースバトルフォード	サスカチェワン	－	40 MGD (171 000 m³)	Trojan
ノースベイ	オンタリオ	－	21 MGD (79 800 m³)	〃
ノースタホ	カリフォルニア	－	4.6 MGD (17 500 m³)	〃
シアトル（セダー）	ワシントン	－	180 MGD (684 000 m³)	〃
ジャパンガルチ	ビクトリア	－	154 MGD (581 400 m³)	〃
チャターズクリーク	ビクトリア	－	4 MGD (15 200 m³)	〃
アルバニー	ニューヨーク	－	40 MGD (152 000 m³)	〃
オウェゴ	ニューヨーク	－	10 MGD (38 000 m³)	〃
クリステッドバット	コロラド	－	3 MGD (7 600 m³)	〃
オンタリオ	ニューヨーク	－	3.6 MGD (13 300 m³)	〃
デイビスノース	ユタ	－	26 MGD (97 500 m³)	Wedeco
フリーマンロード	ジョージア	－	12 MGD (45 000 m³)	〃
ダブリュジェイフーパー	ジョージア	－	20 MGD (76 000 m³)	〃
ヘンダーソン	ネバダ	3.5 kW×4×4	15 MGD (56 200 m³)	Hanovia

表-7.7 下水処理への紫外線消毒の実績概数（Kolch, 2000 を改変）

国名	実績数	備考
ベルギー	10 以下	小規模（ブリュッセル）
デンマーク	なし	水産排水の消毒のみに使用
フィンランド	なし	水産排水の消毒のみに使用
フランス	30～50	小規模（5 MGD 以下）～中規模（9～15 MGD）に使用 レクレーション用に 10 程度
ドイツ	15 程度	小規模 レクレーション用に 10 程度，飲料水保護のために 5 程度
ギリシャ	5 程度	小規模
英国	100 程度	小規模と大規模（15 MGD 以下） レクレーション用に 90 程度
アイルランド	10 以下	
イタリア	25 程度	小規模 レクレーション用に 10 程度，飲料水保護のために 5 程度
オランダ	10 以下	小規模と大規模
ポルトガル	20 以下	小規模と大規模
スペイン	25 程度	小規模と大規模
北米	3 000 以上	
日本	400 程度	小規模と大規模，農集落排水処理含む

ものを**表-7.6**示す．これらはほとんどが表流水を水源としており，*Giardia* や *Cryptosporidium* の汚染が認められたかその可能性がある所であり，大部分が中圧水銀ランプを用いている．最大規模は 681 000 m³/d (180 MGD) である．

一方，下水道では，放流水の透過率と浮遊物質の濃度が紫外線処理に大きな影響を与えるが，概ね透過率 30～70 %，浮遊物質 3～50 mg/L の範囲で導入されている．

下水処理への紫外線消毒の実績数を**表-7.7**に示す．

7.3 紫外線処理の実施例

上水道での実施例を示す．

7.3.1 カナダ・アルバータ州エドモントン市スミス浄水場

(1) 概　要

浄水場は，市の南に位置し，給水人口 100 万人で，最大計画処理水量は 360 000 m³/d (夏季最大 290 000 m³，冬季 180 000 m³) で，原水は，北サスカチェワン川より取水し，高速凝集沈澱-二層ろ過 (アンスラサイトおよび珪砂) 処理後，紫外線処理を行う．塩素は，沈殿処理後に添加される．冬季は使用していない高速凝集沈殿池 (3 池のうち 2 池) を塩素接触池として利用している．

凝集剤は，硫酸アルミニウムとポリマー (カチオン) を併用している．硫酸アルミニウム 20～360 mg/L の範囲で添加しており，フッ素も添加している．

残留塩素は，浄水池出口で 1.8～2.0 mg/L に管理され，給水末端での基準値 0.5 mg/L を維持している．

(2) *Cryptosporidium* 対策としての紫外線照射の導入

表流水から *Cryptosporidium* は検出されてはいないし，*Cryptosporidium* 症の集団発生もないが，*Giardia* については，過去に死者は出なかったが感染があったことから，予防措置として紫外線照射の導入を決めた．

紫外線処理装置 (カルゴン社製) は，1 基 120 000 m³ 処理のものが 3 基設置され，1 基の紫外線処理装置には 6 本の中圧ランプが内蔵され，流れと直角方向に設置されており，それぞれのランプは

写真-7.1　紫外線処理装置全景

写真-7.2　紫外線装置ユニット．ランプが 6 本入っているため洗浄装置のシャフトが 6 本出ている

石英のスリーブで保護されている(**写真-7.1，7.2**)．スリーブ表面についた透過率に影響を与える付着物の洗浄は，ブラシにより90分に1回の割合で自動的に行われている．紫外線処理装置の前には電磁流量計が設置され，常に流量を測定している．装置そのものは非常にコンパクトであり，カナダ国内でも今後導入を予定している所も多いとのことである．

浄水場は，紫外線処理装置の設置に対して *Giardia* の不活化4 log を求めているが，メーカーとしては，紫外線処理で1 log，残りを既存の浄水処理や塩素処理でカバーできると考えている．紫外線照射量は 40 mJ/cm^2 で，ウイルス，細菌等も紫外線消毒の対象である．

ランプの交換は，5 000時間あるいは出力が初期の70%に達した時に行われる．ランプの交換は，人力により行われるが，スリーブがあるため水を止める必要がなく，端子を外し，ランプを取り替えるだけであるので簡単で，職員での対応で十分である．

紫外線の透過率は93%以上，濁度は 0.3 NTU 以下で設計されている．処理効果への影響因子は，濁度であると考えているので，浄水濁度を上記以下に保つよう管理している．その他，鉄，マンガンなどの阻害要因は，スリーブの自動洗浄を行うことで問題はない．

安全装置としては，ランプ1本に1台の紫外線強度計(UV Irradiance Monitor)やランプ出力の測定で異常を検知する一方，ランプの交換を所定使用時間ごとに定期的に行うか，あるいは設定した発光強度を下回った場合に交換する．現在までにランプやスリーブの破損はない．また，紫外線照射による水質の変化は，残留塩素が若干減少する程度以外は見られない．

7.3.2 フィンランド・ヘルシンキ市ピトキャコスキ浄水場
(1) 概　要

最大処理水量 220 000 m^3/d，平均給水量 132 000 m^3/d，原水は，バンター川より取水し，凝集沈殿-砂ろ過後，二酸化炭素，消石灰，オゾン処理，粒状活性炭ろ過後，紫外線およびクロラミンによる消毒を行う．

(2) 従属栄養細菌の処理のため紫外線消毒を導入

紫外線消毒は，活性炭ろ過後の従属栄養細菌を 1/1 000 に低減するために導入し，照射線量 250 J/m^2 (25 mJ/cm^2) 以上としている．

維持管理としては，ランプの交換は年1回，ユニットの洗浄が年に2回行われる．

7.3.3 八戸圏域水道企業団 蟹沢浄水場 (**写真-7.3**)
(1) 概　要

上流域の開発等により水源の水質に影響が見られるので，消毒を強化し，安全な水を供給するため，紫外線による消毒装置を導入することにしたものであり，我が国で紫外線処理を既に実施している水道事業体は，現在のところ八戸圏域水道企業団での1例である．

最大処理水量 20 000 m^3/d，通常水量 15 000 m^3/d，原水は蟹沢水源から湧水を調整井に導水し，紫外線消毒装置 (**写真-7.4**) を通した後にポンプ井 (塩素消毒) から配水池へ送水している．

(2) 従属栄養細菌，一般細菌，大腸菌の処理のため導入

装置の概略仕様
　　設置方式：ランプ水平・内照・密閉流通式
　　紫外線ランプ：250 W 低圧水銀ランプ　18本
　　紫外線照射線量：40 mJ/cm^2 以上

濁　　度：2NTU 以下（0.5NTU で停止）
洗浄方式：ワイパー洗浄
ランプ交換：約 9000 時間
運用開始：2004 年 4 月

写真-7.3　蟹沢浄水場外観 　　　　　　　　写真-7.4　紫外線消毒装置

参考文献

- Austrian Standard Institute ： Oenorum M 5873（1996）．Oenorum M5873‐1（2001）．
- Deutsche Vereinigung des Gas‐und Wasserfaches e.V.‐Technisch wissenschaftlicher Verein（DVGW）（1997）：Arbeitblatt W 29‐4．
- 海賀信好訳（2004）：紫外線による水処理と衛生管理．技報堂出版．
- 国土交通省下水道部（2003）：下水処理水のクリプトスポリジウム対策について（事務連絡）．
- Kolch,A.（2000）：UV‐disinfection of waste water in Europe:Experimences,regulations and outlook．Proceeding of Disinfection 2000:Disinfection of Waste in the New Millennium，6．
- 厚生労働省健康局水道課（2007）：水道水中のクリプトスポリジウム対策の実施について（通知），他．
- 日本水道協会水道技術総合研究所（2004）：紫外線処理の原理と実用化（Ⅱ）．水道協会雑誌，73(6)，60‐69．
- Sommer,R.，Cabaj,A.，Hirschmann,G.，Pribil,W. and Haider,T.（2002）：Perspectives of UV drinking water disinfection．Proceeding of Disinfection 2002:Health and safety achieved through disinfection，17．
- 水道技術研究センター（2001）：ヨーロッパにおける浄水施設・浄水技術等の視察調査実施報告書．ACT21 高効率浄水技術開発研究第 4 回海外調査報告書，47‐60．
- USEPA（2004）：Ultraviolet Disinfection Guidance Manual for The Final Long Term 2 Enhanced Surface Water Treatment Rule．

索　引

【あ】
i 線ランプ　6
アーク放電　3
浅井戸　125, 126, 127, 128
アデニンの破壊　33
アデノウイルス　111, 112, 114, 115, 130
後消毒　132
アミノ酸の吸収スペクトル　33
亜硫酸還元性クロストリジウム　106
RNA ウイルス　32
暗回復　36, 37, 78

【い】
一次反応　42
一重項酸素　30
　　──の生成　30
一重項状態　29
1 ヒット性 1 標的　42, 45
1 ヒット性多重標的　42
一般細菌　92, 133
イヌカリシウイルス　117
イヌ腎臓細胞　69
易熱性エンテロトキシン　89
医薬品　145
医療分野　145
インフルエンザウイルス　130

【う】
ウイリア属酵母　132
ウイルス　87, 93, 111, 129, 141, 154
　　──の回復　120
　　──の核酸損傷　120
ウイルス汚染　111
ウイルス不活化力　113
ウェルシュ菌　93
Woodmansee 変法　68
ウラシルダイマー　114

【え】
A 型肝炎ウイルス　112, 114
エキシマランプ　6
液状食品　144
エコーウイルス　112, 114
SOS 応答　39
H 抗原　89
ATP 法　69
F 抗原　89
F 特異 RNA ファージ　114, 140
f2 ウイルス　43
MS2 大腸菌ファージ　99
エルシニア　91, 93
塩基の吸収スペクトル　31
遠紫外線　27
塩素消毒　59, 87
エンテロウイルス　112, 155
エンテロトキシン　89
エンベロープ　112

【お】
黄色ブドウ球菌　129
O 抗原　89
オーシスト　60, 66, 70, 130
オーシスト壁　59
押出し流れ　53
オゾン　59
オゾンレス石英ガラス　4

【か】
ガイドライン　153
海浜の環境浄化　145
回復　34, 36, 60, 78, 87, 102
化学線量計　14, 40
化学的測定法　14, 40
架橋　33
核酸　31, 111
　　──の損傷　33
過酸化脂質　34
可視光照射　102
仮性結核菌　91
仮性小児コレラウイルス　141
「肩」を持つ反応　42
カビ類　131, 132, 142
カプシド　112
芽胞　102
カリシウイルス　111, 117
環境浄化　145
環境水　62, 65
監視　22
完全混合回分槽　51
完全混合槽　54
感染試験　61, 64
感染性虫体　130
感染率　61, 64
カンピロバクター　93
カンピロバクター・ジェジュニ/コリ　90
γ 線消毒　76

【き】
寄生虫　140
キセノンランプ　5
吸光度　48
吸収, 光の　7
凝集沈殿ろ過　127
共存濁質　76
強度　7
魚類病原微生物　145
ギラン・バレー症候群　90
近紫外線　27, 37

【く】
グアニンの破壊　33
空気の殺菌　142

161

索　引

屈折，光の　7
組換え修復　39
グラム陰性菌　129
グラム陽性菌　129
クリーニング装置　20
クリプトスポリジウムオーシスト　60
クリプトスポリジウム集団感染　61
クロスリンク　33
Grotthuss-Draperの法則（光化学第一法則）　28

【け】

蛍光灯　47
K抗原　89
下水　64, 66
下水処理　136
下水処理水　64, 66
下水道　155
限外ろ過膜　59
健康関連細菌　88
健康ランプ　47
減衰，光の　7
原生動物　140
原虫の不活化　59

【こ】

高圧水銀ランプ　4, 47, 72, 117
光化学　28
光化学第一法則（Grotthuss-Draperの法則）　28
光化学第二法則（Stark-Einsteinの法則）　28
項間交差　29
高輝度放電ランプ　4
高度処理　127, 133
酵素的光回復　36, 44
　　　　──の作用スペクトル　36
酵素の失活　34
光電管　40
光電子増倍管　40
紅斑作用　2
酵母エキス　95
酵母類　131, 132, 142
コクサッキーウイルス　114, 130
湖沼の環境浄化　145
枯草菌　29, 102, 120, 129
枯草菌芽胞　39, 40, 42
駒込BⅢ菌　129
コレラ菌　88, 91
混合のない回分槽　52

【さ】

細菌　87, 129, 140, 154
　　　──の回復　106
　　　──の消毒剤耐性　94
　　　──の不活化　87, 98
細菌感染症　92
細菌感染性ウイルス　115
最小照射線量　10
再増殖　96
Scidマウス　71
殺菌作用　27

殺菌線　4
殺菌ランプ　1, 4
雑用水　138
サルモネラ　88, 93, 155
　　　　──の回復　104
　　　　──の不活化　98
三重項酸素　30
三重項状態　29
酸素ラジカルの生成　30

【し】

ジアルジア　64
　　　──の栄養型　64
　　　──のシスト　64
紫外線　1, 27, 59
　　　──の人体への影響　2
　　　──の測定方法　12, 39
紫外線強度計　13, 40
紫外線出力同程曲線　7
紫外線照射　7, 96
紫外線照射線量　21, 39, 96, 97
紫外線照射装置　15
紫外線消毒　60, 87
　　　　──の適用数　156
紫外線消毒ガイダンスマニュアル　154
紫外線消毒効果　46
紫外線消毒装置
　　　　──の監視　22
　　　　──の構造　18
　　　　──の設計　20
　　　　──のメンテナンス　23
紫外線センサ　13, 19
紫外線線量率　39, 76
　　　　──の測定方法　39
紫外線線量率分布　50, 76
紫外線耐性　49, 50
紫外線透過率　21
紫外線反応の速度　39
紫外線変換効率　7, 20
紫外線ランプ　3, 18, 20
紫外放射　1
志賀菌　129
シクロブタン型ピリミジン二量体　31, 36
脂質　34
シスチン　33
システイン　33
シスト　64, 130
CD-1マウス　71
SYTO染色剤　68
自動クリーニング装置　18, 2
シトシン-シトシン付加体　32
指標細菌　91
修景用水　138
シュウ酸鉄カリウム化学線量計　40
従属栄養細菌　92, 133
集団感染　61, 92
修復　36
出血性大腸炎　90
照射時間　9

索　引

照射線量　10, 21
照射線量依存性　120
照射線量率依存性　107
照射装置　15
照射量　10
上水処理　125
上水道　153
照度　7
消毒剤耐性　94
除去修復　38
除去修復欠損株　39
食品　144
食品工場　142
真菌類　143
真空紫外線　27
浸漬型紫外線消毒装置　15
親水用水　138

【す】
水温　76, 101
水温特性　20
水化体　32
水銀蒸気放電ランプ　4
水系感染症起因細菌　92
水産業　144
水質　21, 48, 101, 119
水族館　144
水道原水　62, 65
水道水　62, 65
水浴のための指示規則　155
水和生成物　32
水和体　32
Stark-Einstein の法則（光化学第二法則）　28
ストレプトマイセス菌　36
スポロシスト　66
スポロゾイト　60, 66, 130

【せ】
生育活性試験法　69
生菌　95
生残率　42, 50, 97
　　——の経時変化
生体染色法　68
生物線量計　14, 15, 40
生物的測定法　14
生物膜法　138
精密ろ過膜　59
赤痢アメーバ　59
赤痢菌　89, 93, 129
線光源　51
センサ　13, 19
センダイウイルス　35
選択剤　95
泉熱ウイルス　141
潜伏期間
　　——, カンピロバクター・ジェジュニ/コリの　90
　　——, *Cryptosporidium* の　61
　　——, *Giardia* の　65
　　——, *Cyclospora* の　66

線量　10
線量率　7

【そ】
増感剤　30
藻類　131
ソラーレン損傷　38
損傷菌　49
損傷細胞　95

【た】
大腸菌　35, 36, 42, 89, 93, 120, 129, 155
　　——の回復　106
大腸菌群　92, 106, 139, 155
大腸菌ファージ　40, 120
大腸菌ファージ Qβ　114, 116, 130
耐熱性エンテロトキシン　89
ダイマー　31
滞留時間分布　9
多機能電子安定器　18
濁質　76
濁度　49
脱嚢法　68
脱嚢率　68, 69
タバコモザイクウイルス　36
多ヒット性1標的　42
多ヒット性多重標的　42
単一ランプ二重円筒管　51
単色光照射装置　50
タンパク質　33
　　——の失活　34

【ち】
遅延現象　116
Chick-Watson の法則　103
チフス菌　88, 93, 129
チミン-シトシン付加体　32
チミンダイマー　31, 114
チミン-チミン二量体　31
チミン-チミン付加体　32
チミン二量体　31
中圧水銀ランプ　47, 72, 100, 117
腸炎ビブリオ　91, 93
腸管系ウイルス　111, 129
腸管出血性大腸菌　90
　　——O111　90
　　——O157　90, 103
　　——O157:H7　90, 98, 102, 103
　　——O26　90, 98, 102, 103
腸管組織侵入性大腸菌　89
　　——O112ac　89
　　——O124　89
　　——O124:H-　98, 103
　　——O124:H-O55　103
　　——O125　104
　　——O136　89
　　——O143　89
　　——O144　89
　　——O152　89

163

索　引

　　　——O152:H7　　98, 103
　　　——O159　　89
　　　——O164　　89
　　　——O167　　98, 103
　　　——O173　　89
　　　——O28ac　　89
　　　——O29　　89
　　　——O7　　89
腸管毒　　89
腸管病原性大腸菌　　89
　　　——O111　　90
　　　——O114　　90
　　　——O119　　90
　　　——O125　　90
　　　——O126　　90
　　　——O127　　103
　　　——O127:H21　　98, 103
　　　——O127a　　90
　　　——O128　　90
　　　——O142　　98, 103
　　　——O146　　90
　　　——O158　　90
　　　——O26　　90
　　　——O44　　90, 98, 103
　　　——O55　　90, 98, 103
長期第2段階強化表流水処理規則　　62, 65, 70, 153
腸球菌　　91, 129
超高圧水銀ランプ　　5, 47
チロシン　　33

【て】

低圧水銀ランプ　　4, 46, 70, 97, 115, 156
T1ファージ　　35
DNA損傷　　45
DNA-タンパク質間架橋形成　　33
DNAの吸収スペクトル　　31
DNAフォトリアーゼ　　36
DNAポリメラーゼI　　38
DNAリガーゼ　　38
定置洗浄殺菌　　134, 143
T2ファージ　　44
テーリング　　43, 119
電気的励起状態　　29
点光源合算法　　9
電子安定器　　19
電磁放射　　1
電磁放射線　　28
伝染性下痢症ウイルス　　141

【と】

透過, 光の　　7
動物ウイルス　　35, 87, 111
動物感染試験　　69
毒素原性大腸菌　　89
　　　——O11　　89
　　　——O148　　89
　　　——O15　　89
　　　——O159　　89
　　　——O20　　89

　　　——O25　　98, 103
　　　——O27　　89
　　　——O6　　89, 98, 103
　　　——O6:H16　　98, 103
　　　——O63　　89
　　　——O73　　89
　　　——O78　　89
　　　——O8　　89
トリプティックソイ　　95
トリプトファン　　33

【に】

ニコチンアミドアデニンジヌクレオチド　　29
二重円筒管　　51
日本酒酵母　　132
尿素陽性好熱性カンピロバクター　　99
二量体　　31

【ぬ】

ヌクレオチド鎖切断　　33
ヌクレオチド除去修復　　38

【ね】

ネコカリシウイルス　　115, 117
熱電対　　40

【の】

ノロウイルス　　112

【は】

培養細胞感染試験　　69, 73, 75
培養法　　95, 100, 106, 111
白色ブドウ球菌　　129
バクテリオファージ　　115, 129, 140
発光スペクトル分布　　4
パラチフスA菌　　88
パラミクソウイルス　　35
パルスキセノンランプ　　5, 75, 100, 119
BALB/cマウス　　75, 99
パルボウイルス　　117
馬鈴薯菌　　129
パン酵母　　36, 132
バンコマイシン耐性腸球菌　　91
　　　——の回復　　106
　　　——の不活化　　99
反射, 光の　　7
半導体　　145
バンドパスフィルタ　　74

【ひ】

PRD-1ファージ　　114
非O1コレラ菌　　88
光の吸収, 屈折, 減衰, 透過, 反射　　7
光回復　　21, 36, 37, 78, 96, 130, 139
光回復酵素　　36, 37, 78
光回復酵素欠損株　　37
光回復性損傷　　36
光酸化作用　　29, 33, 34
光増感剤　　29

索　引

光動力作用　29
光防護　37
光放射　1
非酵素的光回復　37
ピコルナウイルス　111
非浸漬型紫外線消毒装置　17
ヒスチジン　33
非定型的マイコバクテリア　107
ヒト回盲腺癌細胞　69
ヒトカリシウイルス　117
ヒト結腸腺癌細胞　69
ピヒア属酵母　132
病原ウイルス　111
病原性原虫　60
病原性細菌　139
病原性真菌　106
病原大腸菌　89, 97, 104
　　――の回復　102
　　――の血清型　89
　　――の不活化　97
病原微生物検出情報　92
標的[理]論　40
表流水　126, 127, 128
表流水処理規則　65
日和見感染細菌　91
ピリミジン　31
　　――の二量体化　29
ピリミジン二量体　78
ビール酵母　132

【ふ】

φX174ウイルス　35
φX174ファージ　114
ファージ　36
ファージ f2　101
フェニルアラニン　33
フォトダイオード　40
フォトダイナミックアクション　29
フォトダイナミック効果　29
深井戸　125, 128
付加体　32, 39
不活化　34, 35, 40, 67, 70, 87, 95, 98
　　――におけるテーリング　43
不活化速度　40
不活化率　95
複素環式アミノ酸　33
伏流水　125, 126, 127, 128
付帯洗浄設備　131, 141
ブタパルボウイルス　117
物理線消毒　72, 76
物理的測定法　13
ブドウ球菌　93
ブラックライト　6, 47
フラッシュランプ　75
フラットサワー菌　142
フラビンアデニンジヌクレオチド　29
プランク定数　28
プール水　145
分光感度特性　13

分子的光増感　29
糞便汚染　92
糞便性大腸菌群　92, 98, 104, 139, 155
糞便連鎖球菌　155

【へ】

平均照射時間　9
平均照射線量　10
平均線量率　9
平行光線　50
平面補正係数　74
ペスト菌　91
ペプチド　33
Vero 細胞　90
Vero 毒素　90
変形菌　129

【ほ】

ポアソン分布　40
芳香族アミノ酸　33
胞子生成物　32, 39
放射線消毒　72
放線菌　36
放電形式　3
保護管　20, 21
ポリオウイルス　111, 112, 114, 130

【ま】

マイトマイシン損傷　38
マウス感染試験　73
マウス微少ウイルス　117
膜　34
膜ろ過　128
マルチヒットモデル　14, 107
マルチプルバリア　134

【み】

水の殺菌　142

【む】

無電極ランプ　5

【め】

メッセンジャー RNA
メロゾイト　60
メンテナンス　23

【ゆ】

有機物分解　147
UV 特異エンドヌクレアーゼ　38

【よ】

溶血性尿毒症候群　90
溶血連鎖球菌　129
4NQO 損傷　38

【ら】

藍藻類　36
Lambert-Beer の法則　8

索　引

ランプジャケット　19, 20, 21
ランプ出力　7
ランプ寿命　20
ランプスリーブ　20
ランプ入力　7
ランプモジュール　19, 23
ランプユニット　18

【り】
緑膿菌　91, 105
　　──の回復　105
　　──の不活化　99
理論的滞留時間　9

【れ】
励起一重項状態　29

励起三重項状態　29
励起二量体　6
レオウイルス　111, 130
レクレーション水　63, 66
レジオネラ　90, 93, 100, 107
　　──の回復　106
レジオネラ・ニューモフィラ　90
連鎖球菌　106

【ろ】
(6-4) 光産物　32
6-4 付加体　32
ロタウイルス　112, 130

【わ】
ワンヒットモデル　107, 116

欧文索引

【A】
Acanthamoeba spp.　67
ACGIH　2
Adenovirus　112, 115, 116, 130, 141
Aeromonas
　　── *hydrophila*　101
　　── *salmonicida*　106
AIDS
Ancylostoma duodenale　140
Anisakis sp.　140
Ascaris lumbricoides　140
Aspergillus
　　── *flavus*　132
　　── *glaucus*　132
　　── *niger*　132
ATCC 11229　98

【B】
Bacillus　102, 143
　　── *anthracis*　101
　　── *cereus*　100
　　── *circulans*　144
　　── *coagulans*　144
　　── *megaterium*　32
　　── *mesentericus fascus*　129
　　── *stearothermophilus*　144
　　── *subtilis*　32, 101, 102, 114
　　── *subtilis Sawamura*　129
　　── *subtilis* 6633　106

【C】
Caco-2　69
Calicivirus　117
Campylobacter
　　── *coli*　99
　　── *jejuni*　99, 101
　　── *jejuni/coli*　90
　　── *lari*　99
Candida parapsilosis　43, 101
Carine calicivirus　116, 117
Ceratomyxa　145
Chilodonella　145
CIE　2
CIP　134, 143
Citrobacter　91
CLB　66
Cleaning in Place　134, 143
Clostridium　102
　　── *perfringens*　99
　　── *tetani*　101
Coccidian-like body　66
coliphage Q β　114, 116, 130
Corynebacterium diptheriae　101
Costia　145
Coxsackievirus　114, 116, 130, 141
Cryptosporidium　27, 59, 60, 62, 67, 93, 125, 130, 153, 155
　　── *baileyi*　60
　　── *canis*　60
　　── *felis*　60
　　── *meleagridis*　60
　　── *muris*　60
　　── *parvum*　60, 70, 73, 75, 78, 118, 131
　　── *serpentis*　60
Cyanobacterium-like body　66
Cyclospora　66
　　── *cayetanensis*　66

【D】
DAPI　68
Diphylobothruim latum　140
Direct Viable Count　95
DVC　95

【E】
Eberthella typhosa　129
Echinococcus granulosus　140
Echovirus　112, 116, 141
EHEC　90
EIEC　89
Encephalitozoon　72
　　── *bieneusi*　67
　　── *cuniculi*　72, 73
　　── *hellem*　72, 73
　　── *intestinalis*　67, 69, 72, 73, 75
Endonuclease Sensitive Site　78, 100, 106
Entamoeba histolytica　59, 67, 140
Enterobacter　91
Enterococcus
　　── *faecalis* ATCC 19433　106
　　── *hirae* ATCC 10541　106
enterohemorrhagic *Escherichia coli*　90
enteropathogenic *Escherichia coli*　89
enteroinvasive *Escherichia coli*　89
enterotoxigenic *Escherichia coli*　89
EPEC　89
Escherichia　89, 91
　　── *coli*　43, 72, 79, 89, 100, 101, 140
　　── *coli* O157:H7　100
　　── *coli* ATCC 11229　106
　　── *coli* B/r　44
　　── *coli communis*　129
ESS　78, 100, 106
ETEC　89

【F】
FAD　30
Feline calicivirus　115, 116
Francisella tularensis　140

【G】
GBS　90

Giardia   59, 63, 64, 130, 153
　　——*agilis*   64
　　——*ardae*   64
　　——*lamblia*   64, 72, 73, 79, 131, 140
　　——*muris*   64, 72, 73, 75, 79, 131
　　——*psittaci*   64

【H】
HCT-8   69, 75
Heat shock protein   69
Hepatitis A virus   112, 116
Hepatitis B virus   141
heterotrophic bacteria   92
Human calicivirus   117
HUS   90

【I】
Infection hepatitis virus   141
Infiuenzavirus   130
Inoviridae   115

【K】
Klebsiella   91
　　——*terrigena*   101

【L】
Legionella
　　——*pneumophila*   90, 101, 106
　　——ssp.   90
Leptospira icterohemorrhagiae   140
Leviviridae   115
Listeria monocytogenes   100
Long Term 2 Enhanced Surface Water Treatment Rule   24, 62, 65, 153, 154
LT   89
LT-1   89
LT2-ESWTR   24, 62, 65, 153, 154

【M】
MDCK   69
Micrococcus radiodurans   101
Microcystis aeruginosa   131
Microsporidia   67
Microviridae   115
Midium pressure lamp   72
Midium pressure ultraviolet   72
Mouse minute virus   116, 117
MS2   114, 116
Mucor racemosus   132
Mycobacterium
　　——*fortuitum*   75
　　——*tuberculosis*   101, 140
Myoviridae   115
Myxosoma   145

【N】
NADH   29
Naegleria
　　——*fowleri*   67
　　——*gruberi*   140
Necatos americanus   140
Norovirus   112

【O】
Oospora lactis   132

【P】
Parvovirus   117, 119
pathogenic *Escherichia coli*   89
Penicillium
　　——*digitatum*   132
　　——*expansum*   132
　　——*roqueforti*   132
ϕ X174   114, 116
Phizopus nigricans   132
PI   68
Pichia miyagi   132
Picornavirus   119
Podoviridae   115
Poliovirus   112, 116, 130, 141
Porcine parvovirus   116, 117
Proteus vulgaris Hau.   129
Pseudomonas   100
　　——*aeruginosa*   91, 100, 101, 106
　　——*aeruginosa* ATCC 15442   106
　　——*aeruginosa* S21   106
PSS   9

【Q】
Q β 114, 116, 130

【R】
Reovirus   116, 130, 141
Reverse transcription-polymerase chain reaction   69
Rotavirus   112, 116, 130
RT-PCR   69

【S】
Saccharomyces
　　——*cerevisiae*   36
　　——*cerevoae*   132
　　——*sake*   132
Salmonella   98
　　——*anatum*   98, 105
　　——*choleraesuis*   140
　　——*derby*   98, 105
　　——*enteris*   101
　　——*enteritidis*   98, 100, 101, 105, 140
　　——*infantis*   98, 105
　　——*paratyphi*   101
　　——*paratyphi* A   88
　　——spp.   88, 99
　　——*typhi*   88, 100, 101, 140
　　——*typhimurium*   98, 101, 104
Saprolegnia   145
Schistosoma
　　——*haematobuim*   140
　　——*japonica*   140

―― *mansoni*　140
Scuticociliatida　145
Serratia marcescens ATCC 8100　106
Shigella
　　―― *dysenteriae*　101, 129
　　―― *dysenteriae* 1　90
　　―― *dysenteriae* 2　100
　　―― *flexineri*　101
　　―― *paradysenteriae*　101, 129
　　―― *sonnei*　101
　　―― sp.　140
　　―― spp.　89
ST　89
Staphylococcus　101
　　―― *albus*　129
　　―― *aureus*　100, 101, 129
Streptococcus
　　―― *fecalis* R　129
　　―― *shemolyticu*　129
Styloviridae　115
SWTR　65
SYTO-9　68
SYTO-59　68

【T】
Taenia saginata　140
TLV　2
Toxoplasma　66
　　―― *gondii*　67
Trichodina　145

【U】
Ultraviolet Disinfection Guidance Manual for the Final Long Term 2 Enhanced Surface Water Treatment Rule
　　　　　24, 62, 65, 153, 154
UPTC　99

UV　1, 27
UV-A　1, 27, 34, 99
UV-B　1, 27, 34, 99
UV-C　1, 27, 33, 106
UvrA　38
UvrABC　38
UvrB　38
UvrC　38
UvrD　38

【V】
Vancomycin-Resistant Enterococci　91
VBNC　67, 95
viable but non-culturable　67, 95
viable but non-infective　67
Vibrio　100
　　―― *cholerae*　88, 100, 101, 106, 140
　　―― *cholerae* non-O1　88
　　―― *comma*　101
　　―― *minicus*　88
　　―― *parahaemolyticus*　91
VRE　91, 99, 105

【W】
Willia anomala　132

【Y】
Yersinia
　　―― *enterocolitica*　101
　　―― *enterocolitica* O:3　99
　　―― *pestis*　91
　　―― *pesudotuberculosis*　91
　　―― spp.　91

【Z】
Zygo-Saccharomyces Barkeri　132

紫外線照射─水の消毒への適用性	定価はカバーに表示してあります

2008年3月19日　1版1刷　発行　　　　ISBN978-4-7655-3422-2 C3051

編　著　平　田　　　強
発行者　長　　　滋　彦
発行所　技報堂出版株式会社
〒101-0051　東京都千代田区神田神保町1-2-5
（和栗ハトヤビル）
電　話　営業　(03) (5217) 0885
　　　　編集　(03) (5217) 0881
Ｆ Ａ Ｘ　　　(03) (5217) 0886
振　替　口　座　　00140-4-10
http://www.gihodoshuppan.co.jp

日本書籍出版協会会員
自然科学書協会会員
工学書協会会員
土木・建築書協会会員

Printed in Japan

Ⓒ Tsuyoshi, Hirata, 2008

装幀　セイビ
印刷・製本　シナノ

落丁・乱丁はお取り替えいたします。
本書の無断複写は，著作権法上での例外を除き，禁じられています。

● 刊行図書のご案内 ●

2008年2月現在の定価（消費税込）です。ご注文の際はご確認をお願いいたします。

環境工学の新世紀
土木学会編　　　　　　　　　　　A5・284頁　　定価 3,780 円　　ISBN978-4-7655-3421-5

浄水膜（第2版）
有限責任中間法人膜分離技術振興協会・膜浄水委員会／浄水膜（第2版）編集委員会編
A5・280頁　　定価 2,835 円　　ISBN978-4-7655-3425-3

水循環の時代膜を利用した水再生
日本水環境学会編　　　　　　　　B6・210頁　　定価 2,100 円　　ISBN978-4-7655-3425-3

川の技術のフロント
辻本哲郎監修／河川環境管理財団編　A4・174頁　　定価 2,625 円　　ISBN978-4-7655-1718-8

河川の水質と生態系—新しい河川環境創出に向けて
大垣眞一郎監修／河川環境管理財団編　A5・262頁　　定価 3,780 円　　ISBN978-4-7655-3418-5

水供給—これからの50年
持続可能な水供給システム研究会編　B6・202頁　　定価 2,520 円　　ISBN978-4-7655-3416-1

水道工学
藤田賢二監修　　　　　　　　　　B5・954頁　　定価 29,400 円　　ISBN4-7655-3198-8

顕微鏡観察による活性汚泥のプロセス管理（DVD-ROM）解説 152 頁
ディック H.アイケルブーム著／安井英斉・深瀬哲朗・河野哲郎訳　　　　定価 110,000 円

分散型サニテーションと資源循環—概念, システムそして実践
虫明功臣監修／船水尚行・橋本健監訳／ダム水源地環境整備センター企画
A5・680頁　　定価 14,700 円　　ISBN4-7655-3406-5

人用医薬品物理・化学的情報集—健全な水循環システムの構築に向けて
土木研究所・東和科学編　　　　　A5・262頁　　定価 6,720 円　　ISBN4-7655-0243-0

新しい浄水技術—産官学共同プロジェクトの成果
水道技術研究センター編　　　　　A5・436頁　　定価 6,300 円　　ISBN4-7655-3407-3

水処理薬品ハンドブック
藤田賢二著　　　　　　　　　　　A5・318頁　　定価 4,935 円　　ISBN4-7655-3192-9

水文大循環と地域水代謝
丹保憲仁・丸山俊朗編　　　　　　A5・230頁　　定価 3,570 円　　ISBN4-7655-3184-8

紫外線による水処理と衛生管理
Willy J.Masschelein 著／海賀信好訳　A5・184頁　　定価 3,990 円　　ISBN4-7655-3197-x

技報堂出版　｜　編集 03(5217)0881　　営業 03(5217)0885　　ファックス 03(5217)0886